기묘한 과학책

기묘한 과학책

거대 괴물 · 좀비 · 뱀파이어 · 유령 · 외계인에 관한
실제적이고 이론적인 존재 증명

쿠라레 지음
박종성 옮김

보누스

머리말

SF 판타지의 기묘한 상상!
꿈이 아닌 과학이 되다

지금으로부터 10여 년 전, 필자는《그림으로 이해하는 말이 안 되는 건 아닌 과학 교과서》를 펴냈다. 이 책은 밤낮으로 시험공부에만 매달리라고 강요하고, 학생들에게서 진짜 살아 있는 지식을 접할 기회를 박탈하는 현재의 과학 교육 시스템에 반기를 들려고 기획한 것이었다.

따라서 어느 페이지를 펴보더라도 현상의 본질을 들여다볼 줄 알아야 한다고 선동하는 내용이 그득그득했는데, 다행히도 학생들이 거부감을 갖기는커녕 크게 호응해준 덕분에 베스트셀러에 오르기도 했다. 많은 관심을 보여준 것도 물론 감사드려야 할 일이지만, 당초 의도했던 대로 교육 현장에 있는 학생들의 관심을 이끄는 데 성공했다는 것이 무엇보다도 의미 있었다.

당시에 전혀 예상하지 못했던 독자층의 호응도 있었다. 어느 대형 출판사가 주최한 파티에 참석했는데, 꽤 많은 만화가와 소설가도 있었다. 여러 작가들이 나를 보더니 "작품 활동을 하면서《그림으로 이해하는 말이

안 되는 건 아닌 과학 교과서》를 참고하고 있다."라고 이야기해주었다.

또 다른 모임에 참석했을 때도 한 작가가 내게 "《그림으로 이해하는 말이 안 되는 건 아닌 과학 교과서》 때문에 청산가리라는 소재를 마음 놓고 쓸 수 없게 됐다. 당신 때문에 미스터리 작가들이 독극물을 소재로 스토리를 전개하는 데 상당한 어려움을 겪고 있다. 어떻게 좀 해봐라."라는 식으로 불만을 토로하기도 했다.(청산가리가 미스터리 작품에 등장하는 것은 상당히 시대착오적이라는 내용이 책에 수록돼 있다.)

작가들이 내가 쓴 책에 이 정도로 관심을 가질 줄은 전혀 예상하지 못했기 때문에 이런 얘기를 들을 때마다 나는 그저 깜짝깜짝 놀랄 뿐이었다. 물론 SF를 주제로 한 과학 서적이 그동안 출간되지 않았던 것은 아니다. 하지만 그중 대부분이 '과학적 원리를 바탕으로 살펴보면 ○○는 ××이기 때문에 이런 결과가 나오는 것이다.'라든지 '△△는 이론적으로 말이 안 되는 소리다.'라는 식으로 해당 작품을 웃음거리로 만드는 내용이었다.

물론 심심풀이로 읽을 거라면 문제될 게 없다. 다만 오래전부터 소설을 비롯해서 영화, 만화, 게임, 애니메이션 등 다양한 형태의 작품을 좋아했던 필자 입장에서 보면 참으로 안타까운 일이 아닐 수 없었다.

필자는 물론 과학 원리에도 관심이 많다. 판타지 작품에 등장하는 아티팩트나 SF 작품에 등장하는 첨단기기를 실제로 만들어보는 것은 지금까지도 그랬고 앞으로도 평생토록 취미 삼아 하고 싶은 일이다. 못을 박을 수 있는 뿅망치, 엄청나게 휘어지는 고무막대, 손대면 전기가 찌릿찌릿 느껴지는 사스마타(刺股. 긴 막대 끝에 U자 모양의 쇠를 꽂은 무기-옮긴이), 던지면 파란 불꽃이 올라오는 성수聖水 등 지금까지 셀 수 없이 많은 것을 만들었다.

운이 좋게도 과학 부문 감수자로 영화, 소설, 만화의 제작에 참여할 기회가 몇 번 있었는데, 그때마다 제작자가 과학적 근거를 바탕으로 해당 장면을 연출할 수 있도록 도왔다. 감수자로 활동하면서 알게 된 사실은 조금이라도 더 멋진 작품을 만들려고 많은 작가들이 노력을 아끼지 않는다는 사실이다.

한편으로는 이런 생각도 했다. 작품을 소비하는 독자와 시청자가 조금이나마 과학 지식을 갖고 있다면, 제작자가 공을 들여 만든 작품을 더 깊이 있게 즐길 수 있지 않겠냐고 말이다. 그러면서 자연스레 '사람들의 상상력을 키워주는 영화, 소설, 만화, 게임 등을 이해하는 데 도움을 주는 과학책을 쓰고 싶다'는 생각이 가슴 한구석에서 모락모락 피어올랐다.

남이 만든 작품에서 흠을 들춰내는 일은 아무나 할 수 있다. 하지만 누군가의 영감을 토대로 탄생한 히어로와 몬스터는 우리의 상상력을 한층 끌어올려 주는 존재다. 이를 두고 '과학 이론상 말도 안 되는 이야기'라고 부정해버리기보다는 '어떻게 해야 과학적으로 말이 될까?'라고 진지한 자세로 생각해보는 것, 이것이야말로 '과학이 우리에게 주는 재미'가 아닐까. 예를 들자면 다음 질문과 대답은 무척 흥미로운 호기심과 상상을 자아내게 하며, 그 밑바탕에 깔린 과학 지식이 무엇인지 궁금해진다.

고양이 귀 소녀 같은 건 실제로는 없지 않나?

→ 아니, 요즘 재생 의료 기술을 활용하면 완전히 불가능한 일은 아니야!

공룡을 부활시킬 수 있다는 건 현실성 없는 이야기지?

→ 아니, 최근에 이뤄진 게놈 연구에서 새들이 공룡 유전자를 상당히 많이 갖고 있다는 것을 확인했어. 몸속 어딘가에 잠자고 있는 공룡 유전자를 깨우기만

하면 쉽게 부활시킬 수 있을지도 몰라!

자동차와 건물을 칼로 베어버린다는 건 실제로는 불가능한 일이겠지?
→ 아니, 최첨단 소재공학과 전자공학을 결합하면 가능성은 충분해!

SF와 판타지 세계에 등장하는 꿈같은 이야기를 단순히 허구라고 치부하지 말고, 조금 더 관심과 애정을 갖고 바라볼 수 있었으면 하는 마음에 쓴 책이 바로 여러분이 지금 읽고 있는 《기묘한 과학책》이다. 여러 작품에 등장하는 다양한 테마를 인간의 한계, 첨단 과학, 위험한 존재 등의 영역으로 나누고 과학이라는 렌즈로 들여다볼 것이다.

과학이란 본래 꿈을 향해 한 걸음씩 나아가며, 꿈을 실현하기 위해 존재한다. 실제로도 최근 10년 동안 세상이 예전에 비해 크게 변했다는 생각이 들지 않는가? 오늘날에는 남녀노소를 불문하고 스마트폰을 사용하며, 아무 때나 해외에 있는 사람과 영상통화를 할 수 있다. 번역 어플을 실행하고 카메라로 비추기만 하면, 태어나서 한 번도 본 적 없는 말이라도 무슨 뜻인지 금세 파악할 수 있을 정도다. 전기 자동차는 우리에게 이제 놀라움을 주지 못하고, 충전소도 어디서든 쉽게 찾아볼 수 있다.(하늘을 나는 자동차는 아직 흔치 않지만)

3D 프린터가 처음 등장했을 때 'SF 영화의 한 장면 같다'고 충격을 받은 사람도 꽤 있었다. 사회 문제로 대두되고 있는 드론, 관광지에서 이제 제법 자주 눈에 띄는 프로젝션 매핑, 미래에서 온 물건처럼 생긴 가상현실 헤드셋을 처음 접했을 때도 마찬가지였을지 모른다.

매일매일 보도되는 뉴스만 보더라도 장기 이식, 재생 의료, 레일건, 첨단 과학 수사 등 예전에는 상상조차 할 수 없었던 기술과 물건이 당연하다는 듯이 등장한다. 상상과 현실 세계의 경계가 점점 흐릿해지는 것 같다.

SF 소설의 시조라고 칭송받는 쥘 베른은 이미 백수십 년 전에 우주여행, 컴퓨터, 세균 병기, 인공 식품, 원자폭탄 등 당시에는 상상조차 할 수 없었던 다양한 개념들을 작품에 등장시켰다. 글을 썼던 당시에는 상상의 산물이었던 것들이 결국에는 모두 현실이 됐다. 쥘 베른은 어떻게 이런 것들을 생각해낼 수 있었을까? 그가 시간 여행자라서? 아니다. 쥘 베른이 지칠 줄 모르는 탐구자였기에 가능했다. 학자였던 쥘 베른이 첨단 기술에 관심을 두고 늘 열심히 공부했다는 이야기는 유명하다.

참신한 아이디어를 머릿속에 떠올리려면 상당한 지식이 반드시 뒷받침되어야 한다. 이 책은 최신 과학 지식을 접하기에 가장 좋은 책이라고 단언할 수 없지만, 최선을 다해서 가능한 한 많은 이야깃거리를 담아낸 책이라고는 단언하고 싶다. 독자 여러분이 '책을 읽다 보니 문득 이런 생각이 떠올랐어요!'라고 기분 좋게 외칠 수 있을 만큼 직접적인 도움을 주고자 많이 노력했다.

자기도 모르는 사이에 멀리하기 쉽지만 그래도 늘 가까이해야 하는 지식이 바로 과학이다. 이야기하다 보니 자화자찬하기는 했지만, 이 책을 쓴 가장 큰 목적은 많은 사람들에게 익숙한 만화, 게임, 애니메이션, 영화에 등장하는 상상의 산물을 소재로 과학 원리를 쉽고 재미있게 이해하자는 데 있다. 우선은 어깨에서 힘을 빼고 책을 휙휙 넘겨보다가 관심 가는 주제부터 가벼운 마음으로 훑어보자. 분명 여러분이 그동안 몰랐던 무엇인가를 발견하게 될 테니 말이다. 부디 이 책을 발판 삼아 여러분의 상상력이 과학이라는 날개를 달고 훨훨 날아올랐으면 좋겠다.

차 례

2부 인류를 위협하는 기묘한 존재들

3부 특이점을 꿈꾸는 미래 과학의 진격

4부 기묘한 설정, 기묘한 과학

제22장 에너지 기초 지식
의외로 잘 알려지지 않은 과학의 기본

제23장 보이지 않는 힘
반드시 눈에 보이는 것만이 실체는 아니다

제24장 공격과 방어
모순은 그 자체로 성립 가능한 이야기일까?

제25장 상태 이상
과연 게임 속에서만 벌어지는 현상일까?

제26장 독극물
입수하는 것도 사용하는 것도 남몰래 하기엔 어렵다

제31장 신
하느님은 정말 어딘가에 계실까?

일러두기

- 본문의 작품명 및 작가명은 국내 출판물에서 소개한 이름을 원칙으로 하여 표기했다.
- 작품의 발간 및 출시 연도는 번역물이 아닌 원작을 기준으로 했다. 몇몇 작품은 재발간작이나 리메이크작의 출시 연도를 표기했다.
- 만화를 포함한 출판 단행본의 이름은 《 》로, 기타 미디어물의 이름은 〈 〉로 표기했다.

1부

과학으로 인간의 한계를 돌파하다

영원한 삶은 가능한가?

불로불사를 소재로 다룬 만화 《불새》

만화의 신으로 불리는 데즈카 오사무의 대표작. '영원불멸'의 존재인 불새를 쫓는 인간 군상을 그렸다. 여명편, 미래편 등 각 편마다 주인공과 무대가 달라지기는 하지만 여러 차례 등장하는 캐릭터는 '불새' 외에도 다수가 있다.

그 밖의 작품

《인어의 숲》《헬싱》《3×3 EYES》《아인》《무한의 주인》《월희》

텔로미어로 이해하는 젊음의 정체

수백 년 혹은 그 이상의 긴 세월 동안 젊음을 유지하며 살아간다는 것은 정말 멋진 일이다. 불로불사 또는 불로장생은 과연 실현 가능한 꿈일까? 만약 가능하다면 우리 몸에 어떤 변화를 줘야 하는 것일까? 과학적으로 하나하나 검증해보자!

가장 먼저 '늙음'이 무엇을 의미하는지부터 생각해볼 필요가 있다. 현미경으로 보지 않고는 알 수 없는 단세포 생물을 제외하고, 우리 인간을

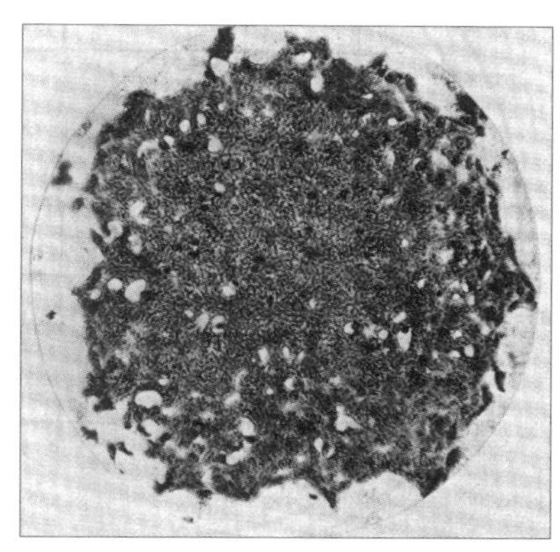

사진 1 불사의 대명사로 알려져 있는 헬라 세포
Biochemistry:Puck and Marcus Communi-cated by O. H. Robertson, May 5, 1955

포함한 수많은 다세포 생물은 말 그대로 다수의 세포로 구성되어 있다. 세포가 모여 조직을 이루고, 조직이 모여 기관과 장기를 구성해 결국 우리와 같은 생명체의 모습을 띠게 되는 것이다.

각 세포는 생명을 유지하기 위해 활성산소를 비롯해 여러 종류의 화학물질과 노폐물, 병원체와 늘 전쟁을 치를 수밖에 없다. 그런 까닭에 주기적으로 분열해서 새로운 세포로 다시 태어나곤 한다. 만약 분열할 때마다 세포의 총량이 늘어난다면 '성장'한 것이고, 분열 속도가 느려지고 총량도 줄어든다면 '노화'가 진행된 것이다.

세포는 분열 횟수에 제한이 있으며, 횟수를 결정하는 요인은 단백질의 일종인 '텔로미어'telomere다. 텔로미어는 염색체 말단에 존재하는 염기서열인데, 세포가 분열할 때마다 길이가 줄어든다. 즉, 텔로미어는 분열 회수권 같은 존재다. 텔로미어는 세포가 분열할 때마다 마치 회수권을 한 장씩 뜯어내는 것처럼 길이가 점점 짧아진다. 회수권을 다 쓰고 나면 헤이플릭 한계Hayflick limit라고 하는 말기 상태에 접어들며, 그 이후 세포는 죽음을 맞이한다는 것이 밝혀졌다.

결국 텔로미어의 길이를 늘려 회수권을 더 많이 갖다 붙여야 노화 속도를 그만큼 늦출 수 있는 것이다. 텔로미어의 길이를 늘려주는 효소인 텔로미어라제telomerase가 발견되기도 했다. 이를 이용해 헤이플릭 한계에 직면한 텔로미어를 다시 젊게 만들 수 만 있다면 우리 몸도 젊음을 되찾을 수 있을 것이라는 가설을 토대로 연구가 진행되고 있다.

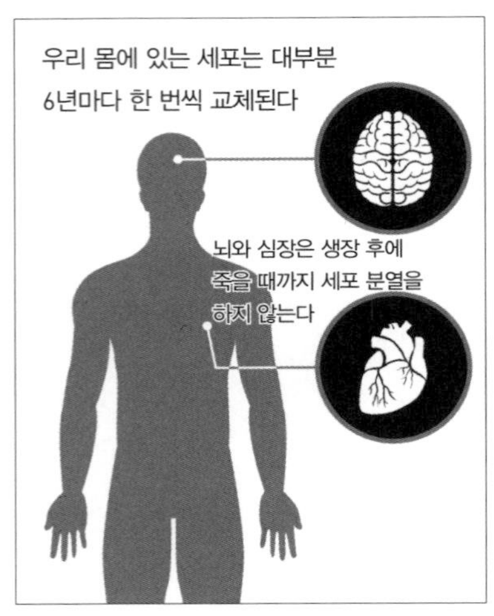

그림 1 교체되는 세포와 교체되지 않는 세포

한편, 텔로미어가 텔로미어라제를 끝도 없이 생산해 이미 불로불사를 실현한 세포도 발견됐다. 이는 다름 아닌 암세포다. 그렇다. 암세포는 텔로미어라제를 십분 활용하는 불로불사의 세포다.

암세포가 가진 불로불사의 힘을 여실히 보여주는 예가 바로 '헬라HeLa 세포'다.사진 1 이는 1951년 한 여성의 몸에서 자궁경부암 세포를 채취한 것으로, 오늘날까지 수많은 연구기관에서 활용하고 있으며 세상에서 가장 유명한 배양세포이기도 하다.

물론 세포를 제공한 여성은 이미 세상을 떠났지만, 세포는 1951년부터 지금까지 플라스크에 담긴 채 여전히 왕성한 번식력을 자랑하고 있다. 주변 환경이 다소 열악하더라도 별다른 문제없이 증식을 거듭한 결과, 세포의 주인은 전 세계 연구실에서 흩어진 형태로나마 살아남았다.

하지만 '세포 제공자'가 누구였는지를 식별할 수 있는 유일한 징표인 유전자가 암세포로 변해 뭉그러져버리는 바람에 원래 갖고 있던 정보를 더는 유지할 수 없게 됐다. 이것을 보더라도 우리의 수명이 무한하지는 않다는 것을 알 수 있다. 암세포로 변질되어 유전자의 본래 기능을 잃어버린 세포는 자신의 원래 모습을 유지하는 것은 물론 자손을 남길 수도 없지만,

만약 정교하게 텔로미어를 조작하는 데 성공한다면 수명을 어느 정도 늘릴 수 있을 것이다.

만약 텔로미어를 연장하는 유전자 도핑[1] 약물이 등장하더라도 모든 세포의 유전자에 변화를 줄 수 있는 것은 아니다. 왜냐하면 뇌와 심장처럼 거의 분열하지 않고 죽기 전까지 처음 생겨났을 때의 모습을 유지하는 세포가 있기 때문이다. 아무리 유전자 도핑 기술이 발달하더라도 심장을 구성하는 세포는 분열하지 않기 때문에 기능이 정지되어 죽는 것을 막을 방법이 없다. 그림 1

뇌와 심장 세포의 수명은 길어봤자 대략 120년이라고 한다.[2] 텔로미어 말고도 수명에 영향을 주는 요인은 더 있기 때문에 이를 전부 발견하고 상세한 메커니즘을 밝혀내려면 구체적인 솔루션을 제공할 수 있는 과학기술이 필요하다. 가시적인 성과를 내려면 상당한 수준으로 기술이 발달해야 할 것으로 보인다.

현대 과학을 토대로 예측해보면, 향후 수십 년 내로 우리는 나이가 들더라도 겉모습을 젊게 유지할 수 있을 것이다. 즉, 일흔이 되더라도 마치 25~35세 정도밖에 안 된 것처럼 보일 수 있다는 말이다.

1 타고난 유전자의 성질을 인위적으로 변경하는 기술. 원래는 이른바 유전자 치료라는 명목으로 개발된 것이지만, 운동선수가 경기에서 좋은 기록을 낼 목적으로 행하는 것을 유전자 도핑이라고 부른다. 일반적인 약물과 달리 유전자 도핑은 잘 걸리지 않는다고 한다. 만약 적발된다고 하더라도 '그럼, 유전자 치료로 병을 이겨낸 사람이 스포츠 선수가 되면 유전자 도핑을 했다고 언제나 손가락질받아야 하는 것이냐?'라는 대답하기 어려운 질문이 제기될 가능성이 있다.

2 공식 기록상 세상에서 가장 오래 산 사람은 프랑스 여성인 잔느 칼망이다. 122년 164일을 살았다고 한다. 이 밖에도 영국의 〈데일리 미러〉 2016년 8월호에서는 인도네시아에 145세의 남성이 여전히 건강하게 살고 있다는 내용을 다룬 바 있다.

단, 모든 장기를 젊은 상태로 되돌리는 일은 어렵다. 심장과 뇌의 수명이 120세 정도이므로 언젠가 기능이 정지하는 것을 막을 방법이 없다는 사실은 앞에서 언급한 그대로다. 그렇다면 인간 수명은 120세가 한계인가? 불로불사하는 사람은 앞으로도 영원히 볼 수 없는 것일까?

이미 존재하는 불로불사의 생명체는 해파리 선생?

살아 있는 사람을 불로불사의 존재로 만드는 것은 어려워도, 불로장생하는 속성을 타고나게 하는 것은 가능할지도 모른다. 그 해답을 찾기 위해 인간 이외의 생명체로 시선을 옮겨보자.

가장 수명이 긴 생명체는 무엇일까? 거북이가 수십 년 이상 산다는 이야기는 그리 놀랍지 않다. 코끼리거북과 같은 육지거북의 수명은 무려 150년이나 된다고 한다. 250년이라고 하는 사람도 있다. 그 밖에도 아이슬란드에서 발견된 쌍각류 조개는 507년을 산 것으로 확인됐다. 거북이와 조개 모두 움직임이 느릿느릿한 인상을 주며, 바로 이런 특징 때문에 오래 살 수 있는 것처럼 보인다. 그런데 빠르게 움직이는 생명체 중에서도 매우 오랜 세월 동안 생존하는 것이 있다. 과학 잡지 〈사이언스〉 2016년 8월호에 '북대서양에서 서식하는 그린란드 상어의 평균 수명은 272년으로, 400년 가까이 사는

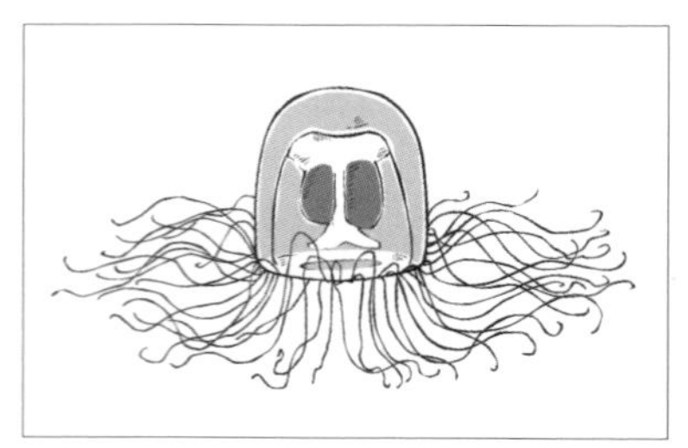

그림 2 영원한 생명을 가진 홍해파리

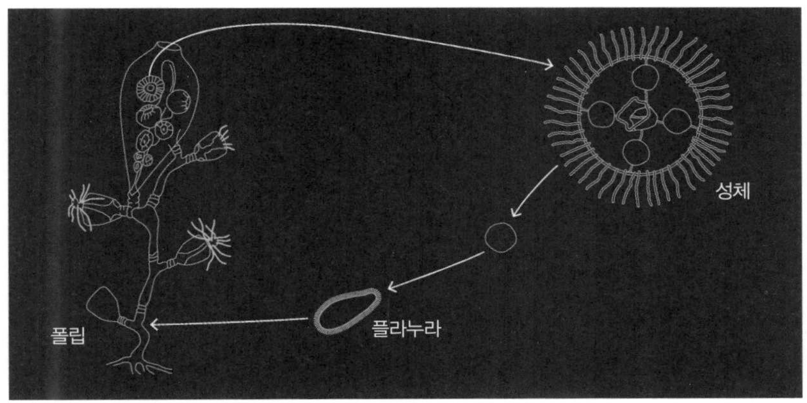

그림 3 홍해파리의 성장 사이클
출처:Piraino, S., Boero, F., Aeschbach, B., and Schmid, V. 1996. Reversing the life cycle:Medusae transforming into polyps and cell transdifferentiation in Turritopsis nutricula (Cnidaria, Hydrozoa). Biol. Bull. 90:302–312.

경우도 있다'는 연구 결과가 게재된 바 있다.

하지만 자연은 위대하므로 겨우 이 정도로 벌써부터 놀라면 안 된다. 지구에는 불로불사의 생명체도 존재하기 때문이다. 그것은 바로 홍해파리다.그림 2 이름 자체는 평범하기 짝이 없지만, 인간을 포함한 포유류의 머나먼 조상인 해파리의 일종으로 영원한 생명을 가진 생명체로 알려져 있다. 뉴스와 드라마에서 다뤄진 적도 있기 때문에 홍해파리가 존재한다는 사실을 이미 알고 있는 사람들도 많을지 모르겠지만, 홍해파리의 성장 사이클과 불로장생의 메커니즘은 그다지 잘 알려져 있지 않다.

홍해파리는 일반적인 해파리와 달리 몸에 상처가 나면 자신의 복사본을 몸속에서 만든 후에 생을 마감한다. 언뜻 보면 알처럼 생긴 이 복사본은 플라누라planula라고 하는 어린 해파리의 모습이 되었다가, 폴립polyp이라고 하는 말미잘과 비슷한 형태로 변화한다. 이 상태에서 세포 분열해 어

른 해파리로 성장하는 것이다.그림 3

'이게 무슨 불로불사냐?'라고 생각하기 쉬운데 사람으로 비유해보면 한결 이해하기 쉽다. 몸이 노쇠하거나 큰 상처를 입었을 때 자신을 번데기처럼 만든 다음, 그 중심부에서 조직을 재구성해 몇 달 뒤 다섯 살 정도의 아이로 다시 태어나는 것과 비슷하다.

'단지 복사본을 만든 것에 불과하다'고 볼 수도 있겠지만 실은 그렇지 않다. 해파리의 작은 뇌도 클론으로 그대로 복사되고 있을 가능성에 무게를 둔 연구가 진행되고 있는데, 만약 사실로 판명된다면 홍해파리는 늙은 뒤 젊음을 되찾는 과정을 무한히 반복하는 생명체라고 결론 내릴 수 있을 것이다.

홍해파리가 수만 년, 수십만 년 전에 태어나 지금까지 독립된 개체로서 생명을 유지하고 있는 것이라고 이야기하는 사람도 있다. 지금 존재하는 홍해파리가 수만 년 전에 있던 홍해파리와 동일한 유전자를 가지고 있다는 점을 생각해보면 이는 결코 틀린 말이 아니다. 엄밀하게 봤을 때 불로라고는 할 수 없지만, 불사의 생명체라고 불러도 무방할 것이다.

인간이 죽음을 피하려면 어떻게 해야 할까?

안타깝지만 이미 태어난 사람이 불로장생의 꿈을 이루기란 결코 녹록지 않다. 인간의 불로장생은 태어나기 전에 미리 여러 가지 요소를 세부적으로 조작해야만 비로소 실현 가능할 것으로 보인다.

우선 인간의 DNA를 근본적으로 개선할 필요가 있다. 수백 년을 사는 생물들처럼 매우 느리게 성장해야 하고, 외부 공격을 받으면 강력한 내성으로 자신을 지켜야 한다. 그렇게 되면 불로불사의 인간은 이상하게 보일 정도로 아주 느리게 성장할 것이다. '완전히 꿈같은 이야기'라고 생각하는 사람도 있을 텐데, 이와 비슷한 일이 실제로 있었다.

미국 메릴랜드주에 살았던 브룩 그린버그라는 여성은 성장하지 않고 아기 모습을 그대로 유지했다고 한다. 20세로 세상을 떠날 때까지도 체격은 한 살짜리 아기나 다름없었으며, 유치도 빠지지 않았고 지능도 아기 수준에서 벗어나지 못했다. 여동생들은 어엿한 숙녀로 성장했지만 그녀는 일생을 아기의 모습으로 살았던 것이다.[3]

브룩 그린버그가 정확히 어떤 체질이었는지는 잘 알려져 있지 않았다. 하지만 매우 드물게 이와 비슷한 경우가 종종 보고되기도 한다. 향후 브룩 그린버그와 비슷한 특질의 유전자를 갖고 있지만 건강하게 자라는 인간이 태어날 가능성이 없다고 단정 지을 수는 없다.

또한 당연한 이야기이지만 천천히 성장할수록 빈사 상태에 빠질 확률도 그만큼 높다. 이를 극복하려면 매우 놀라운 수준의 재생 능력이 필요한데, 이러한 능력을 갖춘 동물들을 찾아보기란 그리 어렵지 않다. 예를 들어 양서류는 사지와 내장 일부가 잘려나가도 환경이 편안해지고 영양분을 섭취하면 훼손된 부위를 재생할 수 있다. 포유류라고 해서 절대로 실현할 수 없는 일은 아닐 것이다.

3 그녀가 앓았던 병은 병명조차 공식적으로 확정되지 않았을 정도로 매우 희귀하다. 성장 자체가 매우 느리게 진행되는 증상이 나타난다. 오늘날까지도 원인이 명확히 밝혀지지 않았다. 지금까지 확인된 사례는 전 세계를 통틀어 10여 명 수준이며 대부분은 장기가 발달하는 과정에 문제가 발생해 어린 나이에 사망했다.

말도 안 된다고 일축해버리는 것은 쉽다. 하지만 많은 사람들이 '앞으로 50년 동안은 풀 한 포기도 절대로 자라지 않을 것'이라고 했던 체르노빌 원전 4호기 부근에서 풀과 나무가 사후 1년 만에 자라났다는 사실을 떠올려보자. 이뿐만 아니라 반나절 이상 머물면 위험하다고 하는 지역에서도 쥐들이 버젓이 돌아다니고 있다. 이 쥐들은 강력한 방사선 때문에 유전자가 손상될 수밖에 없는 상황에 놓이더라도 손상된 부분을 치유하는 효소를 활성화해 적응해나가고 있다. 이처럼 동물은 아무리 가혹한 환경에 놓이더라도 몇 세대를 거치기도 전에 금방 적응해내고 만다. 평소에는 사용하지 않지만 몸속 어딘가에 잠재한 유전자 특성이 환경이 변했을 때 그에 맞게 발현되기 때문이다.

이러한 점들을 고려해보면, 젊음을 되찾아주는 유전자나 유치가 빠진 후 새로운 치아가 나오 듯 팔과 다리를 새로이 생성하는 유전자도 몸속 어딘가에 존재할지도 모른다. 단지 현재 환경 아래에서는 발현되지 않은 것뿐이다. 이를 원하는 대로 켰다 껐다 할 수 있다면 인간도 불멸까지는 아

사진 2 사후에 마음을 데이터로 추출하는 디지털 천국 《제7여자회 방황》 제1권 49쪽(츠바나, 2009년)

니더라도 불로불사에 가까운 존재로 거듭날지 누가 알겠는가.

유전자의 관점에서 생각해보면 불로장생이라고 말할 수 있는 유전자의 단편은 이미 다양한 생물의 몸속에서 잠자고 있다. 인간의 몸속에도 양서류와 파충류의 흔적이 남아 있는 만큼, 우리도 몸을 재생하는 데 필요한 유전자를 분명 많이 가지고 있을 것이다. 이를 완전히 해명하는 날, 인간은 비로소 '불로불사'의 생명체로 다시 태어날 것이다.

이것이야말로 과학의 정수!
디지털 불로불사를 향한 도전

이제부터는 지금까지 다룬 내용과는 전혀 다른 방법을 살펴보자. 인간은 왜 죽음을 피하려 하는 것일까? 근본적인 원인은 아마도 '자기 자신'을 잃어버리는 일이 두려워서라고 말할 수 있을 것이다. 그렇다면 무엇이 한 사람의 정체성을 결정할까? 나는 '기억과 의식'이라고 생각한다. 성장하는 과정에서 획득한 지식과 경험이 우연을 거듭하며 하나둘씩 쌓이면 인격과 인간성이 형성되고, 이것이 머릿속에 기억의 형태로 남으면 비로소 다른 사람과 구분되는 정체성을 가지게 된다고 생각한다.[4] 그리고 기억이 단순히 정보의 집합이라면 데이터베이스나 진배없기 때문에 기억을 토대로 사고하는 의식도 필수 불가결하다.

4 물론 얼굴, 외모 등 신체 특징에 따라서 경험이 달라지기도 한다. 다만 여기서는 한 사람의 인격이 형성된 이후를 전제로 한 의견이라고 생각해주기를 바란다.

그렇다면 기억과 의식을 관장하는 것은 무엇일까? 그렇다. 바로 두뇌다. 조금 거칠게 표현하는 것인지는 모르겠지만 '한 사람의 경험치를 눌러 담아 완성한 정보 시스템'인 뇌야말로 인간 그 자체라고 할 수 있을 것이다. 즉, 뇌에 축적된 정보를 디지털 데이터로 변환할 수 있다면 아무리 육신을 잃어버리더라도 한 사람의 정체성은 오롯이 유지할 수 있다.

사진 3 전기신호로 변환한 두뇌 정보를 다른 사람에게 전달하는 '전송' 개념 《꼭두각시 서커스》 제26권 154쪽 (후지타 카즈히로, 2003년)

《제7여자회 방황》이라는 만화에는 '디지털 천국'이 등장한다. 데이터로 변환된 죽은 자의 기억을 바탕으로 세워진 곳이다.사진 2 이런 형태의 디지털 천국은 하드웨어 성능만 충분하다면 얼마든지 구현 가능하다. 그리고 디지털 데이터를 뇌에 다운로드할 수 있다면 기억과 의식을 온전히 다른 사람의 육체로 옮길 수도 있다. 만화 《꼭두각시 서커스》에 등장하는 '전송'은 아마 이런 종류의 기술을 의미할 것이다.[5] 사진 3

물론 머릿속에 저장된 정보를 디지털로 변환하는 것은 현재 기술로 불가능하다. 뿐만 아니라 의식이 생성되고 작동하는 원리를 정확히 알고 있어야 하는데, 이 또한 거의 밝혀진 바가 없다. 두뇌는 고작해야 1kg에 불과하지만, 정보를 축적하고 사고하며 손과 발의 움직임을 통제하는 것은

5 《꼭두각시 서커스》의 무대는 연금술이 큰 비중을 차지하는 세계이기 때문에 기억을 계승하는 방법으로 등장하는 '전송'이 과학 기술만으로 행해지는 것인지는 분명하지 않다.

사진 4 같은 기억을 갖고 있는 인물끼리 계략을 꾸미는 모습 《꼭두각시 서커스》 제40권 53쪽(후지타 카즈히로, 2006년)

물론 오장육부까지 지배한다. 두뇌의 이 같은 능력은 다시 생각해봐도 놀랍기 그지없다. 전 세계의 모든 슈퍼컴퓨터를 합쳐놔도 한 사람의 두뇌를 재현하기란 불가능하다. 최소한 양자 컴퓨터가 실용화될 때까지는 기다려야 할 것 같다.

다만 불사신이 아닌 우리가 죽고 다시 태어나기를 몇 번 반복할 때까지도 실용화되지 않을 가능성이 있으니, 가장 우수한 기관인 두뇌를 풀가동해서 디지털로 변환할 수 있는 다른 방법은 없는지 생각해보자.

기억을 디지털로 변환하는 몇 가지 방법이 더 있는데, 그중 하나가 '뇌를 레진수지에 담근 뒤에 뇌세포 신경 지도를 그리는 것'이다. 현대 기술로는 레진에 담그는 과정에서 조직이 변질될 수밖에 없는데, 이 문제는 미래 기술이 언젠가는 해결해줄 거라고 기대해보자.

뇌를 레진으로 적신 뒤에는 가능한 한 얇게 썰어야 한다. 그리고 초고해상도로 스캔한 뒤에 구조를 상세히 분석한다. 이런 과정을 거치고 나면 뇌의 신경 분포도를 완벽히 디지털 데이터로 변환할 수 있다. 변환된 데이터를 바탕으로 신경다발에서 일어나는 상호작용을 슈퍼컴퓨터로 재현하면 비로소 디지털 인간이 완성되는 것이다. 디지털 데이터이기 때문에 전원만 확실히 공급된다면 열화하거나 소멸될 일은 없다. 사고와 의식의 관점에서 보면 불로불사가 실현되는 것이다.

하지만 이렇게만 하면 진짜 인간이 되는 것일까? 디지털 데이터로 변환하기 전이나 후에도 기억은 물론 동일하겠지만 의식의 연속성도 담보되는지는 생각해볼 필요가 있다. 디지털 데이터는 얼마든지 복사할 수 있다는 점도 고민거리다. 만약 디지털 두뇌 A와 디지털 두뇌 B가 있다면 둘 중에 어느 쪽이 진짜일까? 둘 다 진짜라고 봐야 하는가? 흥미로운 질문이 꼬리에 꼬리를 문다. 덧붙이자면 앞에서 예로 들었던 《꼭두각시 서커스》에서는 '전송'한 쪽과 '전송' 받은 쪽이 서로 대결하는 촌극을 벌이기도 한다.[6] 사진 4

이는 과학이 아닌 철학의 문제다. '테세우스의 배' 미래 버전이라고도 할 수 있다. 테세우스의 배란 그리스 신화에 등장하는 배로, 유명한 역설을 가리키기도 한다. 아테네의 왕 테세우스가 젊은이들과 함께 크레타섬에서 귀환할 때 이용했던 배는 이후에도 수많은 사람들이 이용했다. 판자가 낡으면 새로운 판자로 교체하는 식으로 계속 수리했는데, 그러다 보니 결국에는 테세우스가 탔던 배의 원래 부품은 하나도 남지 않았다. 그렇다면 이 배는 여전히 테세우스의 배라고 불러도 되는 것일까? 이 같은 질문을 던지는 역설이 바로 테세우스의 배다.[7]

이 문제를 인간에 적용한다면 정체성 측면에서 바라봐야 한다고 생각한다. 인간의 기억과 의식을 디지털로 변환해도 연속성과 동질성을 확보했다면 동일한 정체성을 지닌 것이고, 따라서 동일 인물로 봐도 되지 않을

6 정확히 말하자면 전송에 실패하는 바람에 전송 받은 '나'는 원래의 '나'와 달랐다.

7 이와 비슷한 역설에는 여러 가지가 있다. 예컨대 '할아버지의 도끼'라는 역설이 있다. 할아버지가 사용하던 도끼의 날이 무뎌져 교체했는데 한참 뒤 이번에는 손잡이 부분이 낡아서 이마저도 교체했다. 날과 손잡이 모두를 교체한 도끼를 여전히 할아버지의 도끼라고 할 수 있겠느냐는 문제다.

까. 인간의 세포 중 대부분은 몇 년에 한 번씩 새로운 세포로 대체된다는 사실을 떠올려보자. 이 경우에도 우리의 기억과 의식은 연속성과 동질성을 유지하기에 정체성에도 큰 변함이 없다고 볼 수 있다. 몇 년 사이에 성격과 습관이 변하는 사람도 있긴 하다. 하지만 이때에도 우리는 그 사람을 전혀 다른 사람으로 인식하지 않는다. 그 사람의 정체성이 여전히 유지되고 있다고 보기 때문이다.

미래의 어느 날, 인간의 기억과 의식을 디지털화할 수 있는 기술을 확보한다면 이 또한 불로불사를 멋지게 실현한 것이라고 할 수 있을지도 모른다.

신에 도전하는 금단의 영역은 깨질 것인가?

생명 창조를 소재로 한 애니메이션 〈신세기 에반게리온〉

1995년 10월 TV 애니메이션으로 방영된 이후 다양한 매체로 확산된 인기 시리즈. 히로인 중 하나인 아야나미 레이는 주인공의 어머니에게서 확보한 유전자로 만들어진 존재다. 신극장판 〈에반게리온:파〉에서 레이가 보여준 인간적인 모습은 수많은 팬들의 가슴을 먹먹하게 했다.

그 밖의 작품

《강철의 연금술사》《다중인격 탐정 사이코》《ARMS》《꼭두각시 서커스》《기동전사 건담 SEED》

인조인간과 클론은 인류가 첨단 과학을 총동원해 신의 영역에 도전하는 모습을 그린 작품에서 심심치 않게 다뤄지는 소재다. 클론은 언뜻 생각하면 기술적으로 얼마든지 구현할 수 있을 것처럼 보이지만, 인간의 머리부터 발끝까지 아예 처음부터 만들어내는 것은 왠지 엄청나게 어려울 것 같은 느낌이 든다. '인간이 인간을 창조한다.' 이 금단의 영역에 현대 과학이 얼마나 접근했는지를 자세히 살펴보려고 한다.

인공 생명체 제작 기술의 현재

가장 먼저 DIY Do It Yourself 방식의 생명 창조 기술을 알아보자. 화학물질을 합성해 원하는 구조의 바이러스를 창조하는 기술은 이미 기반이 확립된 상태다. 미국과 같은 바이오 선진국에서는 필요한 유전자를 온라인으로 주문하면 며칠 만에 합성된 플라스미드plasmid[1]의 형태로 받아볼 수 있다.그림 1

해당 분야의 최전선에 있는 인물이 바로 미국의 분자 생물학자이자 기업가인 크레이그 벤터다. 그의 연구진은 DNA를 구성하는 네 가지 염기를 프로그래밍된 순서에 따라 차례차례 이어 붙이는 기술을 개발했으며, 이를 이용해 합성한 DNA를 기존 박테리아에 삽입해 완전히 새로운 종을 탄생시키는 데 성공했다.그림 2

생명 창조 기술이 상당한 수준에 도달한 것은 사실이지만 아직까지 인간은 물론이요 게임에 등장하는 재미있게 생긴 생물조차 만들지 못하는 실정이다. 이것이 가능해지려면 앞으로 해결해야 할 과제가 산더미다.

가장 큰 문제는 우리가 아직 DNA에 대해 잘 모른다는 것이다. 우리는 아직까지 DNA의 어떤 부분이 '어떤 기능을 담당하는지' '몸의 어떤 부분에 관여하는지' 등에 대해 거의 알지 못한다. 비록 역할이 명확한 유전자 몇 가지를 발견하기는 했지만(체격을 결정하고 피부와 눈동자 색깔에 영향을 미치는 유전자를 발견했다.) 특정 유전자를 전혀 다른 생물에 별 문제없이 이식하는 것은 아직 불가능하다.

1 원하는 유전자를 박테리아 안에서 발현시킬 목적으로 패키지화한 것이다. 이를 이용해 분자생물학적 예술 활동(카네이션의 특정 유전자를 잘라내 원하는 색깔을 복원하는 것이 대표적인 예—옮긴이)을 하는 사람이나 가정에서 유전자 조작을 통해 생명체를 만드는 사람들을 일컬어 바이오 해커라고 한다.

특히 DNA의 길이가 긴 덩치 큰 생물의 경우에는 하드웨어 측면에서든 소프트웨어 측면에서든 언제쯤 이런 일이 가능할지 전혀 가늠할 수 없는 상황이다. 다만 기술 진보가 거듭되다 보면 몇 년 혹은 몇십 년 안에 우리는 분명 유전자 혁명을 맞이할 것이다. 이를 고려했을 때 박테리아부터 원생동물(짚신벌레 같은 단세포생물), 더 나아가 식물과 무척추동물, 척추동물, 인간에 이르기까지 다양한 생물의 유전자를 재구성해 여러 형태와 능력을 가진 생물을 창조할 날이 올 것이다. 이는 결코 꿈같은 이야기가 아니다.

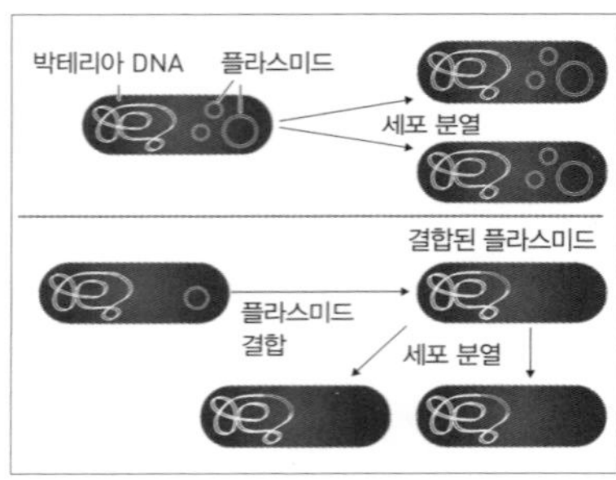

그림 1 플라스미드를 이용한 유전자 변형 개요

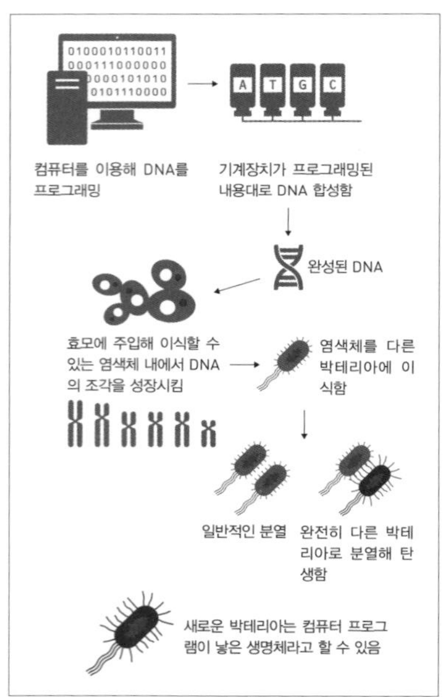

그림 2 컴퓨터가 빚어낸 새로운 생명체

인공 자궁과 인공 장기로 생명을 창조할 수 있을까?

인공 자궁 이야기를 해보자. 신기하게 생긴 유리병 속에 다양한 생명체가 두둥실 떠 있는 모습을 여러 만화나 게임에서 본 적이 있을 것이다. 새 생명을 창조하는 이런 공장의 모습은 쉽게 상상할 수 있다. 이는 오래전부터 만화에 등장해온 단골 소재이기도 하다.**사진 1**

오직 상상 속에만 존재할 것 같은 인공 자궁과 관련해서 미국의 코넬 대학과 일본의 준텐도 대학이 공동 실험을 실시한 바 있다. 엄마 자궁에서 21주 정도 자란 양의 태아를 제왕절개로 꺼낸 후, 인공 양수와 태반을 갖춘 인공 자궁에 넣어 열흘간 생존시키는 데 성공했다고 한다.**사진 2** 이뿐만 아니라 자궁의 내막 자체를 복제해 실험 기구 안에 설치한 뒤, 수정란을 착상하는 테스트도 성공했다. 모두 2002년에 있었던 일이니 오늘날에는 기술 수준이 한층 진보했을 것이다. 이는 단순한 호기심 차원이 아니라 불임을 치료할 목적으로 진행돼왔다. 이런 기술이 더욱 발전하면 몸 밖에서도 생명체를 기를 수 있는 날이 올 것이다. 중세 유럽의 연금술사가 만들어냈다던 인조인간 호문쿨루스가 연상된다.

사진 1 1967년 발표된 《불새》 '미래편'에도 인공 자궁이 등장한다. 《불새 ②》 36쪽(데즈카 오사무, 1992년)

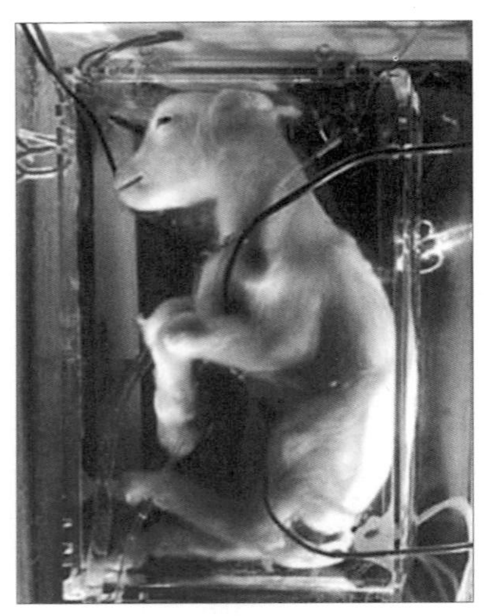
사진 2 인공 자궁 안에 있는 양 태아의 모습

조금 더 비근한 예로는 인공 장기 연구를 들 수 있다. 아직까지는 인간의 주요 기관을 대체할 수 있는 수준이 아니지만 피부, 뼈, 관절, 기관지, 식도, 심장판막 등은 인공 장기로 어느 정도 보완할 수 있다.[2] 몸에 이식했을 때 거부 반응을 일으키지 않는 실리콘 수지와 티타늄, 탄탈 등의 소재를 사용해 강도를 높이거나 서로 이어 붙여서 원래 장기를 대체하는 것이다. 이 분야는 이미 상당한 기술 진보가 이뤄진 분야라서 고관절과 무릎 관절에 문제가 생기면 별다른 어려움 없이 인공 관절로 교체할 수 있다.

그러나 혈중 독성물질을 해독하는 간을 비롯해서 세포의 복잡다단한 움직임을 통해 인간이 항상성을 유지할 수 있게 해주는 장기는 유기 고분자 화학과 금속 가공 기술만으로는 결코 대체할 수 없다. 이는 다시 말해 인간의 신경체계와 호르몬을 매개로 복잡하게 연결되어 작동하기 때문에 기계 부품을 갈아 끼우는 것 정도로는 동일한 기능을 재현할 수 없다는 뜻

2 장기라고 하면 보통 심장, 신장, 비장처럼 '장'이라는 말이 붙어 있는 부위만 떠올리기 쉽지만, 실제로는 동물의 기관 전체를 아우르는 표현이다. 따라서 뼈, 치아, 피부 등도 장기에 포함된다. 엄밀히 말하면 인공 자궁도 인공 장기에 포함되지만 '새 생명을 탄생시키는 기관'이기 때문에 일부러 별도로 다뤘다.

이다. 이런 이유로 지금까지는 다른 사람으로부터 장기를 기증받아 이식할 수밖에 없었다.

생명공학이 점점 발전하면서 이 분야에서도 변화가 일어나고 있긴 한다. 최근 주목받고 있는 ES세포줄기세포와 iPS세포를 활용하면 장기를 사람의 몸 밖에서도 만들 수 있다. 즉, 몸 밖에서 만든 장기를 이용해 병든 장기를 대체하는 것이다. 돼지 유전자를 조작해서 면역체계를 인간에 맞게 조작하고, 이를 이용해 대체용 장기를 돼지 몸속에서 생산하겠다는 연구도 진행되고 있다.

한 가지 덧붙이자면, 요즘 가장 유망한 장기 이식 기술로 회자되는 것은 재생 세포 기술과 장기 제조 기술의 사이 어디엔가 위치하는 방법론이다. 미국 컬럼비아 대학과 예일 대학에서 진행하고 있는 연구인데, 최종 목표는 쉽게 말하자면 면역 거부 반응 없이 장기를 이식하는 데 있다.

장기를 이식하려면 면역상의 적합도가 허용 범위 내에 있어야 한다. 설령 허용 범위에 들어가더라도 적합도가 낮으면 부작용이 심한 장기 이식 면역 억제제를 평생토록 복용해야 한다.[3]

'공여받을 장기의 면역체계를 이식받을 사람의 것과 동일하게 만들

3 장기 이식 시에는 환자와 공여자의 조직적합항원(Human Leukocyte Antigen, HLA)이 서로 얼마나 일치하는지가 중요하다. HLA에는 4개 유형(A, B, C, DR)으로 구성된 여덟 가지 항원이 있는데, 형제간에 일치할 확률은 25%(일란성 쌍둥이는 100%)로 이론적으로 봤을 때 이런 경우에는 면역 억제제를 복용할 필요가 없다. 그 밖의 상황에서는 HLA가 완벽히 일치하기란 현실적으로 불가능하므로 가능한 한 적합도 허용 범위에 들어오는 공여자를 찾는 수밖에 없다. 만약 이 기술을 인간에게도 적용할 수 있다면, 크기가 다르지 않은 이상 2~3개월 내로 공여자의 장기를 이식받을 사람의 세포로 채운 후 이식할 수 있을 것이다. 물론 동일한 사람의 세포가 서로 만나는 것이기 때문에 면역 억제제는 필요 없다.

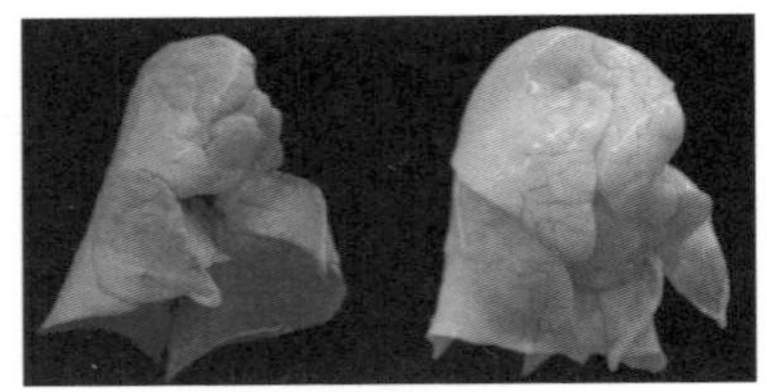

사진 3 골격만 남은 폐(왼쪽)와 그 이후 재생된 폐(오른쪽)

수만 있다면 문제가 쉽게 풀리지 않을까?'라는 생각으로 시작된 이 연구는 지금까지 진행된 인공 장기 관련 연구 중 가장 높은 수준에 도달했다. 구체적으로 살펴보면 죽은 사람의 장기에서 세포 골격만 남긴 채 세포를 제거한 뒤, 임의의 세포를 주입해 세포 골격을 따라 성장하게끔 하는 기법이다. 요컨대 이식받을 사람의 면역체계가 작동하는 세포를 활용해 공여자의 장기를 새로이 구성하는 것이다. 쥐를 이용한 실험에서 폐를 재구성해 이식하는 데 성공했으며 사진 3 심장의 경우에도 이식한 후 제대로 박동하는 것을 확인했다.

인조인간을 만드는 기술은 이미 완성됐다?

클론 또한 여러 SF 작품에서 소재로 자주 등장한다. 1996년에 탄생한 복제 양 돌리는 말할 것도 없이 클론 기술은 이미 상당한 수준까지 올라왔다. 사진 4 당시 종교계를 비롯한 각계각층으로부터 윤리적 비판을 받은 바 있으며, 그 이후에는 전 세계 많은 국가에서 인간 복제를 금지하는 법규가 제정되었다.[4] 윤리적인 측면은 잠시 제쳐두고 기술 측면으로만 바라본다면 복제인간이야말로 인조인간 그 자체라고 할 수 있을 것이다.

'클론은 원본이 있어야 하니 인조인간이라고 해봤자 단순한 복사본에 불과한 것 아니냐.' 이렇게 따질 수는 있겠지만, 이는 분명 잘못 짚은 것이다. 물론 복제인간의 유전자 정보는 원본에 해당하는 사람의 것과 동일하기는 하다. 하지만 일란성 쌍둥이의 첫째와 둘째를 서로의 복사본이라고 이야기하지는 않는다. 당연히 서로 많은 부분이 비슷하겠지만 성장 환경이 다르거나, 동일한 환경에서 자랐더라도 각자가 경험한 바가 다르면 시간이 흐를수록 점차 서로 다른 사람이 될 수밖에 없다. 이것 말고도 인간의 개성을 결정하는 요소는 무수히 많다.[5] 가령 히틀러의 복제인간을 만든다고 하더라도, 그가 또다시 독재자나 인기 없는 화가로 성장할 것이라고 그 누구도 장담할 수 없다.

사진 4 1997년 타임지의 표지를 장식한 돌리

복제 양 돌리는 2003년에 세상을 떠났다.[6] 평균 수명의 절반밖에 안 되는 6년 6개월을 살았는데, 당시에 '복제 기술이 아직 불완전한 탓에 수

4 일본에서는 '인간에 관한 클론 기술 등의 규제에 관한 법률'이 2000년에 공포됐다. 동법 제3조에서는 '인간복제배아, 인간동물교잡배아, 인간성집합배아를 인간 또는 동물의 태내에 이식시켜서는 아니 된다.'라고 규정하고 있다. 이를 위반하면 10년 이하의 징역 또는 1억 원 이하의 벌금에 처한다(또는 벌금을 병과한다)고 정하고 있다.(동법 제16조)

5 쌍둥이라고 하더라도 지문이나 혈관의 위치는 유전자와 무관하기 때문에 서로 다른 모양으로 형성된다. 체중은 생활 습관에 따라 크게 달라지며 키와 발 사이즈도 서로 완전히 같지 않다.

6 정확히 말하자면 진행성 폐질환을 앓아서 안락사를 시켰다. 참고로 돌리의 유해는 박제되어 스코틀랜드국립박물관으로 옮겨졌다.

명이 짧아졌을' 가능성이 제기됐다. 생명 윤리 측면에서 복제 기술을 규제하자고 부르짖던 사람들에게 이는 강력한 논거가 됐다.

2016년, 놀랍게도 이러한 전제를 완전히 뒤집는 연구 결과가 발표됐다. 영국의 국립대학인 노팅엄 대학의 케빈 싱클레어 교수팀은 총 13마리의 복제 양을 키웠는데, 그중 4마리는 돌리와 완전히 동일한 유전자를 갖고 있었다. 13마리의 복제 양들은 수명이 짧기는커녕 모두 건강하게 자랐고, 노화 속도도 일반 양들과 별반 차이가 없었다고 한다.[7]

물론 이 연구 결과만 놓고 쉽게 결론 내릴 수는 없다. 하지만 클론에 유전자 문제가 없는 게 사실이라면, 이 세상 수많은 부자들은 '규제가 뭐야? 먹는 건가?'라고 비웃으며 거부 반응 없는 인공 장기를 이용해 젊음을 되찾으려고 난리를 칠지도 모를 일이다.

노화 문제가 해결된다고 해서 생명 윤리 문제가 전부 풀렸다고 말할 수는 없다. 앞에서 이야기한 것처럼 복제인간은 원본과는 완전히 다른 사람이다. 원본에게 장기를 제공할 목적으로 탄생한 복제인간에게도 인권이 있다고 얼마든지 문제를 제기할 수 있다. 오래지 않아 이런 윤리적 난제를 논하는 날이 도래할 가능성이 매우 높다.

7 엄밀하게 말하면 돌리와 같은 세포에서 태어난 1마리가 관절염을 앓았는데, 이는 동일한 연령의 양들 사이에서 드물지 않게 발견되는 질병이라고 한다.

제3장 인체의 한계

인간은 고통을 얼마나 견딜 수 있을까?

인체의 한계를 생각해보게 한 영화 〈람보〉

혼자서 수많은 적을 상대하는 람보의 맹렬한 전투를 그린 영화. 전시 상황을 그린 작품인 것 같지만, 1982년에 개봉한 시리즈 제1탄의 무대는 워싱턴주이며 람보가 상대하는 적은 주경찰과 주방위군이다. 2008년에는 20년 만의 신작 〈람보 4 : 라스트 블러드〉가 개봉됐다.

그 밖의 작품

《베르세르크》《돌격! 남자 훈련소》《바키》《전국 바사라》

적의 엄청난 공격 때문에 쓰러졌다가도 금세 다시 일어난다. 깎아지른 절벽에서 뛰어내리고도 상처를 입지 않고, 평상복을 입고 용암 지대나 설원 지대를 아무렇지 않게 통과한다. 이런 엄청난 액션이 픽션 세계에서는 너무도 당연한 모습으로 그려진다. 현실과는 매우 다른 모습이다.

골짜기 밑으로 뛰어내리면 현실에서는 목숨을 부지할 수 없다. 이 같은 사실을 모르는 사람은 없을 것이다. 슈퍼 마리오는 물속에서 단 한 번도 쉬지 않고 헤엄칠 수 있지만, 함부로 따라 하다가는 곧바로 물귀신이 되고 말 것이다.[1]

여기서 궁금한 점은 '인간의 한계가 과연 어느 정도일까'이다. 이 질문에 곧바로 답할 수 있는 사람은 그리 많지 않을 것이다. 그러니 이번에는 '인간의 내구성'에 대해 살펴보기로 하자.

칼과 둔기 어느 쪽이 더 심한 타격을 줄까?

가장 먼저 물리적인 타격이라는 측면에서 생각해보자. 사람의 심장은 1분 동안 4~5L의 혈액을 온몸으로 보낸다. 실로 놀라운 펌핑 능력을 가진 기관이다. 따라서 인간이 경동맥을 베이면 게임에서 데미지를 입었을 때의 모습처럼 실제로도 선혈이 사방으로 튈 것이다.[2] 이는 잠시 쉬면 회복되는 경미한 피해가 결코 아니다. 큰 출혈은 즉사를 의미한다.

왜냐하면 앞에서 이야기한 대로 심장은 1분 동안 4~5L의 피를 보내는데, 인간의 몸속에 있는 혈액량은 다 합쳐봤자 6~8L밖에 안 되기 때문이다. 몸속의 피를 절반 이상 쏟으면 장기를 온전히 유지할 수 없어 생명 활동에 크나큰 문제가 생긴다. 동맥을 단칼에 베이면 잠시도 버티지 못하고 사망에 이를 수밖에 없다. 그림 1

경우에 따라서는 칼로 베는 것보다 둔기로 때리는 것이 상대방에게 더 큰 타격을 줄 수도 있다. 그 이유는 망치로 대표되는 둔기는 공격할 때

1 참고로 기네스북 기록상으로는 22분 22초가 물속에서 숨 참기 부문 세계 최장 기록이다.(2016년 기준) 다만 이는 도전하기 며칠 전부터 단식을 해서 신진 대사량을 줄였고, 물속에 들어가기 직전에는 순산소를 가득 들이킨 후 측정한 기록이다. 마리오처럼 활발히 헤엄치며 시간을 잰 것이 아니다.

2 동맥을 베인 경우가 아니라면 선혈이 튈 일은 없다.

사용하는 면적이 칼보다 넓고, 몸속까지 철저히 파괴할 수 있기 때문이다. 칼로 베면 상대방의 피부에 상처를 내고 상처에서 흘러나오는 피의 양만큼 상대에게 타격을 입히지만, 앞에서 설명한 것처럼 동맥을 베지 않는 한 단칼에 치명상을 입히기는 어렵다. 칼로 배를 찌르면 곧바로 죽지는 않는다.

그림 1 단칼에 베이면 보통 그 자리에서 죽는다.

한편 둔기로 때리면 뼈가 부러지고, 맞은 곳 주변의 혈관에서 피가 흘러나온다. 동맥은 고무줄처럼 낭창낭창하고 질기기 때문에 타격을 입는다고 해서 파열되는 일이 거의 없다. 그럼에도 둔기가 상대방에게 큰 피해를 줄 수 있는 까닭은 조직을 광범위하게 으깨버리기 때문이다.[3] 타격을 입으면 내부 출혈이 대량으로 발생해서 체내 혈압이 저하되고, 그 결과 아무런 대응도 할 수 없는 상태에 빠진다.

이와 같은 둔기 공격의 장점에 칼로 베는 공격을 더한 것이 바로 총이다. 화약이 터질 때 발생하는 물리 에너지에 힘입어 발사되는 작은 총알(1cm 이하)은 상대방의 몸에 박히는 순간 회전을 멈추고(잘 멈추게끔 디자인한다.) 몸속에서 요동치면서 테니스공보다도 큰 상처를 남긴다.

만약 동맥이 위치한 곳에 이만한 상처가 생긴다면 엄청난 양의 출혈 때문에 즉사할 수밖에 없다. 동맥은 머리와 몸통은 물론 팔다리의 중심부

3 외부로부터 큰 충격과 압력이 가해졌을 때 내부 조직이 파괴되는 것을 의미한다.

에도 흐르고 있다. 총을 맞은 뒤 즉시 치료하지 않으면 100% 사망할 것이다.(물론 그렇지 않은 경우도 아주 가끔은 있다.)

인간이라면 누구라도 더위 앞에 장사 없다

지금까지는 물리적 공격을 받았을 때 인체에 어떤 영향이 있는지를 알아봤는데, 이제부터는 '가혹한 환경에서 얼마나 견딜 수 있을지'에 대해서 살펴보려고 한다.

우선은 엄청나게 뜨거운 환경부터 이야기해보자. 인체를 구성하는 단백질 중 대부분은 41℃를 기점으로 조금씩 변하고 결국 응고된다. 하지만 80~100℃ 정도의 꽤나 뜨거운 사우나에 날계란을 들고 들어가면 계란은 삶아지지만 사람은 기분 좋게 땀만 흘릴 뿐이다. 왜 같은 곳에 있었는데 사람은 삶은 달걀처럼 딱딱해지지 않는 것일까? 그 이유는 사람이 가지고 있는 고도의 온도 조절 능력 덕분이다.

지금까지의 기록을 살펴보면 30분에서 1시간 정도 사우나에 들어가 있어도 사람이 죽는 일은 없었고[4] 약 130℃의 고온(열) 지대에서도 20분 정도는 별다른 문제없이 견딜 수 있었다고 한다. 150~200℃의 환경에서도 아주 짧은 시간 동안은 버틸 수 있을 것이라는 의견도 있다.

인간의 몸속 한가운데 온도는 항상 36.5~37℃ 정도를 유지할 필요가

4 몸에 좋지 않으니 절대로 권하고 싶지 않다.

있다. 하지만 손과 발처럼 몸의 끝부분은 20℃로 떨어지거나 42℃ 근처까지 올라가도 문제가 되지 않는다. 이는 몸속 수분에 들어 있는 차가운 기운(축냉열) 때문으로, 뜨거운 물로 목욕을 해서 체온이 올라가더라도 축냉열이 혈액순환을 통해 곳곳에 퍼지기 때문에 뇌와 몸이 건강을 유지할 수 있다.

다만 한계는 분명히 있어서, 60℃ 이상의 열탕에 들어가면 화상을 입는 건 어쩔 수 없다. 인간이 가진 열 교환 능력을 초과해 피부 조직이 손상되기 때문이다.

'불속 걷기[5] 행사에서는 달궈진 숯 위를 맨발로 뛰어다니지 않는가!' 라고 반문하는 사람도 있을 것이다. 그러나 이는 어디까지나 트릭(별로 마음에 안 드는 표현이라면 연출의 일환이라고 해두자.)일 뿐이다. 숯은 열전도율이 매우 낮은(열전달 속도가 늦은) 물체라서 아무리 뜨겁게 달궈져 있다고 해도 열을 제대로 전달하지 못한다. 그러니 향후에 혹시나 '달궈진 숯 위를 달리시겠습니까? 아니면 달궈진 돌 위를 달리시겠습니까?'라는 질문을 받게 되거든 절대로 망설이지 말고 숯을 선택하자. 잘못 고르면 발바닥이 순식간에 돌솥 비빔밥이 되어버릴 것이다.그림 2

참고로 감기에 걸려 체온이 걷잡을 수 없이 올라가는 바람에 갑자기 세상을 떠나는 경우도 적지 않다. 이는 바이러스를 물리칠 목적으로 신체가 열을 발생시켰는데, 의도치 않게 42℃를 넘어버린, 이른바 자폭과도 같

5 일본 불교나 수험도(산속에서 엄격한 수행을 통해 깨달음을 얻고자 하는 일본 종교—옮긴이)에서 수행의 일환으로 행하는 의식. 그중에서 다카오산 야쿠오인의 불속 걷기 행사(타고 남은 재를 밟으며 무병무사와 가내안녕을 기원하는 행사—옮긴이)가 유명하다. 아울러 일본뿐만 아니라 유럽과 아프리카 등 세계 각지에 이와 유사한 의식이 존재한다.

달궈진 숯
열전도율이 낮기 때문에 아주 잠깐 걷는 것은 괜찮다.
달궈진 돌
열전도율이 매우 높기 때문에 발을 디디는 순간 익어버리고 만다.

그림 2 왜 달궈진 숯은 괜찮고 달궈진 돌은 안 되는가?

은 현상이다. 또한 매년 여름이 되면 창궐하는 열중증은 실내에 있더라도 걸리기 쉬운데, 이는 주변 온도가 32℃ 이상이면 아무리 땀을 흘리고 축냉열을 꺼내 써도 체온이 계속 올라가기 때문이다. '온도가 조금 높을 뿐'이라고 하더라도 이런 환경에 오래 노출되면 사람에게는 치명적이다.

반면 사람은 더운 곳보다 추운 곳에서 더욱 잘 견딘다고 알려져 있다. 물론 동상에 걸릴 위험은 있지만 영하 40℃에 이르는 냉동고 안에 알몸으로 들어가더라도 1시간 정도는 버틸 수 있다고 한다. 다만 이런 환경에 너무 오래 방치되면 신체 말단 부위가 동창(凍瘡. 극심한 추위에 피부가 노출되어 혈관이 마비되는 현상-옮긴이) 때문에 괴사해 손과 발을 잘라내야 하거나 죽음에 이르기도 한다. 그렇기는 해도 사람 몸에 축적된 기름은 1g당 9kcal나 되는 열을 발생시키기 때문에 수온이 10℃도 안 되는 바다를 긴 시간 동안 수영해서 건너는 철인 경기를 하더라도 체온을 거뜬히 유지할 수 있다.[6]

공기가 희박한 고지대
생명에 얼마나 위협적인가?

인간은 기압 변화에 민감하게 반응하며 특히 감정적인 부분에 영향을 많이 받는다. 기압이 낮으면 우울한 기분에 빠지기 쉽고(두통과 염증도 심해진다.) 기압이 높으면 쾌활해지기 쉽다. 저지대에서는 기압이 변하더라도 신체적·감정적 변화 폭이 그다지 크지 않으며, 특히 근육이 발달한 사람은 차이를 거의 느끼지 못한다.

하지만 고지대에서는 기압이 아주 조금 변해도 크나큰 차이를 초래한다. 땅 위에서 생활하는 우리를 둘러싸고 있는 공기가 누르는 힘 **대기압**은 보통 760mmHg 정도다. 그리고 대기압은 수압과 마찬가지로 깊은 곳으로 들어갈수록, 즉 지표면에 근접할수록 증가한다.

지구를 둘러싸고 있는 공기층의 두께는 대략 10,000m로 가령 해발 8,800m 높이의 에베레스트 산 정상에 서 있는 사람의 머리를 누르는 공기층 두께는 1,200m밖에 안 된다.**그림 3** 이때 기압은 지상보다 낮은데 산소를 비롯한 공기의 양이 그만큼 적다는 뜻이다. 고지대는 저지대에 비해 산소량이 훨씬 적기 때문에 호흡 곤란을 호소할 수밖에 없다.[7] 고등학교 과학 수준에서 계산해보면 에베레스트산 정상의 기압은 사람이 생존할 수 있는

6 경기를 한 번 할 때마다 2~4kg 정도의 지방을 소비한다는 이야기도 있다.

7 참고로 공기가 희박해지면 새도 날기 힘들 정도로 공기 저항 또한 줄어든다. 한편 이론적으로는 화살과 총알이 날아가는 속도가 빨라진다.

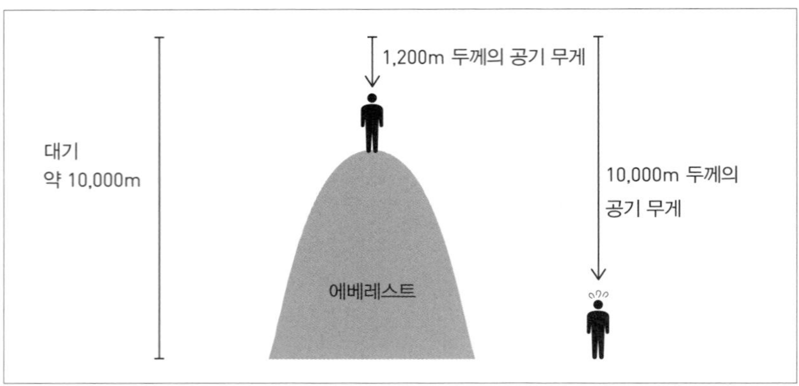

그림 3 고도가 다르면 머리를 누르는 공기의 무게도 다르다.

한계치인 230mmHg를 밑돈다. 다만 이는 편의상 이상 기체[8]를 상정해 계산한 결과로, 실제로는 여러 가지 요인이 복합적으로 작용해 겨우 생명을 유지할 수 있는 수준인 250mmHg 정도는 된다고 한다.

그렇다면 생존 한계치를 훌쩍 넘어서는 진공 상태가 되면 어떤 변화가 찾아올까? '우주 공간에 진입하는 순간 몸속의 피가 끓어올라 금세 죽음에 이르고 말 것'이라는 이야기를 어디선가 들어본 사람들이 많을 것 같은데, 이는 사실이 아니다. 공기가 없으면 혈관이 파열될 것이고 이로 인해 혈액이 0기압에 노출될 경우 끓어오르기는 하겠지만, 눈을 감고 숨을 천천히 내뱉으며 몸을 둥글게 만들면 잠깐 정도는 버틸 수 있다. 이는 우리가 약 1기압의 환경에서 살고 있으니 진공이라고 해봤자 겨우 1기압 차이

8 분자 사이에 상호 작용이 없는 기체를 의미하며, 물리 법칙을 유도하기 위한 가정일 뿐 현실 세계에는 존재하지 않는다. 수학 시험 문제를 풀 때 자주 접하는 '단, 마찰은 없다고 가정한다.'라는 말과 비슷한 개념이다.

밖에 나지 않기 때문이다. 물론 버틸 수 있는 시간은 고작 1분 정도지만 말이다.

생각보다 강하지 않은 인간의 내구성

인간은 픽션 세계에서 엄청나게 강력한 존재로 그려지곤 하지만, 지금까지 살펴본 바와 같이 실제로는 기계나 자연의 힘 앞에서 한없이 무력하다. 총을 맞으면 몸의 어느 부위를 관통하든 거의 1분 안에 사망할 것이고, 높은 곳에서 떨어지면 목숨을 부지하기 어려우며, 심지어 헬멧을 쓰지 않은 상태에서 동굴 천장에 머리를 세게 부딪치면 즉사하고 만다.

이뿐만 아니라 전투력도 생각보다 형편없어서, 아무리 스스로를 오랜 기간 갈고닦은 격투가라고 하더라도 맹렬한 기세로 달려드는 개와 싸우면 질지도 모른다고 이야기하는 사람도 있다. 이뿐만 아니라 질병이나 독극물에도 너무나 취약하다. 하지만 이렇게 슬픈 현실을 있는 그대로 표현하면 재미없는 작품이 될 것이 뻔하니 작가들은 늘 초인적인 힘을 과시하는 존재를 그려내기 바쁘다.

첨단 과학을 활용하면 죽은 사람의 이야기도 들을 수 있다

죽음을 다룬 만화《데스노트》

이름이 적힌 사람을 죽여버리는 데스노트를 활용해 자신이 꿈꾸는 이상 사회를 구축하려는 야가미 라이토와 그를 범죄자로 여기고 뒤를 바짝 쫓는 탐정 L. 두 인물 사이에서 치열한 두뇌 싸움이 벌어진다.

그 밖의 작품

《명탐정 코난》《소년 탐정 김전일》《스카이하이》《지어스》《배틀로열》

"죽은 자는 말이 없다."라는 근사한 격언이 있다. 다만 이는 일본뿐만 아니라 영어권 국가를 비롯한 전 세계 여러 나라에서 공히 찾아볼 수 있는 표현이다.[1] 이 정도면 '상대방의 입을 다물게 하고 싶거든 죽여야 한다.'라는 것은 인류 보편의 행동 원칙이라고 봐도 무방할 것이다. 픽션 세계에서도 입막음을 위해서 살인이 자행되는 장면을 심심치 않게 볼 수 있다.**사진1** 미스터리 소설에서는 아예 단골 메뉴로 다뤄지는데, 아무 말도 하지 못하는

1 예를 들어 영어로는 'Dead men tell no tales' 중국어로는 '死人滅法對證'이라고 표현한다.

피해자의 원통함을 통쾌하게 풀어주는 명탐정의 모습은 작품성을 좌우하는 매우 중요한 요소다.

하지만 요즘에는 하루가 멀다 하고 발전하는 과학 기술 덕분에 원래는 말이 없어야 할 죽은 자가 쉴 새 없이 떠들 수 있게 됐다. 이번에는 시체가 실제로 어떤 이야기를 들려줄 수 있는지 소개해보려고 한다. 죽은 자가 입을 연다는 것은 예전에는 재미있는 미스터리 소설을 쓰기 위한 소재에 불과했지만, 과학 기술의 놀라운 발전 덕분에 어느새 엄연한 현실이 됐다.

사진 1 비밀을 유지하려고 쓰는 너무나도 흔한 방법
《소년 탐정 김전일》 제21권 42쪽(지은이: 아마기 세이마루, 그림: 사토 후미야, 1996년)

사인 불명을 조장하는 잘못된 법제도

범죄 드라마에서는 파란색 유니폼을 입은 현장 감식반이 시체가 발견된 장소로 우르르 출동하는 모습이 자주 등장한다. 그렇지만 시체를 어디론가 이송한 뒤에 어떤 절차를 밟는지에 대해서는 거의 다루지 않는다. 드라마에서는 부검을 통해 사인을 철저하게 분석하고, 주인공은 그 과정에서 발견한 미심쩍은 부분을 바탕으로 사건의 실마리를 하나씩 풀어나간다.

그러나 현실 세계에서는 일이 이렇게 쉽게 풀리지 않는다. 특히 일본이라는 나라에서는 말이다.

그 이유는 무엇일까? 일본이라는 나라가 사인 불명死因不明 대국이기 때문인데, 이에 관한 문제의식은 의사이자 작가인 가이도 다케루의 소설 《바티스타 수술 팀의 영광》에서도 다뤄진 바 있다.[2]

실태가 구체적으로 어떠한지에 대해서는 전문 서적으로 확인할 수 있으니 여기서는 일본이 왜 이런 오명을 쓰게 됐는지 한번 생각해보자. 그러려면 가장 먼저 관련 법률을 확인해볼 필요가 있다.(55쪽 법조항 참조)

조항마다 표현상 차이는 조금씩 있지만 '변사체가 발견되면 꼭 경찰에게 연락해주세요. 부탁 좀 할게요.' 정도로 요약할 수 있다. 결국, 사인이 불명한 시체에 대해서는 의사가 사망 판정을 함부로 내릴 수 없다. 관련 내용을 통보받은 경찰이 검시(檢視. 사실을 조사한다는 뜻. 사람의 죽음이 범죄로 인한 것인지를 판단하기 위해 변사체를 조사하는 檢屍와 발음이 같아서 헷갈리기 쉽다.)해서 범죄 가능성이 있는지를 판단해야만 결론질 수 있는 것이다. 얼핏 보면 '잘하고 있는데 도대체 뭐가 문제라는 거지?'라고 생각하기 쉬우나, 실은 이 부분이야말로 일본 법제도의 취약점이다.

의사가 봤을 때 타살이라고밖에는 보이지 않는 사건, 예컨대 혼자 힘으로는 도저히 올라갈 수 없는 높은 곳에 목을 매 죽은 사람을 발견하더라도, 경찰이 '음 이건 말이지, 목을 밧줄로 묶은 상태로 슈퍼맨처럼 붕 하고 떠오른 다음에 공중에서 반대쪽 밧줄을 대들보에 묶어서 결국 죽음에 이

2 2006년 일본에서 출간된 《바티스타 수술 팀의 영광》은 300만 부 이상 판매될 정도로 공전의 히트를 기록했다. 이후 영화와 TV 드라마로도 제작되었으며, 《사인불명사회》라는 외전 스타일의 서적도 출간됐다.

의사법 제21조

의사는 시체 또는 임신 4개월 이상의 사산아를 검안한 후 이상이 있다고 판단될 시에는 반드시 24시간 내로 관할 경찰서에 신고해야 한다.

보건사조산사간호사법 제41조

조산사는 임신 4개월 이상의 사산아를 검안한 후 이상이 있다고 판단될 시에는 반드시 24시간 내로 관할 경찰서에 신고해야 한다.

사체해부보존법 제11조

시체를 부검하는 자는 범죄가 원인인 것으로 보이는 이상이 시체에서 발견될 시에는 반드시 24시간 내로 부검을 실시한 지역의 경찰서장에게 신고해야 한다.

형사시설 및 피수용자의 처우에 관한 규칙 제93조 제2항

형사시설(수사기관-옮긴이)의 장은 전항의 검시 결과, 변사 또는 변사한 것으로 추정될 경우 검찰 및 경찰 등 사법경찰에게 반드시 이를 통보해야 한다.

른 명백한 자살 사건이야. 분석 끝!'이라고 결론 내려버리면 그만이다. 코미디 같지만 모 사건을 담당했던 경찰이 실제로 저질렀던 일이다.[3]

경찰은 사건을 담당하는 데 전문성이 있지만 대부분 생리학 분야에는 문외한이다.[4] 따라서 실무 경험은 전무하며 그저 교과서를 통해 배운 범위 내에서 판단할 수밖에 없다. 결국, 매일 죽음과 결투를 벌이는 의사의 소견

3 경찰이 이처럼 어이없는 판단을 내린 케이스는 예로 든 사건 외에도 수없이 많다. 조금 더 자세히 알고 싶다면 인터넷에서 (일본어로) '익스트림 자살'을 한번 검색해보자.

4 일본은 경찰 대학에서 법의학을 전공한 경감 이상의 경찰관을 경시관으로 임명한다.

보다 비전문가의 한마디가 더 큰 영향력을 발휘하는 비상식적인 상황이 거듭되고 있는 것이다.

그림 1 비전문가가 전문가보다 힘이 센 검시 현장

그래도 범죄 가능성이 있다고 결론 내려지는 경우에는 형편이 그나마 낫다. 만약 범죄 가능성이 없는 사건이라고 판단하면 '사인은 정확히 알 수 없으나, 일단 심장이 멈춘 걸 보니 심부전이 아닐까 한다.'라는 내용으로 사망 진단서를 작성한 뒤 시체를 곧장 화장터로 보내버린다. 외상이 눈에 확 띈다거나 하지 않는 이상 '범죄 가능성이 없는' 사건으로 분류하며 부검도 하지 않는다.**그림 1**

부검을 거의 하지 않는 것이 현실이라고 하더라도 이야기를 이대로 마무리해버리면 뭔가 개운치 않은 기분이 들 것 같다. 범죄 가능성이 있다고 인정된 덕분에(?) 의과 대학의 법의학 교실 같은 곳에 시체가 위탁됐다고 가정해보자. 그러면 부검이 이뤄질 테고 그 과정에서 죽은 자는 사건의 경위에 대해 서서히 입을 열 것이다. 다만 현장 검증 중인 형사에게 "경위님! 검시관이 심상치 않은 단서를 발견했습니다!"라고 누군가가 보고하면 곧바로 부검을 실시하는, 드라마에서 자주 봤음직한 모습을 현실에서는 볼 수 없다. 아무리 서둘러도 부검을 결정한 뒤 실제로 진행하기까지는 24시간 이상이 소요된다. 그리고 형사가 검시 보고서를 받아보기까지는 그로부터 며칠이 더 필요하다. 일이 바로바로 처리되지 않는 것 같아 맥이 탁 풀리는 기분이 들 수는 있겠지만 이게 바로 현실이다.

죽은 자의 원통함을 풀어주고 싶다? 사망한 후에도 알아낼 수 있는 이모저모

이제부터는 검시檢屍 과정을 살펴보자. 우선 의사는 죽은 사람이 입고 있었던 옷부터 자세히 살펴본다. 평상복인지 아니면 외출복인지를 확인하고, 목을 맨 경우에는 밧줄을 포함해 몸을 감싸고 있는 모든 것을 조사한다. 예컨대 목에 감겨 있는 밧줄에 머리카락이 말려 들어가 있는지 여부가 중요한 단서가 되기도 한다. 자살하는 사람들 중 대부분은 머리카락이 말려 들어가면 아프기 때문에 목을 맬 때 말려 들어가지 않게 한다. 따라서 사건 현장에 머리카락이 수북이 빠져 있다면 실제로는 타살인데 자살로 위장했을 가능성이 높다. 이뿐만 아니라 목을 맨 모양도 중요한 판단 기준으로 작용한다.**그림 2**

다음으로는 옷을 전부 벗긴 뒤 피부와 시반(屍斑. 사람이 죽은 후에 혈관 속의 혈액이 사체 아래쪽으로 내려가서 생기는 현상으로, 이를 통해 사망한 시각을 추정할 수 있다.-옮긴이)의 색깔, 상태, 사후 경직도 등을 확인하고 '사망

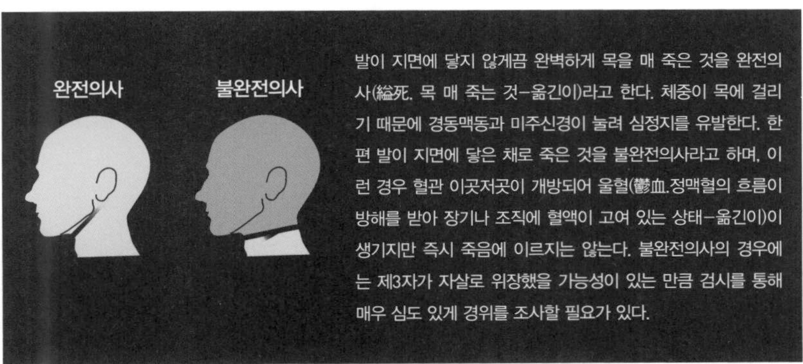
완전의사
불완전의사
발이 지면에 닿지 않게끔 완벽하게 목을 매 죽은 것을 완전의사(縊死. 목 매 죽는 것-옮긴이)라고 한다. 체중이 목에 걸리기 때문에 경동맥동과 미주신경이 눌려 심정지를 유발한다. 한편 발이 지면에 닿은 채로 죽은 것을 불완전의사라고 하며, 이런 경우 혈관 이곳저곳이 개방되어 울혈(鬱血.정맥혈의 흐름이 방해를 받아 장기나 조직에 혈액이 고여 있는 상태-옮긴이)이 생기지만 즉시 죽음에 이르지는 않는다. 불완전의사의 경우에는 제3자가 자살로 위장했을 가능성이 있는 만큼 검시를 통해 매우 심도 있게 경위를 조사할 필요가 있다.

그림 2 직접 목을 맨 것과 누군가가 묶은 것의 차이

추정 시간'을 산출한다. 사망 추정 시간은 시신의 직장直腸에서 온도를 잰 뒤 주변 기온과 체중 등을 감안해 계산할 수도 있다.

또한 외상이 있는 경우 이를 중점적으로 조사한다는 것은 굳이 말할 필요도 없다. 상처를 보면 어떤 흉기를 사용했는지를 추정할 수 있고, 사람을 친 자동차의 타이어 흔적을 보면 차종이 무엇인지도 어느 정도 파악할 수 있다. 불에 타서 죽은 경우에는 정말 화재 때문에 사망한 것인지 아니면 이미 죽임을 당한 후에 불탄 것인지를 확인하는 일이 매우 중요하다. 일반적으로는 내시경을 통해 기도가 화상을 입었는지를 보고 판단한다. 기도가 탔다면 불꽃이 몸속을 타고 들어간 것을 의미하는 만큼 불에 타서 죽었다고 결론 내릴 수 있지만, 그게 아니라면 누군가에 의해 죽음이 위장됐을 가능성이 크다.

익사한 경우도 마찬가지다. 위장 속에 있는 물이 죽은 장소의 것과 일치하는지를 보고 판단하는데, 보통은 현미경으로 플랑크톤 같은 미생물을 관찰하는 원시적인 방법을 활용한다. 욕실에서 익사시킨 뒤 시체를 댐 근처에 버려 마치 물에 빠져 자살한 것처럼 위장하려고 해도 이런 방법을 통해 타살 여부를 바로 확인할 수 있다. 물론 범인이 댐에서 길어온 물로 욕조를 채운 뒤 익사시킨다면 정확한 원인을 조사하기가 어려울 뿐 아니라 자살로 결론 내릴 가능성이 크다.

죽은 자를 되살리는 것이야말로 궁극적인 해법!

지금까지 소개한 방법들은 미스터리 소설을 즐겨 읽는 사람이라면 이미 잘 알고 있을 만한 것들이다. 자, 이제부터는 죽은 사람에게 직접 궁금한 것을 물어서 실마리를 푸는 방법을 소개하려고 한다. '말도 안 되는 소리'라고 선불리 단정 짓지 말자. 현대 의학을 십분 활용하면 죽은 사람을 다시 살려내는 것도 언젠가는 가능해질 것이기 때문이다!

실제로 'Erasing Death'라는 이름으로 진행되고 있는 여러 연구는 인간이 죽더라도 다시 살려낼 방법이 있다는 믿음에 기초한다. 여기서 우선 짚어봐야 할 부분은 '인간의 죽음'이란 과연 무엇이냐는 것이다. 죽음이란 두뇌 또는 심장의 기능이 정지된 상태를 말하며, 대부분은 심정지로 인해 혈액순환이 멈추면서 사망에 이른다.

그러나 피가 돌지 않더라도 골세포는 4시간, 피부세포는 24시간 정도 계속해서 생존할 수 있다. 뇌세포를 포함해서 몸속의 모든 세포가 죽기까지는 8시간 정도 걸린다고 한다.(온도 등 여러 요소의 영향으로 세포 상태가 변한다.) 물론 완전히 사망한 상태라면 어쩔 수 없겠지만 아직 죽어가는 상태라면 생명 활동 조건에 변화를 주거나, 심장에 전기를 흘려보내 자극하면 되살릴 수도 있다. 이는 개와 쥐를 대상으로 한 실험에서 이미 입증된 방법으로, 인간을 대상으로 한 연구도 진행되고 있다.

소생 기술은 실제로 어느 정도 실현 가능성을 보여줬다. 2011년 6월 미국에서 한 여성이 약을 과다 복용해 스스로 목숨을 끊은 사건이 있었다. 시체가 발견됐던 당시 체온은 주변 기온과 거의 비슷한 20℃ 정도였으며 의료진은 어떻게든 여성을 되살리려고 필사적으로 매달렸다. 우선 아미오다론(부정맥을 치료하는 약물)과 아드레날린(혈압을 올려 몸에 활력을 주는 약)을 투여한 뒤 폐를 세척하고 투석을 실시했다. 이것 말고도 당장 활용할 수 있는 모든 최신 기술을 동원해 여러 시간에 걸쳐 치료한 결과, 죽은 지 10~15시간이나 지났음에도 불구하고 그녀의 체온은 무려 32℃까지 올라갔다. 더욱이 의식도 회복했고, 다음날에는 스스로 걸어 다닐 수 있을 정도로 호전됐다. 한마디로 표현하자면 죽었던 사람이 버젓이 살아 돌아온 것이다.

안타깝게도 그녀는 3주 후 다시 세상을 떠나고 말았다. 괴사했던 세포들이 완전히 재생되지 않고 크러시 증후군(Crush Syndrome. 죽은 세포에서 생성된 독성물질이 혈액으로 쏟아져 나오면서 심근 이상을 일으키는 증상-옮긴이)을 유발했기 때문이다. 그 뒤로는 다시 깨어나지 못했다. 결과적으로는 사망했지만 한 번 죽은 사람이 다시 깨어나 3주간이나 살아 움직였다는 것은 엄연한 사실이다. 어떻게 하다가 죽게 되었는지를 당사자에게 직접 묻고 무슨 말을 하는지를 들어보기에 이 정도면 충분히 긴 시간이라고 할 수 있다.

한편 인공 혈액과 관련한 연구도 상당히 높은 수준까지 진행됐는데, PFC(퍼플루오로 화합물. 물에 비해 20배 이상의 산소가 녹아 들어가는 성질이 있는 액체-옮긴이)에 산소를 녹여 넣으면 동물이 액체 속에서도 숨을 쉴 수 있음을 확인했다. 사진 2 이뿐만 아니라 시간이 흘러도 변질되지 않는 슈퍼 인공 혈액을 만들겠다는 야심 찬 연구도 결실을 보고 있다. 이러한 기술들이 차곡차곡 쌓여가다 보면 언젠가는 죽은 사람을 되살리는 일도 당연하게 여겨질 것이다. 이렇게 되면 죽음의 개념을 다시 정의해야 한다. 이런 이야기를 하지 않을 수 없는 시대가 점점 다가오고 있다. 아니, 어쩌면 우리는 이미 미래 세상에서 살고 있을지도 모른다.

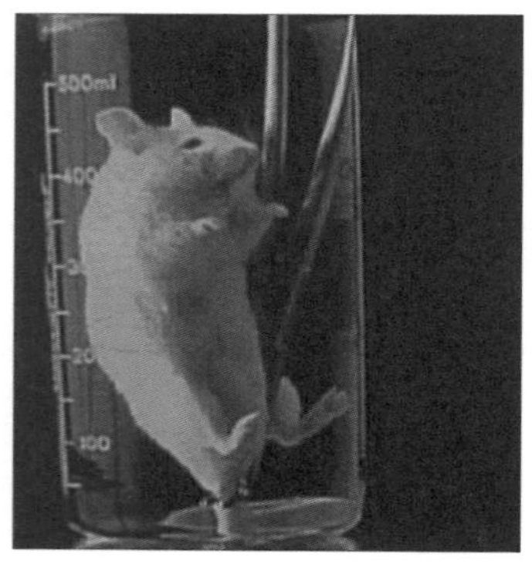

사진 2 쥐를 이용한 인공 혈액 시험은 이미 성공을 거뒀다. Journal of Materials Chemistry Blood substitutes:from chemistry to clinic J. Mater. Chem 2016

기계를 이용해 인간의 한계를 초월하다

사이보그를 소재로 한 애니메이션 《공각기동대》

만화가 원작이며, 이후 오시이 마모루 감독의 영화를 비롯해 TV 애니메이션으로도 제작됐다. 작품마다 설정상의 차이는 조금씩 있으나 '의체화'라고 하는 사이보그 기술이 세계관의 중심으로 자리 잡고 있다. 주인공인 쿠사나기 모토코 또한 두뇌와 척추를 제외한 몸의 모든 부분이 의체화된 여성 사이보그다.

그 밖의 작품

《사이보그 009》 《사이보그 G짱》 《슈퍼 사이보그 네로》 〈메탈기어 라이징 리벤전스〉

겉모습은 사람과 별다를 바 없지만 엄청난 힘을 자랑하며 종횡무진 이리저리 날뛰는 생명체. 사이보그는 기계화 기술을 활용해 인간의 힘을 한층 끌어올린 존재로, 만화나 애니메이션에서는 자주 등장하지만 현실 세계에서는 아직까지 실용화되지 못했다. 이뿐만 아니라 인공 장기 또한 병에 걸린 사람이 연명하기 위해 어쩔 수 없이 사용하는 장치일 뿐, 진짜 장기에 비해서는 불편한 점이 많다. 단순한 대체품도 이렇게 부족한 점이 많을진대 하물며 인간의 한계를 극복해주는 무엇인가를 만든다는 것은 아직까지 언감생심이다. 하지만 그렇다고 해서 영원히 이루지 못할 꿈은 아니다. 그렇기에 현대 과학으로도 실현할 수 있는 군용 사이보그라는 것이 어떤 모습이며 그 수준은 어떤지 살펴보려고 한다.

참고로 SF 세계에서 사이보그와 관련한 연구를 하는 학문을 사이버네틱스라고 부른다. 다만 이 단어는 현실 세계에도 존재하는 말이다. 이 점을 의외라고 생각하는 사람들도 있을지 모르겠지만, 현실에서 사이버네틱스란 전기공학과 정보처리를 다루는 학문이지 사이보그와는 아무런 관계가 없다. 이런 차이점을 반드시 기억해두자.

실제로 어느 정도 수준으로 구현할 수 있나?
사이보그 제작의 기술적 한계

총에 맞아도 끄떡없고, 적을 간단히 죽이며, 엄청나게 큰 총을 가볍게 들어 이리저리 마구 쏘아대는 괴력의 소유자. 인간보다 빠르고, 수십 킬로미터를 달려도 전혀 지치지 않는 초인적인 존재. 이런 것이 우리가 사이보그에 기대하는 모습이 아닐까?

'현대 과학으로 구현 가능한' 사이보그는 과연 어느 정도 수준일까? 가장 현실적인 것은 인간의 몸에 강화복powered suit을 입힌 형태, 이른바 융합 병기가 아닐까 한다. 우선 강화복과 관련한 기술 수준이 현재 어느 정도인지부터 살펴보자.사진 1 결론부터 말하자면 아직까지는 이러저러한 애로점이 많다.

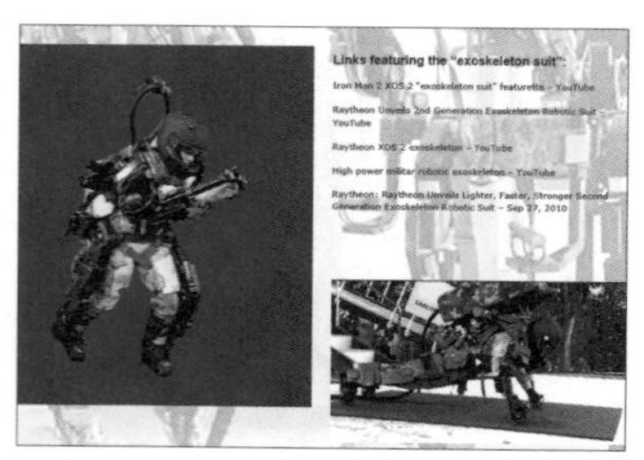

사진 1 미국의 사르코스(Sarcos)사가 개발한 군사용 강화복 http://www.sarcos.com

우선 무게가 많이 나가는 게

문제다. 무거우면 서 있는 바닥이 꺼지거나 땅속에 발이 빠져서 곤란을 겪을 수 있다. 일본의 건축기준법 시행령 제85조에는 일반 가정의 마룻바닥은 '최소한 이 정도의 하중은 견딜 수 있어야 한다'는 내용이 수치로 명시돼 있다. 기준치는 $1m^2$당 180kg인데, 이는 어디까지나 최소치일 뿐이며 더구나 가구처럼 한 번 갖다놓으면 움직일 일 없는 사물을 기준으로 했을 때 그렇다는 것이다. 바닥 위를 걸어 다니는 경우라면 기준치의 2배 정도를 최저 하중으로 설정해야 한다. 즉, 일반 가정의 설계 하중을 기준으로 하면 사람 크기의 물체가 집 안을 돌아다녀도 바닥이 꺼지지 않으려면 무게가 300kg 이하여야 한다. 반대로 말하면 강화복을 입은 사람의 무게를 300kg 이하로 경량화하지 못하면 걸을 때마다 다리가 바닥 밑으로 푹푹 빠질 것이다.

이뿐만 아니라 아직까지는 가솔린 엔진을 강화복의 동력원으로 사용하는 경우가 대부분이기 때문에 실내에서 사용하면 일산화탄소 중독으로 사망할 수도 있다. 강화복을 입고 실내로 진입한 것까지는 좋은데, 현관에 들어서자마자 몸이 마루 밑으로 빠져 꼼짝도 못하다가 그 자리에서 질식사해버리는 우스꽝스러운 상황을 연출하지 않으려면 분명 개선이 필요하다.그림 1

그림 1 너무 무거운 강화복을 입은 자의 말로

이와 더불어 '노출된 부분을 공격할 경우 어떻게 방어할 것인가' 하는 문제도 반드시 해결해야 한다. 지금까지 개발된 강화복은 관절 부분을 비롯해서 이곳저곳이 뚫려 있어 사람의 몸이 외부에 직접 노출되는 구조다. 만약 적군이 이러한 틈새를 집중적으로 공격하면 크게 다칠 수밖에 없다.

SF 작품과 다르다!
사이보그의 실망스러운 현실

그럼 이제부터 앞에서 소개한 문제점을 바탕으로 조금 더 구체적으로 살펴보자. 명작 영화로 손꼽히는 〈로보캅〉에는 사고로 죽은 주인공의 몸에서 뇌만 분리해서 기계에 부착하는 장면이 나오는데, 오늘날의 기술로는 뇌만 살릴 수 있는 장치를 제작할 수 없다.[1] 두뇌는 연산 장치로서 매우 훌륭하고 매력적인 기관이지만 우리 몸에 있는 모든 장기의 도움을 받아야만 정상적으로 작동할 수 있다.

한편, 팔다리와 관련해서는 파워 핸드라는 기계화 기술이 로봇을 개발하는 과정에서 등장했다. 팔다리를 완전히 기계화하면 앞에서 이야기한 '관절부의 약점'도 쉽게 극복할 수 있을 것이다.

다만 오늘날의 기술 수준으로는 두뇌, 척추, 팔다리 등 온몸에 퍼져 있는 신경이 보내는 신호를 포착하고 이를 바탕으로 신체 각 부위를 섬세하게 제어하는 것이 불가능하다. 뇌파를 읽을 수 있는 장치가 있기는 하지만 그렇다고 뇌신경을 정밀하게 제어할 수 있는 것은 아니다.

팔을 움직일 때 신경 세포가 주고받는 신호를 신속히 포착하기 위해

1 1987년에 개봉한 〈로보캅〉은 서기 2000년을 배경으로 한다. 현실 세계에서 2000년은 혼다가 두 발로 걷는 인간형 로봇인 아시모를 발표한 해다. 참고로 2014년에 개봉한 〈로보캅〉 리메이크판의 배경은 2028년이다.

‘척골신경, 요골신경, 액와신경’ 등 세 곳에 전극을 부착해 신호를 읽어내는 방법이 고안되었다.그림 2 팔을 잘라낼 때 이러한 신경다발을 별도로 추려놓으면 그만큼 기계 팔로 대체하는 작업을 순조롭게 진행할 수 있을 것이다.

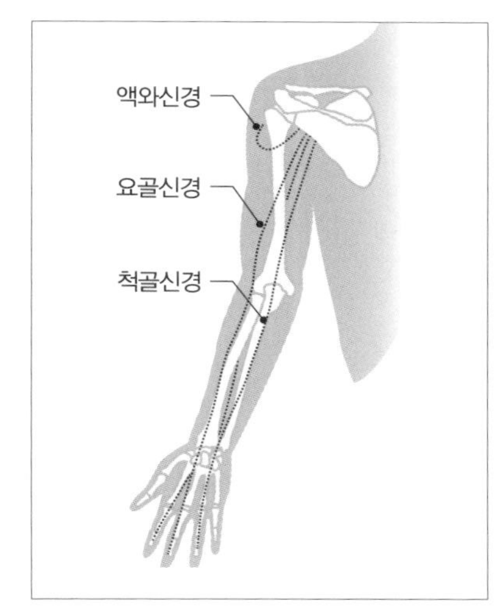

그림 2 기계 팔을 움직이는 데 필요한 신경

이와 같은 방법을 이용하면 팔을 움직이는 것 자체는 가능해질 테지만, 물건을 만지거나 손에 쥐었을 때 감각을 느끼려면 또 다른 방안이 필요하다. 특히 정밀한 작업을 할 때는 감각이 필수 불가결한 만큼 결코 간과할 수 없는 문제다.

신경에 전류를 흘려 감촉을 느낄 수 있게 하는 방법은 아쉽게도 아직 매우 기초적인 수준에 머물러 있다. 따라서 당분간은 팔 근육 주변의 피부를 기계로 눌러줘서 가상의 감각을 제공하는 것을 차선책으로 고려해볼 수 있을 것이다. 물건을 손에 쥐는 힘에 맞춰 피부를 누르는 강도에 변화를 주면 결국에는 힘을 미세하게 조절할 수 있다. 물론 이 방법은 다리에도 똑같이 적용할 수 있다.

반드시 생각해봐야 할 것이 한 가지 더 있다. 바로 힘이다. 지금까지 인간 형태의 로봇이 다양하게 개발된 바 있지만 힘은 너무나도 약했다. 예를 들어 혼다가 개발한 이족 보행 로봇인 아시모는 3kg짜리 덤벨조차 제대로 들지 못한다.[2]

기계 장치나 다름없는 로봇이 이렇게도 무력한 이유는 무엇일까? 그

것은 바로 '로봇의 동작을 정밀하게 제어할 목적으로 전동 모터를 활용'하고 있기 때문이다. 다시 말해 지금까지는 힘보다 정밀함에 방점을 두고 로봇을 개발한 것이다.

따라서 아시모를 군사용으로 사용하는 것은 거의 불가능하다. 군사용 로봇을 개발하려면 '동체부를 로봇이 아닌 인간이 담당하도록 해서' 인간과 기계 사이의 시너지를 기대하는 수밖에 없다. 즉, 정밀한 동작을 인간에게 맡기고 기계는 오로지 힘을 쓰는 부분만 담당하도록 설계하는 것이다.

로봇이 엄청난 힘을 발휘하도록 하려면 굴착기 같은 중장비에서 사용하는 '유압 방식'을 채택하는 것이 가장 바람직할 것이다. 군사 무기 중에도 유압 방식을 동력원으로 탑재한 것이 있다. 네티즌 사이에서 '소름 끼친다'는 반응을 이끌어낸 것으로 유명한 빅도그Big Dog의 다리는 모터가 아닌 유압 방식으로 작동한다. 사진 2

사진 2 동물과 흡사한 움직임 때문에 네티즌들을 놀라게 했던 빅도그 http://www.bostondynamics.com/robot_bigdog.htmL

조금 더 구체적으로 설명하면, 빅도그는 15마력의 디젤 엔진으로 유압 동력을 생성하고, 컴퓨터로 유압을 제어한다. 조작은 사람이 하도록 설계했다.

이제부터는 방어 능력을 올릴 수 있는 방안을 생각해 보자. 아무리 못해도 자동소총

2 2011년 버전이 신장 130cm에 몸무게 48kg이었다는 점을 감안하면 힘이 너무 약하다는 사실을 알 수 있다.

공격을 받았을 때 총알을 튕겨낼 정도는 돼야 한다. 현실적으로 기관총의 7.62mm 탄알을 튕겨내려면 12mm 정도의 장갑이 필요하다. 참고로 장갑차도 이 정도의 규격으로 설계한다.

팔다리는 앞에서 설명한 방법으로 기계화하면 방어력을 갖추게 되니, 여기서는 몸을 보호할 원주 형태의 캡슐을 12mm 두께의 장갑으로 두르는 것을 가정하고 크기와 중량이 어느 정도일지 추정해보자.

키가 170cm 정도인 사람의 앉은키는 대략 91cm 정도다. 그리고 어깨넓이는 40cm, 가슴둘레는 85cm로 가정해보자. 이 정도 체격을 가진 사람에게는 높이 100cm에 바깥둘레 126cm 정도인 타원형 캡슐이 필요한데, 장갑판으로 감싸면 캡슐 무게는 거의 120kg에 육박할 것이다. 여기에 기계 팔다리를 붙이면 사이보그 병사를 완성할 수 있다.그림 3

기동부에 해당하는 팔다리는 피폭되면 부서지고, 지뢰를 밟으면 다리가 날아가는 등 약점으로 작용할 것이다. 하지만 그래봤자 파괴되는 것은 기계 부품의 일부일 뿐, 견고한 장갑 캡슐 안에 있는 사람은 목숨을 부지할 수 있다.

응? 싱거운 이야기라고? 이래 봐도 현대 과학 기술로 실현할 수 있을 법한 내용을 총동원해서 그려낸 스펙터클한 장면이다. 만약 RPG Rocket-Propelled Grenade와 같은 대전차 유탄 발사기의 공격을 받으면 어떻게 될까? 아마도 별일 없을 것이다. 대전차 병기는 전차처럼 덩치가 큰 표적을 타격하도록 설계돼 있기 때문에 사람 크기의 표적물은 명중시키기가 상당히 어렵다. 파편이 튄다고 해도 소총 정도의 충격만 가할 것이기 때문에 장갑 캡슐로 충분히 막아낼 수 있다.

지금까지 설명한 사이보그를 쓰러뜨리려면 25mm 기관포로 철갑탄을 쏜 것과 비슷한 수준의 파괴력이 필요하다. 다시 말해 캡슐 안에 있는

엔진 가솔린 연료를 사용할 경우 공격을 받으면 문자 그대로 불덩이가 되어버리기 십상이므로 안전성 측면에서 우수한 디젤 엔진을 사용함. 빅독의 경우 총중량이 75kg 정도이기 때문에 엔진을 포함한 주변 장치의 무게는 50kg을 넘지 않을 것임. 연료는 안정성이 우수한 군용 연료 JP-8이 가장 적당함.

외장 굴착기가 몇 달간 건설 현장에 방치되어 진흙을 잔뜩 뒤집어쓰더라도 별다른 문제없이 작동하는 이유는 유압 방식의 동력 기술 덕분. 또한 유압 방식의 동력 설계 시 기본적으로 채택되는 방진·방탄·방수 설계는 본체의 내구성을 높이는 데 큰 도움이 됨.

팔다리 유압 중장비 산업은 역사가 유구할 뿐만 아니라 다양한 첨단 기술을 자랑함. 사용 목적에 맞는 형태의 팔다리로 그때그때 교체할 수 있도록 설계하는 것도 가능.

중량 사람의 몸무게 35kg(팔다리가 없으니 그만큼 가벼워짐), 기계 동체 120kg, 엔진 50kg, 기계 팔다리 1개당 20kg씩 총 80kg. 센서와 컴퓨터 등 주변 기기의 무게가 5kg을 초과하지 않도록 설계해 총중량을 300kg 이하로 맞춤.

무장 UH-60 블랙호크 등 군용 헬기에 탑재되는 GE(General Electric)사의 M134를 채용. 다만, 기관총의 무게만 20kg 정도이며 탄약을 장전하면 더 나갈 수밖에 없음. 결국 이 때문에 총중량이 300kg을 초과하면 실내 전투 시에는 바닥이 꺼질 수 있으니 각별히 주의해야 함!

그림 3 실현 가능한 사이보그의 모습

사람이 직접 다룰 수 있을 만한 무기로 공격하는 경우에는 거의 무적인 셈이다.[3]

3 25mm 기관포는 주로 함선이나 장갑차에 탑재된다. 예컨대 자위대는 엘리콘(Oerlikon)사의 KBA 25mm 기관포를 87식 정찰 경계차의 주무장 수단으로 삼아 포탑에 탑재했다.

사이보그 운영에 관한 고찰
실전 투입부터 멘탈 케어까지

이렇게 완성된 사이보그의 모습을 보니 갑자기 머릿속에 떠오르는 게 있다. 그것은 바로 토니 타케자키의 작품에 등장하는 사쿠와 너무나도 닮았다는 점이다.사진 3 엉성한 모빌슈트 같았던 사쿠가 알고 보니 과학적이고 합리적인 고민 끝에 설계된 사이보그였다는 사실이 그저 놀랍기만 하다. 단, 사이보그가 스펙 측면에서는 우수하지만 겉모습이 화려함과는 거리가 멀다는 점을 인정하지 않을 수 없다.

사이보그가 된 사람은 팔다리까지 떼어내는 용단을 내렸는데 결과적으로 형편없이 변해버린 자신의 모습을 보고 절망할까 봐 심히 걱정된다. 과학적 합리성을 추구한 결과일 뿐이니 넓은 마음으로 이해해 달라고 부탁하자. 아무튼 촌스러운 것은 사실이니 이제부터는 사이보그 대신 '멋없어보그'라고 부르기로 하자.

멋없어보그는 총알을 튕겨낼 뿐만 아니라 엄청난 힘을 자랑하며, 컴퓨터보다 제어 능력이 뛰어난 사람의 두뇌를 갖고 있어 큰 총을 들었지만 정밀 타격을 가할 수 있다.

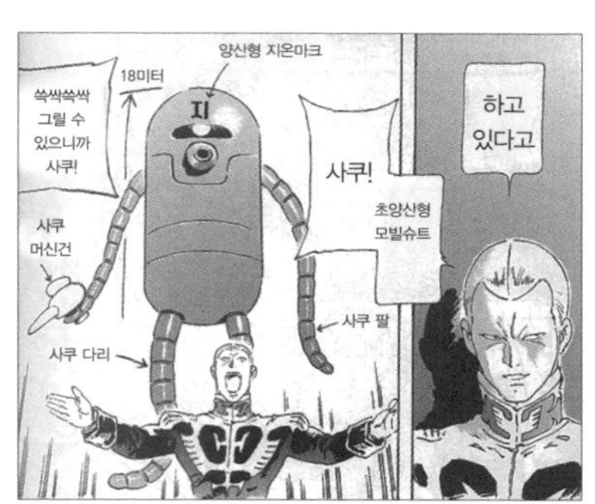

사진 3 생각했던 것보다 합리적으로 설계된 사쿠 《토니 타케자키의 건담 만화》 제1권 76쪽(2004년)

일반 사병들이 들고 다니던 자동소총은 반동이 심하고 탄창에 총알이 많이 들어가지 않아서 종전의 것보다 조금 작은 5.56mm의 탄약을 사용하는 M16으로 교체된 바 있다. 그러나 멋없어보그라면 별 문제 없이 기존 7.62mm 기관총을 들고 다닐 수 있다. 총신의 무게가 20kg이고 탄약 무게가 30kg라고 해도 가볍게 소지할 수 있다. 사격 시 반동이 심해도 전혀 문제되지 않는다.

이뿐만 아니라 방탄 장갑을 두르고 있는 멋없어보그로 부대를 만들면 적을 에워싸고 총을 마구 난사해도 아군에게는 전혀 피해를 주지 않을 것이다. 이를 이용하면 지금까지는 전혀 시도하지 못했던 다양한 전술을 구사할 수 있다. 또한 캡슐이 기밀한 구조로 되어 있으면 30기압 정도의 압력까지는 충분히 견뎌낼 수 있다. 엔진 문제만 해결되면 수심 300m까지 잠수하는 것도 가능할 것이다.

참고로 멋없어보그의 팔다리는 기계 장치로 대체되지만 몸 부분은 여전히 사람의 것이다. 따라서 이러저러한 생리 현상을 적절히 처리해줘야 한다. 이 부분을 조금 더 설명하기로 하자.

밥은 어떻게 먹어야 할까? 평소에는 장갑을 열고 먹으면 된다. 하지만 치열한 전투 현장에 투입하는 경우에는 장갑 안쪽에 고농도 영양제를 넣고 팔에 주사하면 3일 정도는 아무것도 먹거나 마시지 않고 견뎌낼 수 있을 것이다. 그렇다면 먹고 난 후 화장실 문제는 어떻게 해야 할까? 이는 우주 비행사들처럼 기저귀를 차면 간단히 해결된다.

마지막으로 남자들에게 매우 중요한 성욕은 어떻게 해소해야 할까? 팔다리는 얼마든지 잘라낼 수 있지만 몸의 가장 중요한 부분까지 절단하면 병사들은 아마도 스트레스를 견디지 못해 죽어버리고 말 것이다.[4] 장갑

4 본문에서는 남자로 한정 지어 설명했지만 군대에서도 이미 남녀 평등의 바람이 불고 있다. 미군은 여성 병사의 전선(戰線) 투입을 금하는 규정을 2013년에 폐지한 바 있고, 2015년에는 여성 병사에게 모든 전투 임무를 맡길 수 있도록 법을 개정하겠다고 발표했다.

내부에 남성 전용 성인 용품을 탑재해서 성욕을 마음껏 발산하게끔 해야 한다. 물론 성적인 스트레스를 해소하더라도 다른 종류의 스트레스 때문에 고통받을 가능성도 얼마든지 있다.

지금까지 알아본 것처럼 현존하는 기술로도 사이보그를 어느 정도 구현할 수 있다. 남은 것은 지원자를 어떻게 모집할 것인가와 연구비를 어떻게 조달할 것인가 하는 문제다. 아마 쉽게 해결되지는 않을 것 같다.

가성비 최강인 RPG가 강력한 이유

RPG(Rocket-Propelled Grenade), 즉 대전차 로켓 발사기는 세계 곳곳의 전쟁터에서 전차와 군용기를 공격할 목적으로 활용되고 있다. 한 발 가격이 수천만 원에 불과하다는 점도 인기를 얻고 있는 이유 중 하나다. 영화와 애니메이션에도 종종 등장하는 소재이지만 작동 방식은 널리 알려져 있지 않으니 간단히 설명해보려고 한다.

RPG가 목표물에 명중하면 화약이 폭발해 탄두의 금속 부품은 유고니오 탄성 한계 Hugoniot Elastic Limit 를 뛰어넘는 상태가 된다. 이때 초고속·초고온 상태인 메탈제트가 발생하고 한쪽으로 집중된다.(노이만 효과) 이러한 관통 능력을 바탕으로 메탈제트가 목표물을 깊숙이 관통해서 적군의 피해를 키운다.(하단 그림 1~3 참조)

아무리 두꺼운 장갑을 두르더라도 RPG를 제대로 막아내기는 어렵기 때문에 장갑 자체에 폭탄을 설치한 뒤, 메탈제트가 장갑 안쪽으로 파고들기 직전에 폭발시켜 멀리 날려버리는 방법을 취하기도 한다.

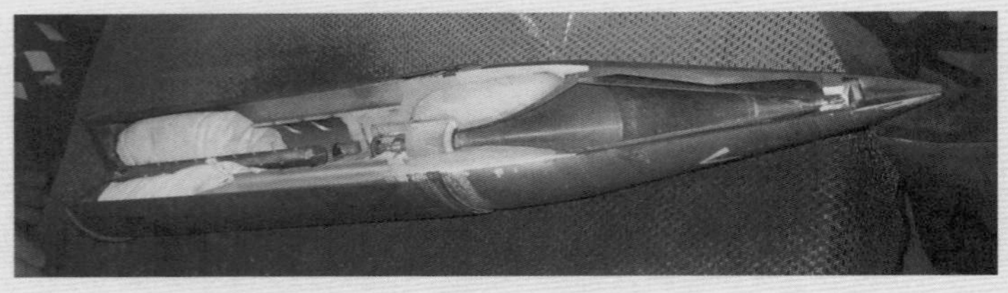

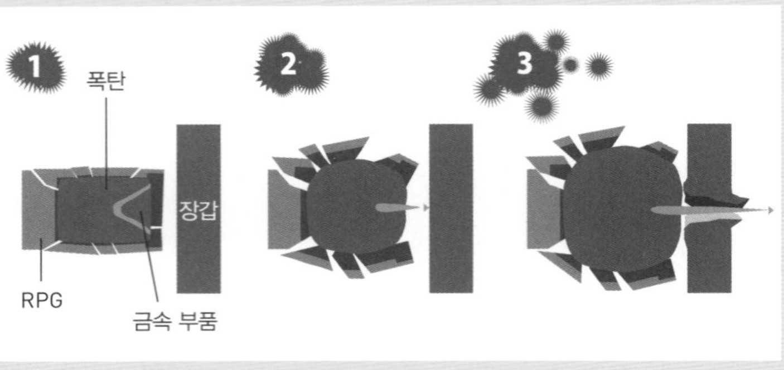

기계공학과 생명과학으로 아인종을 실현하다

고양이 귀 소녀를 소재로 한 만화 《이야기》 시리즈

《괴물 이야기》부터 시작된 니시오 이신의 《이야기》 시리즈에서 무결점 우등생이자 반장인 하네카와 쓰바사는 '사와리 네코'라는 귀신에 홀려 고양이 귀 소녀가 된다. 블랙 하네카와라는 이름으로 인기를 누렸다.

그 밖의 작품

《게게게의 기타로》《월영》《베리베리 뮤뮤》《러브리스》〈뱀파이어〉 시리즈

제5장에서는 사이보그를 설명했다. 사이보그가 된다는 것은 사람이라고 할 수 없을 정도의 모습으로 변하는 일이다. 조금 으스스하게 느껴질 만한 내용이었으니 이번에는 조금 가볍게 고양이 귀 소녀를 주제로 이야기를 나눠보자. 고양이 귀 소녀는 2차원의 세계, 즉 만화와 애니메이션 세계에서 많은 인기를 얻고 있는 캐릭터다. 과연 오늘날의 과학 기술로 고양이 귀 소녀를 현실 세계에 등장시킬 수 있을까? 윤리 문제는 잠시 미뤄놓고 실현 가능성부터 살펴보자.

구체적인 방법을 살펴보기 전에 우선 고양이 귀 소녀가 어떤 모습인지부터 생각해보자. 만화에 등장하는 전형적인 특징은 이렇다.

• 동공이 고양이처럼 세로 방향으로 갈라져 있음
• 고양이 귀를 하고 있음
• 꼬리가 달려 있음
• 고양이처럼 송곳니가 있음
• 신체 능력이 뛰어남

조금 이른 감이 있지만 결론부터 말하자면 현대 과학 기술로 실현 가능한 고양이 귀 소녀의 모습은 그림 1과 같다. 살아 움직이는 고양이 귀 소녀를 탄생시키는 것은 막대한 비용과 노력이 들 뿐이지 결코 불가능하지는 않다.

고양이 귀는 본인의 세포로 형성하기 때문에 거부 반응이 없고, 작은 기계 장치를 달면 진짜 고양이 귀처럼 꿈틀거리게 할 수도 있다. 이제 조금 더 상세히 이야기해보자.

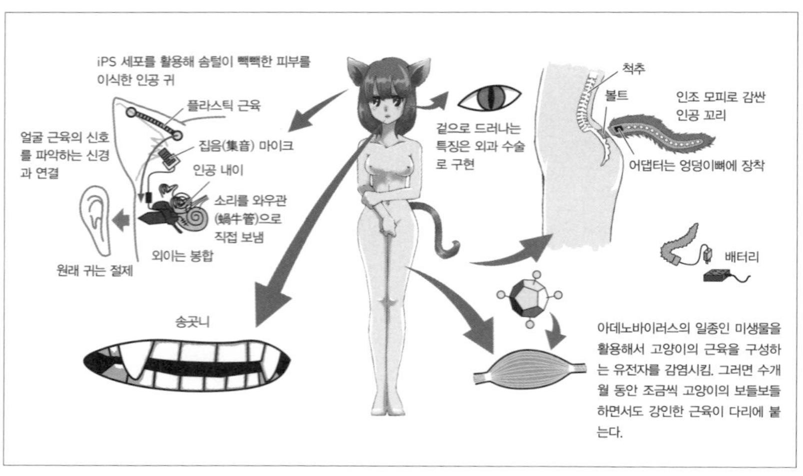

그림 1 현대 과학 기술로 탄생시킬 수 있는 고양이 귀 소녀의 모습

외과 수술로 만들어낸 고양이 눈

우선 눈부터 살펴보자. 일반적으로 눈 색깔은 홍채라는 부위가 결정한다. 동물 대부분은 눈의 흰자공막가 작고 검은자홍채가 크기 때문에 인간의 눈과 느낌이 사뭇 다르다. 우선 홍채를 청색과 녹색으로 물들이고, 고양이와 비슷한 모양의 동공을 구현하는 데 초점을 맞춰보자.

사람의 눈은 청색, 갈색, 검정색인 경우가 일반적이고 아주 드물게 녹색인 경우도 있다. 홍채 색깔은 유전자로 결정되기 때문에 원래는 임의로 바꿀 수 없다. 그러나 과학 기술의 발전 덕분에 후천적으로 홍채 색깔을 바꾸는 것이 가능해졌다.

CNN은 2015년 3월, 미국의 스트로마메디컬Stroma Medical사가 레이저로 홍채 색깔을 바꾸는 기술을 실용화하는 데 성공했다고 보도했다. '앞으로 수년 내에 임상 실험을 완료할 계획'이라고도 했다. 간략히 원리를 설명하면 이렇다.

사람들이 가장 흔하게 가지고 있는 갈색과 검은색 홍채에도 청색이 포함되어 있기는 하다. 다만 다른 색과 섞여 어둡게 보이는 것뿐이다. 따라서 원하는 색깔이 나올 때까지 불필요한 색깔을 레이저로 날려버리면 된다. 이를 통해 컬러 렌즈 없이도 영구적으로 눈 색깔을 바꿀 수 있다.사진 1

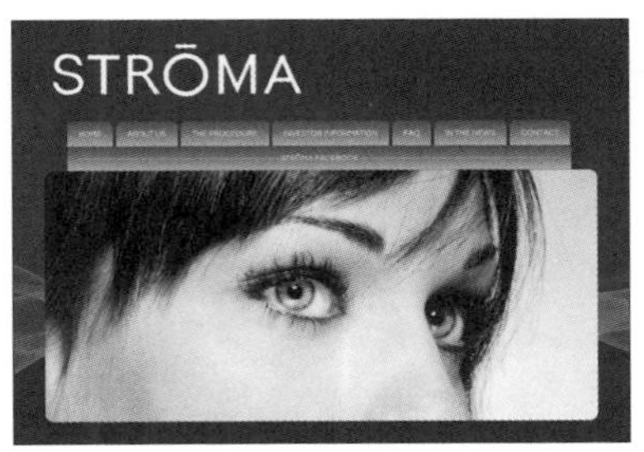

사진 1 스트로마사(社) 홈페이지 화면을 장식한 청색 눈의 모델 http://www.stromamedical.com

한편 이보다는 단순한 방법으

로 '컬러 렌즈를 눈에 고정하는' 인공 홍채 임플란트 기술도 등장했다. 이 기술은 이미 영국을 비롯한 몇 개국에서 실용화됐다. 컬러 렌즈와 비슷한 인공 홍채를 눈에 삽입하면 되기 때문에 수술 시간은 길어야 20분밖에 되지 않는다. 또한 싫증 나면 얼마든지 교체할 수 있어서 점점 인기를 모으고 있다. 다만, 개발한 지 얼마 안 된 기술이라 녹내장이나 백내장을 유발할 가능성이 있다. 이 점은 아직 충분히 검증되지 않았다.

레이저 수술과 인공 홍채 삽입 기술 모두 원래는 동공이 제대로 형성되지 않은 사람들을 치료할 목적으로 개발했는데, 그 후 미용 목적으로 활용된 것이다.[1] 한편, 인공 홍채를 이식하면 원하는 색깔뿐만 아니라 고양이의 동공과 비슷한 모양으로 구현할 수 있을 것이다. 다만 겉으로 그렇게 보이게 끔만 할 수 있을 뿐이다. 고양이의 시력까지 갖추려면 인간 DNA를 고양이 DNA와 조합해 안구를 배양한 후 이식해야 하는데, 현대 과학기술로 구현하기에는 아직 갈 길이 조금 먼 영역이다.

재생 의료 기술을 활용한 고양이 귀 제작

계속해서 제일 중요한 고양이 귀를 만드는 방법을 살펴보자. 진짜 고양이 귀처럼 만들려면 최신 재생 의료 기술이 필요하다. 여러분은 과거, 등에 사

1 주름을 펴거나 얼굴을 작아 보이게 할 목적으로 이용하는 보톡스도 마찬가지다. 보톡스는 원래 사시, 안면 마비, 소아뇌성마비 등을 치료할 목적으로 개발된 의약품이었다.

람의 귀를 달고 있는 생쥐 관련 보도로 세상이 떠들썩해졌던 일을 기억할는지 모르겠다.사진2

사진 2 등에 사람 귀를 달고 있어 큰 논란을 불러일으켰던 쥐 https://en.wikipedia.org/wiki/Vacanti_mouse

이는 체내에 이식하더라도 흡수되거나 열화되지 않는 실리콘 고무 위에 생쥐의 피부 세포가 붙어서 뻗어 나가게끔 배양한 것을 붙여서 만든 것이다.[2,3] 사람 귀처럼 생겼지만 세포는 생쥐 자신의 것이기 때문에 거부 반응은 전혀 일어나지 않는다.

이러한 기술을 사람에게 응용하면 고양이 귀 소녀를 탄생시킬 수 있다. 최신 iPS 세포(iPS 세포란 아직 분화가 덜 되어 다른 세포로 분화될 수 있는 세포로, 이를 이용해 근육 세포·뉴런·피부 등을 만들 수 있다.-옮긴이) 기술과 발모 유전자 자극 기술을 활용하면 '본인의 세포를 이용해서 만든' 고양이 귀를 배양하는 것은 시간문제일 것이다. 이렇게 형성한 조직 내에는 모세혈관이 있기 때문에 이식한 뒤에는 몸통의 모세혈관과 연결되어 영양

2 이 쥐의 공식 명칭은 바칸티 마우스다. 1997년 매사추세츠대학의 찰스 바칸티 교수가 발표해 세상에 처음 알려졌다. 참고로 바칸티 교수는 STAP(Stimulus-Triggered Acquisition of Pluripotency. 자극-야기 다능성 획득) 세포 관련 논문을 발표한 오보카타 하루코 박사의 스승이다.(하루코 박사와 바칸티 교수는 약산성 용액에 잠깐 담그는 자극만으로 어떤 세포로도 변할 수 있는 만능 세포인 STAP 세포를 발견했다는 논문을 발표했으나, 결국 조작된 것으로 판명됐다.-옮긴이)

3 2016년 도쿄대-교토대 공동 연구팀은 iPS 세포를 이용해 생쥐의 등에 귀의 연골을 생성하는 데 성공했다고 발표했다. 소이증(한쪽 또는 양쪽의 귀가 정상보다 훨씬 작고 모양이 변형된 기형-옮긴이) 환자를 대상으로 연구를 계속해 향후 5년 내로 실용화할 계획이라고 한다.

분을 공급받을 수 있다. 자연스레 몸의 일부가 되는 것이다.

다만 현대 과학 기술로는 감각신경을 배양할 수 없으니 얼굴의 주름을 펼 때 이용하는 나일론 극세사를 활용할 필요가 있다. 고양이 귀 중심부의 실리콘 표면에 나일론 극세사를 통과시킨 후 두피에 심으면, 진동이나 사물에 닿았을 때의 미세한 흔들림이 실을 통해 신경으로 전달되기 때문에 어느 정도 느낄 수 있을 것이다.

진짜 고양이처럼 쫑긋쫑긋 귀를 움직이려면 어떻게 해야 할까. 귀를 움직이려면 근육이 필요한데, 이 역시 현대 과학 기술로는 구현하기 어려우니 기계의 힘을 빌리는 수밖에 없다. 유전 엘라스토머[4] 처럼 전기를 흘리면 수축하고 팽창하는 인공 근육은 이미 실용화됐는데, 이를 실리콘 귀와 피부 사이에 넣고 봉합하면 쫑긋쫑긋 움직이는 정도는 할 수 있을 것이다. 기계 부품이기 때문에 전원 공급이 필요한데, 부대 장치를 귀 안쪽에 배치하면 문제없다.

다음으로 생각해봐야 할 것은 바로 귀의 위치와 이에 따른 해부학적 문제점(소리가 전달되는 통로를 새로 설계해야 한다.)이다. 얼굴에 비해서 고양이 귀의 크기가 꽤 크고 해부학적으로 실제 고양이 귀와 유사한 것을 붙이기로 한 이상, 구조적 모순을 반드시 해결해야만 한다.그림 2

이때 활용할 수 있는 것이 바로 난청 치료에 사용되는 인공 내이다.사진3 인공 내이는 문자 그대로 소리의 통로인 내이 자체를 기계적으로 구현한 것이다. 치료 시에는 귀의 위쪽, 관자놀이 근처에 마이크를 달고 몸속까

4 유전 엘라스토머(탄성체)란 고무와 탄성이 비슷한 공업용 재료다. '탄력이 있다'는 의미의 'elastic'과 '화합물'이라는 의미의 'polymer'가 결합된 말이다.

그림 2 사람과 고양이의 귀 구조 차이

사진 3 난청 치료에 사용되는 인공 내이

지 선을 연결해 소리를 직접 와우관에 전달하는 것이 일반적이다. 이것만 있으면 아무리 사람과 고양이의 귀 구조가 달라도 전혀 문제되지 않는다. 전원은 귀를 쫑긋거리게 하려고 연결한 장치를 이용하면 된다. 이렇듯 우리는 고양이 귀를 사람 몸에 이식하는 것이 그리 어렵지 않다는 사실을 확인했다.

생명과학으로 고양이 귀 소녀를 더욱 완벽하게 재현하다

고양이 귀를 붙였다고 끝난 게 아니다. 완성도를 높이기 위해 무엇이 더 필요한지 생각해보자. 우선은 꼬리다. 귀를 만들 때와 동일한 방법으로 제작할 수도 있지만 만화에서 본 것 같은 꼬리를 달면 잠을 잘 때 바로 눕기가 어려워 삶의 질이 떨어질 수밖에 없으니, 필요할 때 뗐다 붙였다 할 수 있는 100% 기계식 꼬리가 좋을 것 같다.

그리고 고양이 귀 소녀의 매력 포인트는 뭐니 뭐니 해도 송곳니다. 송곳니는 선천적으로 타고나는 것이지만 쁘띠 성형의 개념으로 반영구적인 인공 송곳니를 치아에 끼우는 시술을 하는 치과가 더러 있다. 비용은 치아 하나당 수십만 원으로 성형치고는 비교적 저렴한 편이라고 할 수 있다. 이로써 고양이 느낌의 송곳니를 장착하는 문제는 해결됐다.

이제 마지막으로 신체 능력을 향상시키는 것에 대한 이야기를 해보자. 이는 도핑으로 해결할 수 있다. 남성 호르몬을 투여해서 근육량을 늘리는 일반적인 도핑이 아니라 제1장에서도 소개했던 유전자 도핑을 말하는 것이다.

아직 완벽하지는 않지만 근육 회복 시 발동하는 유전자 발현 수용체를 활성화하는 약물이 발견된 바 있다. 이를 몸에 투여하면 파손된 근육이 금방 회복되기 때문에 상처가 나더라도 매우 놀라운 속도로 치유할 수 있다고 한다. 또한 에리스로포에틴erythropoietin과 레폭시전repoxygen처럼 적혈구 수를 늘려주는 약을 투여하면 적혈구 농도가 높아져 그만큼 지구력도 향상된다. 이를 이용하면 평범한 인간을 초월하는 스태미나를 확보할 수 있다. 다만 몸에 과부하가 걸리기 때문에 아무래도 수명이 단축될 수밖에 없다.

이보다 더 미완성된 기술 중에는 근육 조직 자체를 다른 동물의 근육으로 대체하는 기술이 있다. 고양이 근육은 사람에 비해 유연성이 매우 탁월해서 높은 곳에서 떨어져도 충격을 흡수하기 때문에 다치지 않는다. 사람 몸에 이런 고양이 근육을 이식하는 것이 아니라, 예를 들어 다리의 주요 근육 조직에 고양이 근육을 형성하는 유전자를 품고 있는 바이러스를 주입한다. 특정 유전자를 바이러스에 심어 유전자 운반체로 활용하는 기술은 이미 존재한다. 근육 조직에 침투한 바이러스가 다리의 근육 세포가 형성될 때 발동하도록 조치하면 운동이나 일상생활을 하는 사이에 고양이의 근육 유전자를 가진 세포가 분열할지도 모른다. 실제로 개의 엉덩이 근육 일부를 개구리 근육으로 대체하는 실험이 진행되고 있다.

지금까지 살펴봤듯 만화에 등장하는 고양이 귀 소녀를 100% 똑같이 재현하는 일은 아직 어렵다. 그래도 현재 기술로 실현 가능한 부분이 꽤 있다는 사실을 알게 됐을 것이다. 다만 이걸 왜 해야 하는지 몰라 아무도 시도하지 않는 게 그저 안타까울 뿐이다.

현대 의학으로 외형의 한계를 뛰어넘는다?

성형 수술을 소재로 영화 〈헬터 스켈터〉

원래 못생긴 여자였지만 전신 성형으로 정상급 모델이 된 주인공이 성형 부작용과 업무 스트레스로 괴로움을 겪는 모습을 그렸다. 원작은 만화이지만 사와지리 에리카 주연의 실사 영화로 2012년 개봉됐고, 파격적인 노출이 화제가 되기도 했다.

그 밖의 작품

《미녀는 괴로워》 〈성형 미인〉(TV 드라마) 〈B.C. 뷰티 콜로세움〉(TV 예능) 《몬스터》

성형 수술. 이 단어에 좋은 인상을 갖고 있는 사람은 별로 없으리라. 이번 제7장에서는 몸의 외형을 개조하는 것과 관련해서 이야기해보려 한다. 어쩌면 성형 수술은 자신을 개조하는 행위 중에서 가장 기본일지도 모른다.

사진 1 원작인 만화에서는 명확히 표현되지 않은 성형 전 모습 ⓒ 영화 〈헬터 스켈터〉 제작 위원회

다만 픽션 세계에서 성형 수술은 '어떤 모습이든 원하는 대로 만들어낼 수 있는 기술'

인 것처럼 그려지는 경우가 자주 있다. 작가들이 실태를 잘 모르고 작품을 쓰기 때문이다. 앞에서 언급한 〈헬터 스켈터〉라는 작품에서도 성형하기 전 사와지리 에리카의 모습은 성형 후 모습과 완전히 딴판이었다. 사진 1 이렇게 180도 변신하는 게 과연 가능할까? 성형 수술과 미용 그 자체에 대해서 한번 살펴보자.

생각했던 것보다 명확한 성형 의학의 한계

얼굴 모양을 근본적으로 바꾸는 것은 현대 의학 기술로도 무리다. 못생긴 얼굴을 영화배우 밀라 요보비치의 전성기 때 얼굴로 싹 다 뜯어고친다는 것은 애초에 불가능하다. 이게 결론이다!

"아냐 아냐, TV에서 추남이 훈남으로 변신한 거 봤어!" "진짜 못생긴 여자가 성형 수술을 받고 나서 여신으로 등극했다고!"라면서 반론을 제기하는 사람도 있을 것 같다.[1]

우선, 얼굴 피부를 완전히 드러낸 뒤 다른 사람의 것으로 대체하는 모습은 영화 〈페이스 오프〉를 비롯한 다양한 작품에 등장한다. 그러나 얼굴은 표정을 짓기 위한 수많은 잔근육들로 이뤄져 있고, 이것들이 복잡다단

1 《초성형미인》이라는 자서전을 쓴 바닐라나 〈일본 최고 성형남의 뷰티 블로그〉를 운영하고 있는 알렌처럼 최근 들어 자신이 '성형했다는 사실'을 떳떳하게 공개하는 사람들이 늘고 있다. 이들은 성형하기 전에 찍은 사진을 공개하는데 언뜻 보면 완전히 다른 사람처럼 보인다. 다만 메이크업을 진하게 하는 경우가 많기 때문에 오직 성형만으로 변신했다고 하기에는 무리가 있다.

하게 작용하면서 사람의 개성과 감정이 표현된다. 이렇듯 다른 사람의 얼굴을 이식한다는 게 결코 단순한 문제가 아니기는 하나 그렇다고 완전히 불가능한 것은 아니다. 다만 풀어야 할 여러 난관이 있을 뿐이다.

실제로 얼굴에 화상을 심하게 입었거나 회복이 사실상 불가능한 큰 상처를 입은 사람들에게 기증자의 얼굴을 이식하는 수술이 이뤄지고 있다. 이는 미용을 위한 수술이라기보다는 어느 정도 위험이 동반되는 이식 수술이다. 더욱이 이식에 성공했다고 하더라도, 면역체계가 타인의 피부 조직을 이물질로 인식하고 심한 거부 반응을 일으키기도 한다. 이 때문에 반드시 면역 억제제를 복용해야 한다.

면역 억제제를 복용하다 보면 별것 아닌 것처럼 보이는 병이 중증으로 번질 수 있고 암에 걸릴 확률도 높아진다. 이러한 위험 요소와는 별개로 이식한 얼굴이 부자연스럽게 느껴질 가능성도 있다. 이처럼 아직 해결해야 할 문제가 많이 남아 있다. 얼굴을 이식하는 건 아직까지 '최소한의 생활'을 위한 것일 뿐, 성형 수술 관점에서 바라볼 수는 없다.[2]

다시 성형 수술 이야기로 돌아가보자. 현대 의학 기술로 가능한 것은 '붙이고 늘이고 당기고 깎는 것' 정도다. 이는 얼굴뿐만 아니라 몸 전체에 해당된다. 사람은 기본적으로 상대의 얼굴을 바라보는 동물이므로 부자연스러운 얼굴에 혐오감을 갖도록 프로그래밍되어 있다. 상대가 아무리 젊고 얼굴이 아름답더라도 표정, 주름, 얼굴 생김새 중에 어딘가 부자연스러운 부분이 있으면 금세 파악한다. 따라서 성형 수술을 하더라도 위화감이

2 2005년 세계 최초로 안면 이식 수술을 받은 프랑스 여성은 2016년 4월 세상을 떠났다. 사망 원인은 두 종류의 암이었는데, 모두 면역 억제제 복용에 인한 부작용으로 추정된다.

생기지 않도록 하는 것이 중요하다. 자신에게 어울리지 않는 모습으로 얼굴을 무작정 뜯어 고친 연예인들이 나이 들어서는 대중에게 위화감을 주는 존재로 전락하는 것을 우리는 얼마나 많이 보아왔는가. 부자연스러운 얼굴을 봤을 때 마음 한구석이 불편한 이유는 우리의 뇌가 본능적인 판단 기준에 따라 경계경보를 울리기 때문이다.

아름다움이란 무엇일까?
미의 보편적 기준이 있을까?

'귀요미' '훈남' '여신' 등 외모를 칭찬하는 단어는 엄청나게 많다. 또한 '추남' '오크녀' '폭탄' 등 상대방의 생김새를 비하하는 표현도 무수히 많다. 그러나 진짜 미남미녀가 드물 듯이 진짜 못생긴 추남추녀도 거의 없다.

뭔가 어색하거나 균형이 맞지 않는 부분 때문에 미인의 대열에 낄 수 없는데, 미인이라고 해도 얼굴에서 아쉬운 부분 한두 곳은 있기 마련이다. 또한 아쉬운 부분을 찾아보기 힘든 사람은 당연히 미인이라고 불리겠지만 별다른 특징 없는 얼굴일 가능성이 크다. 아무튼 미남미녀라고 해도 한두 군데 정도는 아쉬운 부위가 있으니 서너 곳 정도가 아쉬운 보통 사람은 돈을 좀 들이면 흔한 아이돌 얼굴 정도로는 변신할 수 있다.

한편 미인이라고 한마디로 표현하기는 해도 절대적인 기준이 있는 것은 아니다. 흔히들 하는 말이지만 헤이안 시대(794년부터 1185년까지 이어진 일본의 한 시대-옮긴이)의 미인은 오늘날에는 미인이라고 할 수 없다. 같은 시대라고 하더라도 국가에 따라서 어떤 곳은 통통한 사람을 미인이라고 하고 어떤 곳은 목이 긴 사람을 미인이라고 부르는 등 기준이 서로 다

머리를 길게 늘어뜨리고, 눈초리가 째진 듯한 눈을 하고 있으며, 입을 작게 오므리고 있는 게 포인트인 헤이안 시대의 미녀

어릴 때부터 놋쇠로 만든 링을 계속해서 끼워 목을 길게 늘이는 미얀마의 카얀족

아랫입술과 턱 사이를 째고 갈라진 틈 사이에 둥근 판을 끼우며, 판이 크면 클수록 미인으로 대접하는 에티오피아의 무르시족

그림 1 시대와 문화권에 따라 달라지는 아름다움의 조건

르다.그림 1 그렇기는 해도 동서고금을 막론하고 매력적인 존재로 인정받는 데 필요한 몇 가지 공통 요소는 분명 있다. 크게 세 가지로 요약할 수 있다.

아름다운 얼굴의 기준

- 얼굴 좌우가 대칭을 이룰 것
- 피부가 예쁠 것(통통하더라도 탄력이 있고, 주름이 없을 것)
- 코의 위치를 기점으로 눈과 입의 비율이 일정 기준에 부합할 것(눈과 코의 위치가 균형 잡혀 있을 것)

'뭐? 세 가지밖에 없다고?'라며 놀랄 수 있지만 정말로 세 가지가 전부다. 가장 먼저 얼굴의 좌우가 대칭을 이뤄야 한다. 물론 완벽하게 대칭을 이루는 경우는 없다. 오히려 대칭이 완벽하면 인위적으로 보이기 때문에 위화감을 일으킬 수도 있다. 그러나 대충 봐도 균형이 맞지 않는 얼굴은 예쁘다는 말을 듣기 어렵다.그림 2

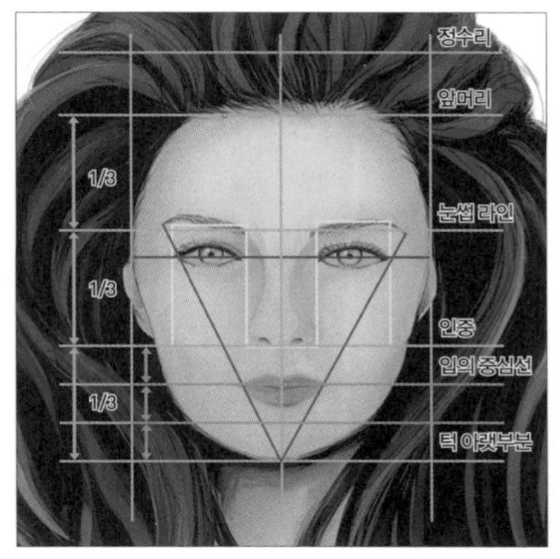

그림 2 아름다운 얼굴의 구성 요소

눈썹이 있으면 정리해서 대칭에 가까워 보이게 하면 되고, 눈 크기와 위치는 화장으로 어느 정도 커버할 수 있다.[3] 하지만 팔자 주름 같은 깊은 주름, 이중 턱, 콧날, 얼굴형 등은 메이크업으로도 어찌할 수 없는 부분이다.

생각이 올바르고 경험이 풍부한 성형외과 의사를 만나라

경험이 풍부하고 생각이 올바른 성형외과 의사들은 한 번 수술하면 오랜 기간 형태가 유지되고, 사람들에게 위화감을 주지 않는 것을 가장 중시한다. 너무 중시한 나머지 고객이 원하는 대로 해주지 않는 경우가 많다. 평소 아무런 관리도 하지 않아 기미에 주름투성이가 된 얼굴을 해서는 '20대

3 '성형 메이크업' 같은 키워드로 인터넷 검색을 해보면 다양한 사례를 확인할 수 있다.

쌍꺼풀	수십~수백만 원선(간단한 수술부터 큰 수술까지 다양함)
앞트임·뒤트임	200만 원부터
코 성형	200만 원부터
입술 성형	수백만 원선
턱끝 성형	350만 원부터
가슴 성형	800만 원부터
지방 흡입	200만 원부터이며 부위에 따라 다름

표 1 일본의 성형수술 비용 예시

처럼 보이게 해주세요!'라든지 '해주시는 김에 눈이랑 코도 예쁘게 해주세요!'라고 하면 의사는 무척 곤란해질 수밖에 없다. 일단 의사가 환자에게 부담을 크게 느끼기도 하고, 어떻게든 원하는 대로 수술을 마쳤다고 해도 어딘가 상당한 위화감이 드는 얼굴이 되어버리기 십상이기 때문이다.

환자를 위해 무리한 요구를 거절하는 의사가 있는가 하면, 돈을 벌기 위해 환자가 원하는 것이면 뭐든지 다 받아주는 의사도 있다. 그들은 기본적으로 '수술 후 1년 정도 유지되면 괜찮은 것'이라는 사고방식을 가지고 있다. 예를 들어 깊게 패인 주름을 잡아당겨 봉합한 뒤, 남는 부분은 잘라서 버리면 그만이라고 아주 쉽게 생각한다. 그러나 이런 과정이 여러 번 반복되면 피부 자체가 점점 얇아져 마지막에 가서는 아주 경미한 자극에도 쉽게 상처 입고 찢겨지고 말 것이다. 몸 자체가 가지고 있는 구조를 무시한 채 무조건 물리적으로 절제하고 봉합해버리면 결국엔 부메랑이 되어 돌아올 것이다. 물론 무리하게 수술한 것이기 때문에 한눈에 봐도 '얼굴에 손을 댄 흔적'이 여실히 드러날 수밖에 없다.

다만 정상적인 범위 내에서 성형 수술을 하고 약해진 피부는 운동과

스킨케어를 통해 잘 관리한다면 전에 없던 아름다움을 지닐 수 있게 될 것이다.

'성형은 나쁜 것'이라고 이야기하는 사람도 있다. 외모로 사람을 판단하면 안 되며, 모든 사람이 미남미녀가 될 필요도 없다. 다만 거울로 자신을 볼 때마다 절로 한숨이 나온다면 그것은 불행의 씨앗이 될 수 있다. 한 번뿐인 인생에서 콤플렉스를 없애고 자신감 있게 살기 위해서 성형을 선택했다면, 성형이 나쁜 행위는 아닐 것이다. 다만 얼굴에 심하게 손을 댔다고 남들한테 비웃음을 사고 손가락질받는다면 그것 또한 콤플렉스가 될 수 있다. 그러니 원하는 대로 해주지는 않더라도 올바른 생각과 풍부한 경험을 토대로 진심 어린 조언을 들려줄 성형외과 의사를 만나야 한다. 성형은 인간의 위화감을 자극할 만큼 극단적으로 해서는 안 된다.

수술이 안 된다면 약으로라도?

약으로 얼굴을 아름답게 만들 수 있을까? 과거, 젊음을 유지하려고 처녀의 생혈을 마시거나 몸에 뿌린 사람들도 있었다.[4] 젊음의 바로미터인 피부 탄력은 기본적으로 피하 근육량에 비례한다. 25세 이후부터는 남녀 모두 근육량이 줄어들기 때문에 운동이 부족하면 온몸의 피부가 중력을 이기지 못하고 축 처지기 마련이다.

4 흡혈귀 전설의 모티브를 제공한 인물 중 한 명인 바토리 에르제베트가 대표적이다. 헝가리 귀족이었던 바토리는 평민의 딸이든 귀족의 딸이든 가리지 않고 살해했다. 그렇게 희생된 사람은 수백 명 이상이었다고 한다. '피의 백작부인'이라고 불린다.

리프팅이라는 시술을 통해 처진 피부를 끌어올리기도 하는데, 만약 약으로 해결하고 싶다면 아나볼릭 스테로이드를 투여하는 방법밖에 없다. 어디선가 들어본 이름이라고 생각하는 사람도 꽤 있을 것이다. 그렇다. 운동 선수들이 도핑할 때 사용하는 것과 비슷한 스테로이드제다. 스테로이드제 중 대부분은 먹으면 바로 효과가 나타난다.[5]

도핑 호르몬은 효과가 좋기는 하지만 주의가 필요하다. 호르몬을 복용하거나 투약했다고 해도 반드시 운동을 병행해야 한다는 점이다. 호르몬을 주입한 후 운동을 해야 근육이 붙기 때문이다. 그런데 어차피 운동을 할 거라면 약 부작용을 떠안느니 차라리 아무런 처방도 하지 않고 오로지 운동만 열심히 하는 게 낫지 않을까? 자, 여기서 한 번 더 결론을 내리자. 운동을 하지 않고는 절대로 아름다움과 건강을 얻을 수 없다!

5 보디빌더들은 근육을 부분적으로 강화하기 위해 직접 호르몬제를 투약하기도 한다. 더러는 이로 인해 종양이 생기기도 한다.

2부

인류를 위협하는 기묘한 존재들

실제로 살육을 즐기는 무시무시한 괴물일까?

파충류를 소재로 한 영화 〈아나콘다〉

원주민을 연구하러 아마존 깊숙한 곳까지 들어간 인류학자 일행은 동행했던 밀렵꾼의 음모에 빠져 뱀의 소굴로 들어갔다가 거대한 아나콘다와 사투를 벌이게 된다. 1997년 골든 라즈베리 시상식에서 최악의 작품상 후보에 올랐으나 결국 〈포스트맨〉 때문에 상을 놓치고 말았다.

그 밖의 작품

《드래곤 퀘스트: 타이의 대모험》 〈포켓몬스터〉 시리즈 〈소울 칼리버〉

픽션 세계의 주인공 앞에는 언제나 다양한 적들이 출몰한다. 주인공과 같은 인간일 때도 있는가 하면 몬스터일 때도 있다. 그 종류는 작품에 따라 천차만별이지만 '몬스터'라고 하면 사람들 대부분은 자신도 모르게 파충류 같은 모습을 떠올리곤 한다. 게임이든 애니메이션이든 만화든 몬스터의 모티프를 공룡에서 가져오는 경우가 많기 때문이 아닐까 한다.[1] 또한 악어, 뱀, 도마뱀 모두 개나 고양이와 달리 사람과 대화를 전혀 할 수 없을

1 공룡에 관해서는 제10장 '거대 괴물'에서 상세히 설명할 예정이다.

것 같은 생김새를 하고 있다는 사실도 '몬스터=파충류'라는 등식을 머릿속에 떠올리게끔 하지 않았을까 한다.

그러나 막상 파충류가 그동안 어떤 모습으로 영화나 만화에 등장했었나 하고 생각해보면 딱히 떠오르는 게 없다. 기껏해야 정글을 탐험하는 주인공 일행을 거대한 뱀이나 악어가 습격한다는 설정의 공포 영화 정도다. 한 사람씩 차례로 파충류에게 잡아먹히는 것이 현실에서도 일어날 법한 일일까? 제8장에서는 우리와 가까운 곳에 있으면서도 그다지 잘 알려지지는 않은 존재인 파충류에 대해서 알아보자.

서로 같은 종이라고 하기에는 너무 다른 파충류들

파충류의 정체를 살펴보려면 기초 지식부터 쌓아야 한다. 진화는 단계적으로 이뤄져왔다. 특히 척추 동물은 천천히 진화해왔기 때문에 중간종도 많고 이미 멸종된 것들도 많기 때문에 무척추동물처럼 그룹 단위로 명확히 분류하기가 어렵다.그림 1 그러나 적어도 학교에서 배우는 파충류에 대한 정의, 즉 '다리가 네 개이고, 알을 낳으며, 스스로 체온을 조절하지 못하는 변온 동물이며, 온몸이 비늘로 덮여 있다'는 말은 지나치게 일반화한 것에 지나지 않는다는 점을 기억해두자.그림 2

예컨대 뱀은 팔다리가 없고 체온을 끌어올려 알을 따뜻하게 품는다. 또한 바다거북 중 일부는 몸속에 체온을 올리는 기관을 갖고 있다. 비늘이 없는 파충류는 헤아릴 수 없을 정도로 많다. 파충류를 '척추동물아문 사지동물상강 중에서 양서류, 조류, 포유류를 제외한 나머지'라고 하나씩 지워

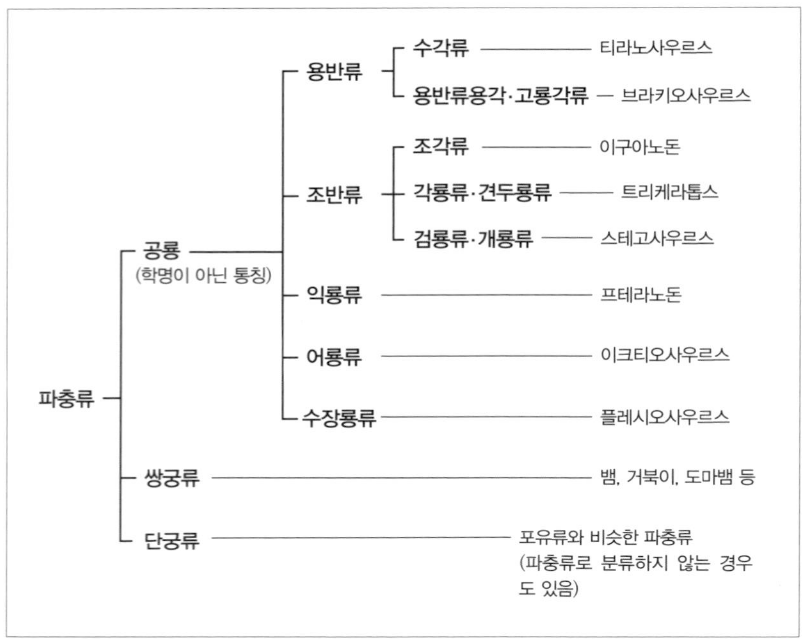

그림 1 파충류의 종류

나가는 식으로 분류하는 게 가장 정확할 것이다. 그만큼 파충류의 범주는 매우 넓다.

파충류는 겉모습도 다양하지만 생물학적 특성 또한 다채롭다. 기본적으로는 변온 동물이기 때문에 추위를 잘 견디지 못하지만, 앞에서 이야기한 대로 바다거북 중 일부는 체온을 스스로 끌어올릴 수 있기 때문에 온도가 꽤 낮은 해역에서도 서식할 수 있다. 이런 의미에서 생물학적으로 성공한 종이라고 할 수 있다.

오늘날 마치 자신이 지구의 주인인 양 여기저기를 활보하고 다니는 포유류는 환경이 달라지더라도 체온을 일정하게 유지할 수 있는 것이 강

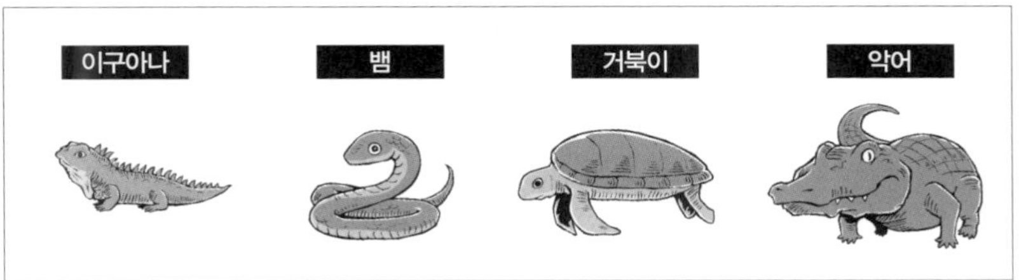

그림 2 실로 다양한 파충류의 외형

점이다. 다만 항상 열을 내야 하기 때문에 연비가 최악이다. 주변 환경이 나빠져 먹을거리가 부족해지면 곧바로 생사의 기로에 놓이고 만다. 한편 파충류의 연비는 매우 우수하다. 체온을 일정 수준으로 유지하지 않기 때문에 적은 양만 먹어도 살 수 있고, 오랜 기간 먹지 못해도 거뜬히 버틸 수 있다.

파충류가 인간을 덮칠 만한 충분한 이유가 있는가?

공룡이 지구상에서 사라졌어도 상대적으로 크기가 작은 악어류가 살아남은 것을 봤을 때 파충류는 어느 정도 진화에 성공한 생명체라고 해석할 수 있다. 안 그래도 겉모습이 몬스터 역할을 하기에 딱 알맞은데 상황까지 이러하니 그만큼 파충류를 닮은 몬스터가 픽션에 자주 등장하는 것이리라. 그러나 거대한 파충류가 사람을 잡아먹는다는 설정은 리얼리티가 완전히 결여됐다. 이렇게 말하는 이유가 무엇인지 차근차근 살펴보자.

파충류가 사람을 공격하는 이유는 먹잇감으로 생각했기 때문일 것이다. 그러나 먹잇감 중에도 '가장 적합한 사이즈'라는 게 있다. 먹이를 섭취하는 이유는 생존하는 데 필요한 칼로리를 얻으려는 데 있다. 이때 중요한 것은 영양 효율이다.

상어가 붕어 크기밖에 안 되는 물고기를 목표물로 삼지 않듯이, 엄청나게 큰 몬스터가 사람 정도 크기의 먹잇감을 노린다는 것은 효율성 측면에서 바람직하지 않다.

사람을 먹잇감으로 삼기에 적당한 몬스터는 두세 입에 먹어치울 수 있는 최대 10m 정도의 신장을 가진 녀석일 것이다.그림 3 다만 먹잇감으로서 크기가 적당하다고 하더라도, 사람은 옷과 액세서리처럼 불필요한 것들을 걸치고 있는 데다 먹히지 않으려고 이리저리 머리를 굴리고 강렬히 저항하기 때문에 몬스터 입장에서는 정말 성가실 수밖에 없다.

대형 파충류가 인간을 공격하는 또 다른 이유는 무엇일까? 아주 오래전에 원시인들의 협공 때문에 거대한 매머드들이 죽어갔듯이 파충류를 향한 공격도 멈출 줄 모르니 그들 입장에서는 사람들을 주적으로 인식하는 게 당연할 수도 있다. 어쩌면 영양분 섭취 자체에는 관심이 없고 전혀 생각지도 못했던 이유가 있을 가능성도 있다.

그림 3 너무 작은 먹잇감은 생물학적으로 NG다.

예를 들어 사람을 포획해서 노예로 삼거나, 새끼에게 던져줄 먹잇감으로 여긴다거나, 사람을 잡아먹어서 칼로리가 아닌 자신들의 생명 유지에 필요한 어떤 성분을 얻는 데 관심이 있을 수도 있다. 이러

한 설정들이 스토리에 잘 녹아들어 있는 탄탄한 작품을 만나면 몹시 흥분된다.[2]

파충류가 인간을 위협하는 존재일 수 없는 이유

이제부터는 거대한 파충류가 인간과 대적하게 됐다고 가정하고 이야기해 보자. 결론부터 말하자면 만약 사람을 공격하는 거대 파충류가 실제로 존재한다고 해도 그렇게 두려워할 필요가 없다.

파충류는 바다거북 같은 몇몇을 제외하고는 기본적으로 변온 동물인데 이게 대표적인 약점이다. 앞에서 설명한 것처럼 연비 측면에서는 강점이 있지만 햇볕을 쬐거나 해서 체온을 일정 수준 이상으로 끌어올리지 않으면 최상의 컨디션을 발휘할 수 없다. 또한 지구력이 약한 것도 큰 약점이다.

실제로 아마존의 하천에는 악어가 서식하고 있으나 같은 지역에 사는 수달은 악어를 두려워하지 않는다. 오히려 수달 무리가 악어를 계속 자극하다가 체력이 어느 정도 소진됐다 싶으면 영양분이 많은 꼬리 부분을 뜯어먹을 정도로 과감하다.

연비가 좋다는 것은 오랜 기간 아무것도 먹지 않고도 견딜 수 있다는

2 물론 필자는 설정이 엉망인 B급 영화를 볼 때나 거대한 몬스터와 난투를 벌이는 게임을 할 때도 흥분하곤 하지만 말이다.

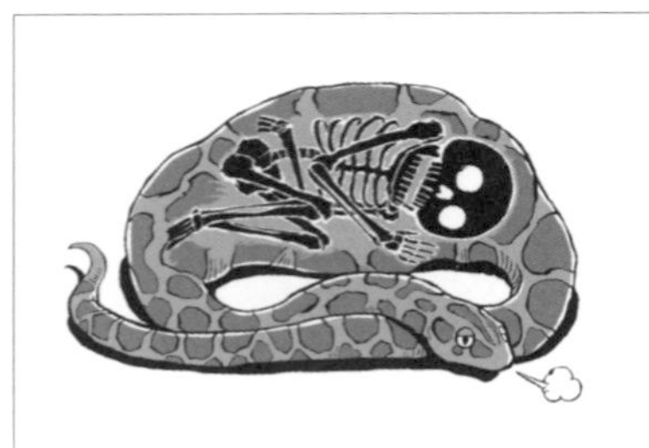

그림 4 사람을 잡아먹은 뱀의 말로

사진 1 세상에서 가장 큰 악어로 기네스북에 등재된 식인 악어를 포획한 모습

것을 의미한다. 예를 들어 대형 뱀이 사람 한 명을 잡아먹었다면 소화하는 데만 일주일이 걸리고, 그 후 두 달 동안은 아무것도 먹지 않고도 별다른 지장 없이 활동할 수 있다. 큰 먹잇감을 삼킨 뒤에는 거의 3일 동안 옴짝달싹하지 못하니 이때가 뱀을 포획할 수 있는 절호의 기회다.그림 4

그렇다면 악어는 어떨까? 악어는 움직임이 자유로운 물속에 몸을 담그고 있기 때문에 몸집이 큰 녀석들이 제법 많다.사진 1 아무리 배가 불러도 물속에 있으면 도망가는 것도 쉽다. 실제로 필리핀과 파나마 운하 등지에서는 길이 6m가 넘는 초대형 악어가 발견된 바 있고, 그중에는 사람을 공격한 것으로 추정되는 녀석도 있었다.[3,4] 그렇다고는 해도 사람을 계속해

3 아프리카와 동남아시아에서는 악어가 사람을 잡아먹는 사건이 종종 발생한다. 예컨대 동아프리카 우간다에서는 매년 200명 정도가 나일 악어의 희생양이 된다. 또한 필리핀 민다나오섬에서 포획된 이리에 악어(사진 1)는 식인 악어였으나, 2011년 포획된 이후 전용 사육실에서 지냈다. 일반인들에게 공개되어 큰 인기를 얻었는데, 그로부터 약 1년 6개월 후인 2013년 2월 사육실에서 죽었다.

4 여담이지만 '식인 악어 딜레마'라는 유명한 역설이 있다. 아이를 인질로 삼은 식인 악어가 아이 엄마에게 "내가 이제부터 뭘 할지 알아맞히면 아이를 잡아먹지 않겠다."라고 말하자 그녀는 "당연히 그 아이를 잡아먹겠죠."라고 대답했다는 것이다.

서 잡아먹는다는 것은 위장에 엄청난 부담이 따르는 일인 만큼 현실성이 떨어진다. 따라서 파충류가 여러 사람을 계속해서 먹어치운다는 설정은 현실적으로 봤을 때 그다지 설득력이 없다.

파충류와 비슷한 용이 실제로 존재했다면?

뱀과 도마뱀을 많이 닮은 상상 속 동물의 대명사인 '용'에 대해서도 살펴보자. 중세 판타지 작품에 등장하는 용을 그릴 때는 팔다리를 덧붙이고 날개도 다는 게 보통이다. 하지만 척추동물이 진화해온 그동안의 흐름을 고려했을 때 이런 형태의 동물은 절대로 지구상에 등장할 수 없다. 물론 용 또한 지구 생물 중 하나라고 전제했을 때 그렇다는 것이다.

왜냐하면 날개는 앞다리가 진화한 것인 만큼 앞다리와 날개 모두를 가질 수는 없기 때문이다. 만약 지구상에 용이 존재했다면 아마도 앞다리는 익룡의 앞다리와 유사할 테고, 하반신은 육식 공룡처럼 두 발로 걷기에 적합한 형태로 진화했을 것이며, 머리는 비교적 작았을 게 분명하다.

한편 입으로 화염을 내뿜는 것도 '용' 하면 떠오르는 대표적인 특징 중 하나다. 두세 가지 액체를 따로따로 머금고 있다가 동시에 뱉으면 서로 화학적으로 반응하다가 불이 붙을 수도 있기 때문에 전혀 현실성 없는 이야기는 아니다.

2002년에 개봉한 영화 〈레인 오프 파이어〉에 등장하는 용은 생물학자의 감수를 토대로 디자인한 것으로 그만큼 현실감 있다. 지구의 중력을 이겨낼 수 있는 큼직한 날개를 지녔고, 용으로 불리기에 전혀 손색없을 만큼 생김새도 멋지다. 그리고 화염은 입에서 두 가지 액체가 분사된 뒤 이것이 뒤섞여 반응하다가 발화한 것이라고 설정했다.

중요한 점은 작가가 설정한 캐릭터의 모습과 특성을 당연하게 받아들이지 말고 얼마나 현실성 있게 설정했는지를 과학적으로 한두 번쯤 따져봐야 한다는 사실이다.

100만 종에 달하는 지구의 지배자

곤충을 소재로 한 만화 《바람 계곡의 나우시카》

문명은 멸망하고 대지는 더럽혀진 세상. 살아남은 자들이 있었으나 서로 끊임없이 살육전을 벌였다. 이 작품에서는 '장기'라는 독성 물질을 뿜어내는 탓에 마스크를 쓰지 않고는 도저히 다가갈 수 없는 바다와 이를 지키려는 '곤충'이 다수 등장한다. 그중에서 대표적인 곤충이 바로 왕충이다.

그 밖의 작품

《테라포마스》 《거충열도》 《스타십 트루퍼스》 〈THE 대량 지옥〉(게임)

제8장에서는 파충류를 알아봤으니 이제부터는 곤충을 알아보자. 생김새가 그다지 매력적이지 않은 외골격 생명체인 곤충은 그동안 픽션에서 자주 등장했다. 이번에는 곤충에 관한 놀라운 사실을 몇 가지 소개할까 한다.

곤충이라고 하면 많은 사람들이 보통 사마귀, 메뚜기, 투구벌레처럼 다리가 여섯 개이고 머리·가슴·배로 이루어진 생명체를 떠올린다. 그렇지만 학문적인 분류 체계를 보면 알 수 있듯이 곤충 종류는 한마디로 정의하기 어려울 정도로 매우 다양하다.그림 1

사람들이 곤충이라고 떠올리는 것에는 지네와 노래기다지류, 전갈과 거미거미강 등 우리에게 친숙한 생명체들이 다수 포함된다. 심지어 진드기와

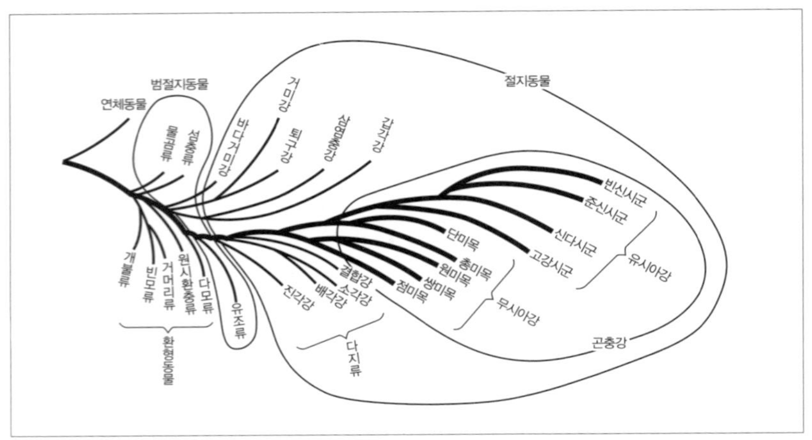

그림 1 일반적으로 '곤충'이라고 불리는 생물들의 분류 체계

채찍거미, 이미 멸종된 바다전갈까지 포함될 정도로 그 범위가 상당히 넓다. 요컨대 몸속에 뼈가 없으면서도 게나 새우와는 다른 상당수의 생명체를 사람들은 '곤충'이라고 여긴다. 대상 범위가 너무 넓으면 설명하기 어려우니 이제부터는 곤충강의 중심축인 '곤충류'에 초점을 맞춰 이야기해보려고 한다.

빈번한 세대교체를 이용해 진화해나가는 곤충

의외라고 생각할지도 모르지만 곤충류는 지구상에서 가장 번영한 종족이다. 종류만 해도 약 100만 종[1]으로 다양성 측면에서 곤충을 따라올 동물이 없다. 주변 환경이 어떻든 그에 맞게 완벽히 적응해나간 결과다.

한편 수명은 매우 짧은데, 주변 환경에 빠르게 적응해나갈 수 있었던 것은 바로 이 때문이다. 포유류는 세대교체를 하는 데 십수 년이 걸리지만 곤충은 같은 기간 동안 수십 번 이상 세대가 바뀐다. 수명이 특히 짧은 파리는 100번 이상 세대가 교체된다. 새로운 세대가 등장하는 횟수만큼 진화할 수 있는 기회도 늘어난다.그림 2 절지동물은 본래 번식 능력이 좋은데, 특히 곤충류는 진화하는 데 이런 특징을 충분히 활용하고 있다.[2]

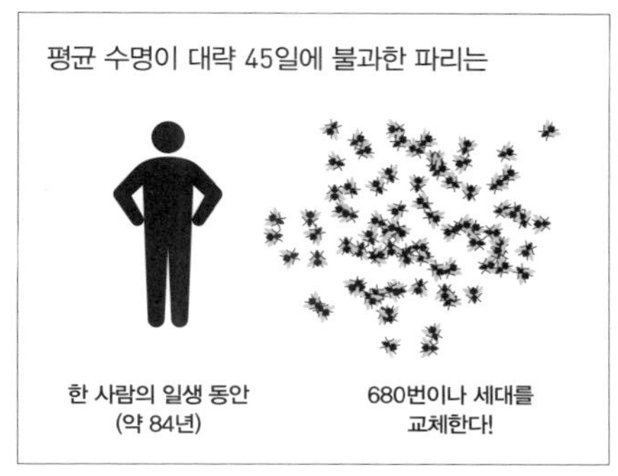

평균 수명이 대략 45일에 불과한 파리는
한 사람의 일생 동안
(약 84년)
680번이나 세대를
교체한다!

그림 2 곤충의 세대교체 횟수

곤충이 양서류보다 1억 년 이상 일찍 뭍에서 번성했다는 사실이 화석 연구로 밝혀진 바 있다. 약 2억 5,000만 년 전에는 모든 대륙이 지금처럼 흩어져 있지 않고 한데 모여 있는 이른바 판게아 대륙이 존재했다. 중고등학교 수업 시간에 배운 적이 있어 익숙한 독자들도 있을 텐데, 이 시기에 이미 흰개미가 서식했다는 증거들이 발견됐다.

판게아 대륙이 분열되어 오늘날처럼 육대주로 뿔뿔이 흩어졌는데, 모든 대륙에서 공통적으로 흰개미가 발견됐다. 이를 보면 흰개미는 모든 대

1 포유류는 4,500종, 파충류는 8,000종, 조류는 10,000종, 양서류는 4,500종, 어류는 25,000종 정도로 알려져 있다.

2 전갈과 지네는 곤충보다 더 오래 살지만 자손은 많이 남기지 않는다. 지네의 평균 수명은 6~7년 정도인데 왕지네 중에는 10년 이상 사는 것도 있다. 전갈 중에서도 황제전갈은 10년 정도 산다.

륙이 한 덩어리였을 때부터 땅 위에서 활동했음을 알 수 있다. 한편 흰개미를 먹이로 삼는 개미핥기는 남미 지역에서만 서식한다. 곤충과 비교했을 때 포유류의 진화 속도가 얼마나 더딘지 알 수 있다.

그다지 잘 알려져 있지 않은 사실이 또 있다. 곤충이 지구상에서 가장 먼저 하늘을 난 동물이라는 점이다. 데본기약 4억 년 전 화석에서 당시에 이미 곤충이 날아다녔음을 알려주는 증거들이 발견됐다. 다만 오늘날 우리가 알고 있는 곤충으로 진화하기 전에 어떤 모습이었는지는 의외로 잘 알려져 있지 않다.

곤충의 고향은 민물이다?
어떻게 하늘을 날 수 있게 된 걸까?

DNA를 분석한 결과, 물벼룩류가 유형 성숙[3]해서 오늘날의 곤충이 탄생했다고 하는 설이 가장 유력하다고 한다. 즉, 새우와 게 같은 갑각류가 바다에서 진화에 성공한 뒤에 뭍으로 올라와 민물에 사는 물벼룩의 유충과 비슷한 형태가 됐고,그림 3 이후에도 진화를 거듭해 오늘날 우리가 알고 있는 곤충의 모습으로 변모했다고 학자들은 보고 있다.

곤충의 가장 불가사의한 부분은 바로 날개다. 거미와 전갈은 공중에서 가벼이 미끄러져 내려오기는 해도 능동적으로 하늘을 날아오르지는 못

3 동물계에서 발생하는 현상 중 하나로, 성체(成體)로 자랐는데도 생식 기관 외에 미성숙한 부분이 남아 있는 경우를 가리키며 니오터니(neoteny)라고도 한다. 진화 과정에 매우 깊숙이 관련돼 있는 현상으로, 인류는 원숭이가 유형 성숙한 결과로 등장했다는 설도 있다.

한다. 무척추동물 중에서는 오직 곤충만이 하늘을 자유로이 날아다니도록 진화했다. 몸의 어느 부위가 진화해서 날개가 된 것인지는 아직 명확히 밝혀지지 않았지만 '아가미가 진화한 것일 수도 있다'는 가설이 민물 생물 기원설을 주창하는 학자들 사이에서 제기됐다.

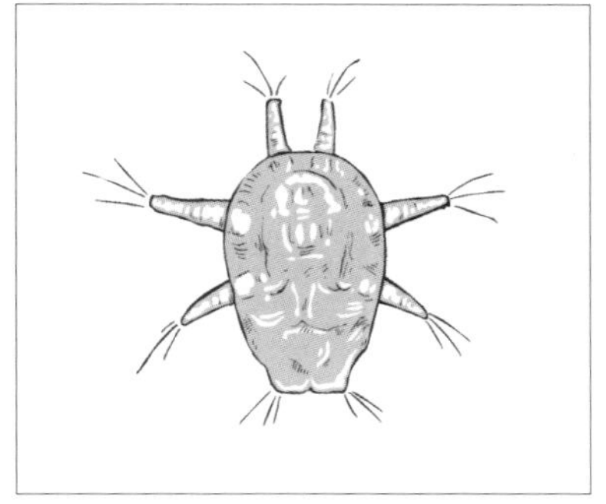

그림 3 물벼룩의 유충

강도래, 하루살이, 잠자리처럼 수중 생활에 적응한 곤충은 유충일 때 물속에서 생활한다. 유충은 아가미를 자유자재로 움직일 수 있고 이를 이용해 숨을 쉰다. 이것이 결국 날개로 진화했다고 추측하는 것이다.

한편 '가슴 쪽의 조직이 어떠한 이유로 늘어나서 날개가 됐다'고 보는 학자들도 있는데, 이렇듯 날개가 어떻게 진화해왔는지는 여러 합리적 추론만 있을 뿐 결론이 아직 나오지 않았다. 그러나 어느 쪽이 진실이든 100만 종에 이르는 곤충 중에서 바닷물에서 사는 것은 십수 종에 불과하고, 그마저도 짠물에 완전히 적응했다고 보기는 어렵다는 점을 비춰봤을 때 민물에서 진화했다는 가설에 설득력이 있다.[4]

4 바다모기는 유충일 때 바닷물 속에 산다. 일본에는 두 종류의 바다모기가 서식한다. 바닷물에 적응한 곤충이라고 해도 대부분 해변에서 산다. 먼 바다에 사는 바다소금쟁이는 아주 드문 사례다.

아무리 날고 기어봤자 벌레는 벌레
곤충의 약점은 무엇일까?

지금까지 살펴본 것처럼 곤충은 '진화의 왕자'이기는 하지만 그렇게 진화하는 과정에서 아주 큰 실수를 몇 번 저지르기도 했다. 이제부터는 곤충이 갖고 있는 약점을 소개해보려 한다.

우선 몸의 기관이 약하다는 점을 들 수 있다. 외기 호흡을 위한 기관을 형성하는 과정에서 거의 날림 공사를 한 것이나 마찬가지였다. 산소를 흡입하는 능력이 다른 절지동물과 비교했을 때 현저히 떨어지는데, 몸집이 더 커지지 못한 것도 바로 이런 이유 때문이었다.

곤충은 '수명이 짧기 때문에 수없이 세대를 교체하는 과정에서 고도의 적응 능력을 갖출 수 있었다'고 앞에서 설명했다. 그러나 오래 살지 못하기 때문에 자신들만의 문화를 형성하지 못한다는 크나큰 문제를 안게 됐다. 문화를 형성하지 못한다는 것은 곧 '지능을 갖기 어렵다'는 것을 의미한다. 곤충 집단이 환경 변화에 적응하는 데 성공했다면, 곤충 개체는 몸을 경량화하는 데 성공했다. 그런데 바로 이 때문에 뇌가 작아질 수밖에 없었고 심지어 식도를 감싸는 형태로 진화하고 말았다. 즉, 뇌가 발달할수록 음식물을 제대로 섭취할 수 없는 치명적인 구조 결함이 있는 것이다. 곤충이 큼직한 두뇌와 성능 좋은 호흡기를 갖고 있었다면 지구상에서 가장 강력한 생명체로서 군림했을지도 모를 일이다.[5]

5 영화 〈미믹〉에 등장하는 식인 사마귀가 이런 상상에 정확하게 부합한다. 영화 속 사마귀는 바퀴벌레를 박멸할 목적으로 유전자를 조작해 탄생시킨 곤충이었다. 그런데 예상보다 빠른 속도로 번식하며 스스로 진화했고, 고도로 발달한 폐 덕분에 몸집이 거대해지고 엄청난 살상 능력까지 지녔다.

지능이 없어도 괜찮아요!
뇌가 작은 곤충의 생존 기술

곤충은 자신들만의 문화를 가질 수 없을 정도로 지능 수준이 낮지만 적응 능력을 십분 발휘해서 부족한 점을 메우고 있다. 곤충의 낮은 지능 수준을 보완해주는 것은 바로 완벽히 짜인 효율화 프로그램이다. 효율화 프로그램에는 '적응' '연합 학습' '페로몬' '잠재 학습' '유전자 기억' 등 다섯 가지 유형이 있다.

우선 '적응'이란 현재 처해 있는 상황에 적응하는 것을 뜻한다. 예컨대 식탁에 붙어 있는 파리를 잡으려 할 때 처음에는 손을 가볍게 휘두르기만 해도 파리가 멀리 달아나버리지만, 두세 번 반복하면 이번에는 그리 멀리 날아가지 않고 바로 제자리로 돌아오는 것을 본 적 있을 것이다. 파리는 '저 덩치만 큰 동물은 멍청해서 아무리 손을 휘저어도 날 절대로 잡을 수 없을 거야.'라고 생각하지는 않지만 적응해가면서 학습을 한다.

'연합 학습'이란 머리뿐만 아니라 온몸에 사다리 모양으로 뻗어 있는 신경다발의 일부를 이용해서 학습하는 것을 의미한다. 예를 들어 사마귀는 먹잇감을 포획했을 때, 오히려 먹잇감에게 다리를 물리면 다시는 똑같은 일을 당하지 않으려고 먹잇감을 낚아채는 방식을 달리한다. 자신의 머리가 잘려나가더라도 사마귀는 마찬가지로 앞다리의 움직임에 변화를 준다.**그림 4** 이처럼 곤충은 두뇌에만 의존하지 않고 그때그때의 상황에 맞게 움직임을 달리한다. 사람으로 말하면 반사 작용에 해당하는 방식으로 상황에 적응하는 것이다.

암컷을 찾거나 새끼를 기르고 보호할 때는 '페로몬'을 활용한다. 곤충은 사람처럼 서로 사랑이란 감정을 느끼는 일 없이 화학물질의 반응을 통

해 짝을 찾는다. 여기에도 사고 프로세스가 개입될 필요가 없다.[6]

그림 4 머리가 잘려나가도 계속되는 연합 학습

'잠재 학습'이란 일정한 상황과 관련한 정보를 학습하고 기억하는 것을 의미하며 '지능'과 비슷한 개념이다. 꿀벌은 이런 기억을 활용해서 벌집에 있는 동료들에게 꽃밭이 어디에 있는지를 전파한다.

마지막으로 '유전자 기억'이란 환경에 적응하기 위해서 곤충이 기억의 일부를 DNA에 새겨놓는 것을 가리킨다. 아직 추론 단계에 머물러 있지만 파리를 대상으로 한 실험에서 어미의 학습 기억을 새끼가 고스란히 물려받았다는 결과가 도출된 바 있다. 만약 이게 사실이라면 곤충은 세대교체를 거듭하며 진화하고 지식을 전수하는 궁극의 생명체라고 결론지을 수 있다.

6 페로몬은 길라잡이로도 활용된다. 먹이를 발견한 개미가 개미집으로 돌아갈 때 배에서 페로몬을 분비해서 동료 개미들에게 먹이의 위치를 알려주는 것이다.

곤충을 무서운 괴물로 돌변하게 하는 것은?

지금까지 설명한 것처럼 곤충은 환경에 적응하는 능력이 뛰어나기 때문에 주변 여건이 어떠하든 엄청난 수의 후손을 남긴다. 이를 결코 가벼이 여겨서는 안 된다. 실로 엄청난 개체 수 때문에 곤충이 지구상에서 가장 무서운 존재로 인식되기도 한다. 그렇다. 우리의 두려움을 촉발하는 것은 개체의 크기가 아니라 수다.

예컨대 아프리카에서 가끔씩 출몰하는 메뚜기 떼의 개체 수는 최대 2억~3억 마리 정도. 이 정도면 하늘을 모두 가리기 때문에 한낮인데도 밤처럼 깜깜해진다. 살충제는 아무 소용없고 화염 방사기를 사용하면 불덩어리가 되어 돌아다니기 때문에 더 큰 재앙을 몰고 온다.

고사포든 기관총이든 발사해봤자 표적이 너무 작아서 전부 빗나가고 만다. 헬기와 전투기를 보내도 마찬가지다. 엔진부에 메뚜기 떼가 가득 끼는 바람에 얼마 못 가서 추락하고 말 것이기 때문이다. 곤충 떼의 파괴력 앞에서는 군대도 어쩔 도리가 없다. 그 위세와 규모는 인공위성이 구름이라고 잘못 인식할 정도로 어마어마하다. 이 정도면 괴물 그 자체다.

과거 지구의 지배자를 과학으로 되살릴 수 있을까?

거대 괴물을 소재로 한 영화 〈쥬라기 공원〉

컴퓨터 그래픽을 활용해서 진짜로 살아 있는 것 같은 생명체를 묘사한 최초의 영화로 알려져 있지만 총 2시간의 상영 시간 중 컴퓨터 그래픽으로 만든 공룡이 등장하는 시간은 고작 7분에 불과하다. 공룡 피를 빨아먹은 모기가 갇혀 있던 호박에서 공룡 DNA를 채취해 부활시킨다는 설정은 1993년 당시 사람들에게 꽤 현실적인 아이디어로 여겨졌다.

그 밖의 작품

〈고질라〉 〈퍼시픽 림〉 〈킹콩〉 〈THE 대미인〉(게임)

거대 괴물은 판타지와 SF 작품에 자주 등장하지만 다행히 현실 세계에는 존재하지 않는다. 그러나 6,500만 년 전까지만 해도 공룡이라 불리는 괴물이 번성했다. 그보다 더 오래전에는 초거대 어류와 거대 곤충이 활개를 치는 그야말로 괴물 천국인 시대도 있었다.그림 1

어린 시절 누구나 한 번쯤은 '공룡이 아직 살아 있다면 좋았을 텐데.'라고 생각했을 것이다. 공룡은 픽션 세계에서 종종 활용되는 소재다. 과학의 힘을 빌리면 이들을 되살릴 수 있지 않을까? 뭐, 아직까지는 되살리는 게 불가능하니 동물원에 티라노사우루스 코너가 없는 것이겠지만 앞으로도 영원히 불가능할까? 이 질문에 답하기 위해 과학 윤리는 일단 무시하고

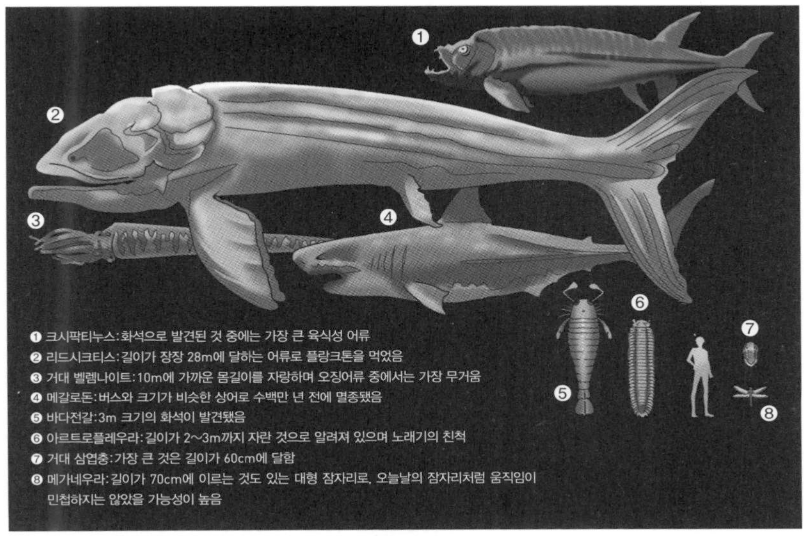

① 크시팍티누스:화석으로 발견된 것 중에는 가장 큰 육식성 어류
② 리드시크티스:길이가 장장 28m에 달하는 어류로 플랑크톤을 먹었음
③ 거대 벨렘나이트:10m에 가까운 몸길이를 자랑하며 오징어류 중에서는 가장 무거움
④ 메갈로돈:버스와 크기가 비슷한 상어로 수백만 년 전에 멸종됐음
⑤ 바다전갈:3m 크기의 화석이 발견됐음
⑥ 아르트로플레우라:길이가 2~3m까지 자란 것으로 알려져 있으며 노래기의 친척
⑦ 거대 삼엽충:가장 큰 것은 길이가 60cm에 달함
⑧ 메가네우라:길이가 70cm에 이르는 것도 있는 대형 잠자리로, 오늘날의 잠자리처럼 움직임이 민첩하지는 않았을 가능성이 높음

그림 1 과거에 존재했을 것으로 추정되는 거대 생물들과 인간의 크기 비교

기술적인 관점에서만 가능성 여부를 살펴보려고 한다.

공룡을 부활시키려면 격세유전의 원리를 활용해야 한다!

'공룡을 부활시키고 싶다'는 이야기를 들으면 사람들은 대개 영화 〈쥬라기 공원〉을 머릿속에 떠올린다.[1] 이 작품에서는 공룡의 피를 머금은 모기를 호박琥珀에서 꺼낸 뒤 혈액 속의 공룡 유전자를 추출하고 복제해 공룡을 부활시키는 장면이 나온다. 그러나 이 방법은 실현 불가능하다는 사실이 이미 밝혀졌다.

과거 미국의 한 고생물 학자가 공룡 피가 들어 있는 호박을 찾은 후 최신 기술을 이용해서 유전자를 검출해내려고 안간힘을 썼지만, 실패하고 말았다. 공룡이 지구상에서 사라진 지 6,500만 년이라는 시간이 흐른 탓에 공룡은커녕 모기의 유전자조차도 건져내지 못했던 것이다. 다만 〈쥬라기 공원〉에서 사용했던 방식이 아닌 다른 방법을 이용하면 영영 불가능한 것은 아닐지도 모른다.

공룡 부활의 핵심이 되는 것은 바로 '격세 유전'이다. 문자 그대로 몇 대를 건너뛰어 유전 형질이 전달되는 것으로, 쉽게 말하면 부모가 아니라 조부모 혹은 그보다 더 이전 세대의 특징을 물려받는 것을 의미한다.[2]

공룡이 과거에 존재했다는 사실 자체에는 의심의 여지가 없다. 현존하는 동물들은 공룡의 자손일지도 모르며 유전자 안 어딘가에는 '거대 생물의 격세 유전자'가 숨어 있을 가능성이 있다.

이 부분에 대해 조금 더 자세히 살펴보자. 유전자 비교는 불가능하니 골격을 토대로 추론할 수밖에 없다. 공룡이 진화해서 조류가 됐다고 알려져 있는데, 분류학상으로는 미크로랍토르, 드로마에오사우루스 같은 드로마에오사우루스류와 메이(2004년에 발견된 작은 공룡으로 새처럼 생겼다.) 같은 트로오돈류를 포함한 수각류 공룡이 유전적으로 가까운 관계일 가능성이 크다.사진 1

조류 유전자 안에 공룡 유전자가 잠자고 있다는 증거도 존재한다. 공

1 1993년에 개봉한 이 영화는 10억 달러 이상의 흥행 수입을 기록했다. 이는 2017년 1월 기준으로 흥행 수입 세계 20위다.

2 《유유백서》의 주인공인 우라메시 유스케도 약 700년 전에 살았던 요괴에게서 유전자를 물려받아 마족의 힘을 발휘한다.

룡이 멸종된 뒤 찾아온 신생대. 거대한 동물에 잡아먹힐 위험이 없는 평화로운 시대가 우리와 같은 포유류에게 찾아오지는 않았다. 신생대 초기에는 몸길이가 무려 2m이고 몸무게가 500kg에 달하는 육식성 조류인 디아트리마가 등장해서 대지 위를 떠돌며 포유류를 낚아챘기 때문이다.[3] 환경만 허락한다면 조류는 언제든 디아트리마 같은 포식자로 다시금 돌변할 가능성이 있음을 화석이 증명해주고 있다.

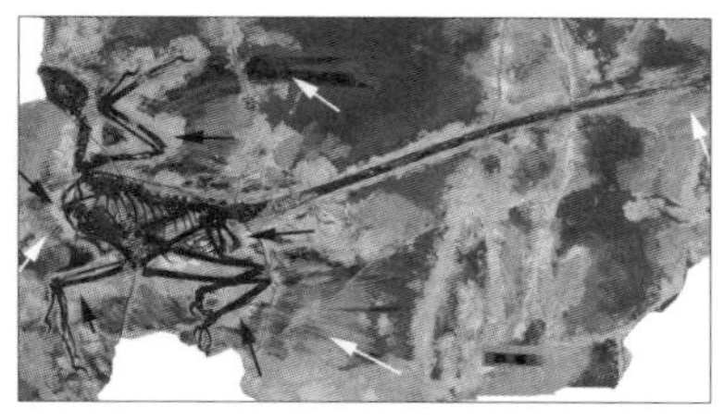

사진 1 날개 달린 공룡인 미크로랍토르의 화석
Photo by David W. Hone, Helmut Tischlinger, Xing Xu, Fucheng Zhang—The Extent of the Preserved Feathers on the Four-Winged Dinosaur Microraptor gui under Ultraviolet Light

오늘날 호아친새라는 조류는 병아리일 때 날개 부분에 손가락과 발톱을 가지고 있고, 다른 새의 경우에도 알 속에 있을 때는 팔과 손가락을 가지고 있다. 이 시기가 지난 후에는 조류 유전자가 본격으로 발동해 팔이었던 부분이 날개로 변화한다. 이는 진화의 흔적인데, 사람도 꼬리뼈 부분이 조금 튀어나온 상태로 태어나는 경우가 아주 가끔씩 있다.

참고로 미국의 고생물 학자인 잭 호너는 닭을 공룡으로 재탄생시킬 수 있다고 믿는 학자로, 닭의 팔 부분이 날개로 변화하지 않도록 하는 유전자 연구에 매달리고 있다. 팔 외에도 이빨, 피부, 꼬리 부분을 형성하는 격세 유전자를 발견하고 이를 활성화할 수 있는 방법을 찾게 된다면 공룡

3 오늘날 가장 덩치가 큰 새인 타조도 수컷이 성장하면 키가 2m 정도 되지만 체중은 130kg에 불과하다. 이를 통해 체중이 500kg에 육박하는 디아트리마가 실제로 얼마나 위협적이었을지 충분히 가늠해 볼 수 있을 것이다.

그림 2 공룡을 부활시킬 수 없다면 새로 만들면 되지 않을까?

과 비슷한 특성을 지닌 생명체, 즉 아공룡을 탄생시키는 일이 마냥 어렵지만은 않을 것이다. 이뿐만 아니라 유전자 조작 기술을 활용하면 다양한 형질을 활성화해 조금 더 공룡을 닮은 생명체를 만들어낼 수도 있을 것이다.

현재 지구는 포유류가 지배하고 있고, 덩치가 큰 새라고 해봤자 타조 정도다. 아직은 불가능하지만 향후 10~20년 안에 타조를 기초로 새로운 생명체를 만들어낼 수 있다는 이야기가 나올 정도로 기술이 빠르게 진보하고 있다. 다만 이렇게 탄생한 생명체는 신新공룡이라고 부르는 게 어울릴 정도로 우리가 알던 공룡과는 완전히 다른 존재일 것이다.그림 2 어떤 형태가 되었든 공룡을 부활시키는 것 자체는 실현 가능한 일로 보인다. 박물관이 아닌 동물원에서 공룡을 구경할 날이 부디 빨리 왔으면 좋겠다!

곤충은 거대 괴물로 재탄생시키기에 가장 어려운 녀석

공룡이 등장하기 전에는 거대 어류와 거대 곤충이 세상을 지배했다. 물론 오늘날의 어류와 곤충류의 몸속 어딘가에도 거대했던 시절의 격세 유전자가 숨어 있을 가능성이 있다.

우선 거대 어류부터 살펴보자. 이 녀석은 공룡보다는 쉽게 부활시킬 수 있을 것 같다. 앞에서 소개한 리드시크티스의 유전자를 찾아내면 엄청나게 큰 물고기를 만들어낼 수 있을지도 모른다. 거대 어류가 태어나면 지금 환경에서 살아남을 수 있을까? 포유류인 고래의 몸길이가 최대 30m 정도인 점을 감안하면 별 문제가 없을 것으로 예상된다.

한편 (거미와 전갈류를 포함한) 곤충류의 경우에는 결코 간단하지 않다. 태곳적에는 몸길이가 무려 70cm에 이르는 거대 잠자리도 존재했는데, 이 녀석들의 격세 유전자를 발견하더라도 활성화하는 데에는 어려움이 따를 것으로 보인다. 제9장에서 설명한 것처럼 곤충류의 공기 흡입 능력은 다른 동물에 비해 현저히 떨어진다. 산소 농도가 오늘날의 3배가량인 3억 년 전에 몸길이 70cm가 한계였다면, 이보다 길거나 큰 곤충이 재탄생하기란 사실상 불가능하다.[4]

현재 육지에서 가장 큰 갑각류는 야자집게인데 폭은 기껏해야 50cm 정도다.**사진 2** 곤충에 비해 호흡기가 발달한 야자집게도 산소 농도 21%인 오늘날의 환경 아래에서는 이보다 크게 성장하지 못한다. 지네와 전갈도 길이가 30cm에 육박했던 적도 있다. 영양 상태와 주변 온도 조건이 잘 갖춰지면 수명이 긴 동물들은 시간이 갈수록 크기가 어느 정도 커지는 게 일반적이다.

몸 크기야 생체활성물질인 유약호르몬과 탈피촉진호르몬으로 키울

4 데본기에 거미는 60cm, 전갈은 1m, 노래기는 3m까지 자란 것으로 추정된다.

수 있지만, 환경 조건(산소 농도 저하 등)이 변화한 가운데에서도 큰 덩치를 유지하고 살 수 있게 하려면 결국 유전자 자체를 조작해야 한다. 요컨대 공룡, 어류, 곤충 중에서 거대한 괴물로 재탄생시키기에 기술적으로 가장 어려운 것은 곤충이다.

사진 2 고급 식재료이자 멸종 위기종인 야자집게
Photo by fearlessRich - Coconut Crab on its dinner in Niue

공룡이 지구상에서 사라진 진짜 이유는 무엇일까?

공룡이 멸종한 이유로 제기되는 여러 가설 중에서 가장 유력한 것은 운석 충돌설이다. 분명한 것은 인듐이 대량으로 매장돼 있는 지층 KT 경계의 위쪽에서는 지금까지 공룡 화석이 발견되지 않았다는 사실이다.

인듐은 운석에 들어 있는 금속이라는 점을 감안하면 지구에 떨어진 운석 때문에 공룡이 멸종했다는 추측은 논리적으로 타당해 보인다. 그러나 운석 하나가 떨어졌을 뿐인데 극지방을 제외한 모든 지역에서 진화를 거듭해온 공룡만 멸종된 이유가 무엇인지는 아직 명확히 밝혀지지 않았다.

이를 설명하기 위해 학자들은 '바이러스가 창궐해 항체가 약한 공룡을 무력화시켰다.' '속씨식물(꽃을 피우는 식물)이 등장하면서 공룡이 먹을 풀이 크게 줄었다.' '운석 충돌의 여파로 먼지가 날려 햇볕을 차단했다.' 등 여러 가설을 제시했다.

하지만 공룡의 종류는 매우 다양했다. 이 모두를 비슷한 시기에 공격할 수 있는 바이러스가 존재했을 것이라는 주장에 반론의 여지가 있다. 또한 먹지 못하는 속씨식물에 내몰려 굶어 죽었다는 가설 또한 마찬가지다. 속씨식물은 공룡이 즐겨 먹던 양치식물과 겉씨식물에 비해 소화가 잘되고 독을 가진 것도 적은데 오직 '덩치가 큰 공룡만' 이것 때문에 멸종했다는 설명은 어쩐지 석연치 않다. 분진이 햇볕을 가렸다는 가설도 언뜻 보면 설득력을 갖춘 듯 보이지만, 햇볕에 의존하지 않았던 어룡과 수장룡까지 이 때문에 지구상에서 사라졌다는 것은 납득하기 어렵다.

이처럼 의문투성이인 기존 설명 대신 최근에는 '운석이 폭발하면서 산소 농도가 떨어졌고, 햇빛이 차단되면서 일조량이 감소하고 기온이 급격히 떨어졌다.'라는 가설이 새로이 제기됐다. 초대형 규모의 화산 폭발이 일어나면 산소 농도가 떨어지고 주변의 생태계가 완전히 파괴된다는 사실은 이미 판명된 바 있다.

이 가설을 지지하는 학자들은 '대기 중의 산소 농도가 떨어지자 산소 소비량이 많은 덩치 큰 파충류들이 죽음에 이를 수밖에 없었고, 먼 바다에서 살던 어룡과 수장룡은 육지에서 공룡이 멸종한 후 새로 등장한 다른 종에 잡아먹혀 서서히 멸종했다.'라고 설명한다. 드라마틱하지는 않지만 어느 정도 설득력 있게 들린다.

다만 산소 농도 저하가 멸종을 초래했다는 가설을 받아들인다고 하더라도, 상대적으로 산소를 덜 소비하는 작은 공룡들까지 멸종한 이유는 충분히 설명하지 못하는 것 같다.

작은 공룡들은 숨 쉬는 횟수를 늘려서라도 살아남았을 것이고, 산소 농도와 주변 온도가 낮아졌지만 그에 맞게 진화하며 적응해나갔을 것이다. 추운 곳에서 몸을 따뜻하게 보호해줬던 '털'이 어느새 비행 용도로 새로이 진화한 모습을 보더라도 충분히 개연성 있는 이야기다.

본문에서 설명한 것처럼 현재 조류가 공룡의 후예라는 사실에는 의심의 여지가 없다. 멸종을 면한 작은 공룡들이 '어떻게든 살아남아서' 진화해 오늘날 우리가 매일 보는 새가 된 것이다. 왠지 로맨틱하지 않은가?(최근에는 공룡이 진화해 조류가 된 것이 아니라 조류가 공룡 그 자체라는 주장도 있다.)

세상에서 가장 작은 생물이 가장 큰 공포를 선사하다

생물학 무기를 소재로 한 영화 〈아웃브레이크〉

아프리카에서 발원한 치사율 높은 바이러스가 미국에 유입되고, 감염 환자는 폭발적으로 증가한다. 주인공은 상황을 타개하려고 하지만 바이러스를 생화학 무기로 사용하려는 군 수뇌부는 훼방을 놓는다. (감염성과 독성이 강하고 잠복기가 짧은 병원균이 짧은 시간 내에 널리 확산되는 현상을 아웃브레이크라 한다.—옮긴이)

그 밖의 작품

《9S》《메모리즈》《마법전기 리리컬 나노하 Force》《최종병기 그녀》

소름 끼치는 그 이름, 생물학 무기. 살인 바이러스, 사람의 모습을 흉측하게 만드는 약품, 흉악무도한 살상 능력을 자랑하는 병균. 이 같은 생물학 무기는 언제나 우리를 전율하게 한다. 픽션 세계에서 자주 활용되는 소재이기도 하다. 영화나 소설에 다양한 형태의 생물학 무기가 등장하는데, 안타깝게도 대부분 현실 세계

그림 1 결국 어느 쪽도 사용하지 못하는 생물학 무기

에도 존재한다. 제11장에서는 생물학 무기가 현재 어느 정도 수준까지 개발됐는지 소개해보려고 한다.

활발히 진행될 수 없는 생물학 무기 연구

지금까지 개발된 생물학 무기는 바이러스와 세균 같은 병원체와 생물에서 추출한 독소를 무기로 만든 것이다. 요컨대 화학 무기와 별반 차이가 없다. 미국의 포트디트릭연구소[1]는 제2차 세계대전 종전 후에 일본 731부대[2]의 연구 결과를 넘겨받았다. 실제로 어떤 연구가 진행되었는지는 거의 알려진 바 없으며 실전에 투입된 사례는 손에 꼽을 정도다. 그도 그럴 것이 생물학 무기로 공격하면 상대방도 마찬가지로 생물학 무기로 반격을 가할 테고, 그러면 결국 승자도 패자도 없이 모두가 파국에 이를 게 분명하기 때문이다. 그래서 핵무기와 마찬가지로 모든 국가가 생물학 무기 사용을 금기시하고 있다.그림 1 이러한 이유로 생물학 무기 연구는 그다지 활발히 진행되지 않고 있다.

1 미국 본토에서도 포트디트릭연구소가 무엇을 하는 곳인지 상세히 알려져 있지 않으며, 한때 'HIV 바이러스는 해당 연구소에서 인위적으로 만들어 생물학 무기로 활용한 것이다.'라는 그럴듯한 소문이 돌기도 했다. 앞에서 소개한 영화 〈아웃브레이크〉에서도 포트디트릭연구소가 등장했다.

2 정식 명칭은 '일본 관동군 방역급수부 본부'다. 731부대라는 이름은 암구어에서 비롯됐다. 본래는 방역급수 차원에서 감염병 예방과 급수 체제와 관련된 연구 및 다양한 생물학 무기 관련 연구를 진행했다. 당시 수많은 인체 실험을 했다고 전해진다.

사람들을 공포의 도가니에 빠뜨리는 생물학 무기 세 가지

이러한 분위기에도 불구하고 과학 기술이 거듭 발달하면 생물학 무기의 성능을 향상하는 데에도 자연히 보탬이 될 수밖에 없다. 향후 바이러스 병기, 세균 병기, 유전자 조작 병기 등 세 가지 방향으로 생물학 무기가 개발되고 성능이 높아질 것으로 예상한다.

① 바이러스

엄밀하게 말하면 바이러스는 '자기 증식'을 하지 못하기 때문에 생물이라고 할 수 없고, 무생물과 생물의 중간 정도 위치에 있다. 바이러스는 유전자를 단백질로 둘러싼 모습인데, 이것이 동물의 몸속 세포에 침투한 뒤에는 단백질 합성 기구인 리보솜을 활용해서 자기 복제를 거듭하고 그러다 세포가 죽으면 다시 밖으로 튀어나와 주변으로 확산된다.

참고로 바이러스 자체가 숙주의 유전자와 한 덩어리가 되어버리는 경우도 있다. 즉, 모든 종을 넘나드는 유전자 운반책 역할도 수행한다. 이러한 특징 때문에 바이러스가 생물 진화에 직접적인 영향을 줬을 가능성이 있다고 보는 사람들도 있다. 그러나 바이러스가 생물학 무기로 활용되는 사례는 지금까지 알려진 바가 없다. 천연두나 에볼라처럼 치사율이 높은 바이러스를 무기로 사용하면 되지 않느냐고 생각하는 사람도 있을 것이다. 그러나 바이러스를 활용한 무기가 널리 활용되지 않는 까닭은 군인과 과학자들의 윤리 의식이 투철해서가 아니라 현실적인 이유 때문이다.

예를 들어 에볼라 바이러스는 2013년에 발생한 이래 2015년 5월 종식이 선언될 때까지 3만 명 정도를 감염시키고, 그중 1만 명 정도를 사망에 이르게 했다. 당시 각국 정부가 바이러스의 추가 확산을 막으려고 고군분투했던 모습을 기억하는 사람도 있을 것이다.[3]

이처럼 아무나 닥치는 대로 공격하는 바이러스를 아군과 적군이 뒤섞여 싸우는 전장에 살포하기에는 상당한 부담이 따를 수밖에 없다. '적의 전력을 제거하는 것'이 무기의 존재 목적인데 아군까지 마구잡이로 공격한다면 아무리 파괴력이 뛰어나도 결코 무기라고 부를 수 없다. 백신을 만들어 보급한다고 해도 그사이에 바이러스 변이가 일어나지 않으리라는 보장이 없다. 어떤 각도로 보더라도 바이러스를 무기로 사용하는 것은 매우 어려운 일이다.

참고로 1990년대에 학자들은 바이러스가 무생물에 가깝다는 특성을 활용해 인위적으로 바이러스를 합성하는 데 성공했다. 오늘날에는 상당히 다양한 바이러스를 합성할 수 있고, 2012년 1월에는 동경대 의과학연구소에서 인플루엔자 바이러스를 전합성**total synthesis**(단순한 물질로 복잡한 유기화합물을 합성하는 과정을 의미함-옮긴이)하는 데 성공했다는 뉴스로 세상이 떠들썩하기도 했다.

말은 거창하게 해도 알고 보면 그저 유전자를 구성하는 분자의 연결구조를 재현하는 것에 불과한 일이라서 구조만 파악된다면 합성하는 것은 그리 어려운 일이 아니기는 하다. 오늘날 과학 기술은 바이러스를 합성하는 것과 관련해 이미 상당한 수준에 도달했다. 그러나 수천 년 전에 만들어진 상형 문자든 소수 민족이 사용하는 언어든 무슨 뜻인지는 몰라도 베

3 실제로 이처럼 바이러스가 창궐할 경우 어떤 결과가 초래될지에 대해서는 제29장 '바이오해저드' 편을 참고하라.

껴 쓰는 데는 아무 문제없는 것처럼, 상당한 수준에 도달했다는 바이러스 합성 기술도 엄밀히 따지자면 바이러스가 원래 왜 그런 형태로 구성돼 있는지는 모르면서 그저 똑같은 모양으로 맞춘 것에 불과하다.

이것이 바로 현대 과학의 현주소다. 만약 인간을 좀비로 만드는 바이러스가 실제로 존재한다면 이를 복제하거나 양산하는 것은 얼마든지 가능할 것이다. 그러나 인간을 좀비로 만드는 바이러스를 새로 개발하기에는 아직 유전자에 대한 이해가 부족하기 때문에 상당한 어려움이 따를 게 분명하다.

② 세균

피를 뿜으며 비참히 죽게 만드는 출혈열과 천연두를 제외하면 대부분 단순한 증상을 일으키는 바이러스와 달리, 세균에 의한 증상은 매우 다양한 형태로 나타난다.

세균은 뛰어난 능력을 가진 생물이다. 크기는 세균 종류마다 제각기 다르지만 기본적으로 바이러스보다는 훨씬 크다. 지금 여러분이 읽고 있는 책을 비롯한 다양한 곳에서 살고 있으며 심지어 공기 중에 떠다니기도 한다. 참고로 사람의 몸속에는 총무게로 따지면 2~3kg이나 되는 세균이 살고 있다. 그중 사람의 몸속에서 점점 증식하면서 차츰 건강을 악화시키는 세균을 가리켜 병원성 세균이라고 한다.

이러한 병원성 세균이 생성하는 독은 그냥 맹독이라고 표현하기에는 뭔가 2% 부족하게 느껴질 정도로 무지막지하게 강력한 울트라 맹독이다. 따라서 병원성 세균에서 독을 추출한 다음, 냉동 분말 상태로 보존해 무기에 탑재하려는 연구가 과거에 수행된 바 있다. 세균이 생성하는 독소의 강도는 인류가 지금까지 개발한 그 어떤 화학 무기와도 비교 대상이 될 수

보쯔리누스톡신D	0.32×10^{-6}
보쯔리누스톡신A	1.1×10^{-6}
테타누스톡신(파상풍 독소)	1.7×10^{-6}
테트로도톡신(복어의 독)	10000×10^{-6}
참고	
사린(경구 투여 시)	100000000×10^{-6}

※ 단위는 mg/kg이다. 상기 데이터는 쥐를 대상으로 실험을 해서 얻은 것이며, 각 수치의 약 60배가 사람에 대한 반수 치사량(피실험 동물의 절반을 죽이는 양–옮긴이)이다. 100% 죽게 만들려면 거기에 10~30 정도를 곱해야 한다.

도표 1 세균 독소별 강도

없을 만큼 강력하다. 예를 들어 보쯔리누스톡신은 일반적인 혐기성 세균이 만들어내는 독소이지만 이를 잘 정제하면 사린보다도 훨씬 강력한 독성을 띠는 것으로 알려져 있다.도표 1 그러나 안정성이 너무 떨어지기 때문에 무기로 사용하기에는 상당히 어렵다. 따라서 세균 무기 연구는 '상대방이 만약 세균 무기를 실전에 투입한다면' 어떻게 피해를 최소화할 것인가를 중심으로 진행되는 것이 일반적이다.[4]

③ 유전자 조작 동식물

픽션 세계에는 미친 과학자가 유전자 조작으로 만들어낸 다양한 생물 무

4 세균을 이용한 테러 사건 중에는 2001년 미국에서 발생한 탄저균 사건이 대표적이다. 출판사, 방송국, 정치가에게 탄저균이 들어 있는 봉투가 배달되어 17명의 부상자와 5명의 사망자가 발생했다.

기가 심심치 않게 등장한다. 썩어 문드러진 개와 식인 식물 같은 끔찍한 동식물이 사람을 공격하는 것이다. 하지만 현 시점에 우리가 갖고 있는 유전자 지식만으로는 이런 일들을 절대 벌일 수 없다. 한때 광합성하는 돼지를 만들려는 시도가 있었지만 지금까지 그 어떤 성과도 얻지 못했다. 그러나 세균 유전자를 조작해 특정한 화합물을 생성하는 기술은 예전부터 줄곧 활용돼왔다. 실제로 인슐린도 이런 방식으로 만들어내고 있다.

그림 2 탄두가 목표물을 타격하는 순간 죽음을 면치 못할 기생충

그렇다면 동물의 몸속에 살면서 장기를 손상시키는 기생충은 무기로 활용할 수 있을까? 일견 활용 가치가 있을 것처럼 보이지만 기생충은 사실 세균과 바이러스보다 훨씬 약해빠진 존재다. 예를 들어 탄두 안에 기생충을 산 채로 집어넣는 것은 불가능하다. 설령 산 채로 집어넣는 기술이 개발된다고 하더라도 탄두가 목표물을 타격하는 순간 그 안에 있던 기생충은 충격을 못 이겨 죽고 말 것이다.그림 2 피융 하고 날아가서 펑 하고 터진 폭탄 안에서 기생충이 기어 나와 주변에 있던 사람들의 몸속에 들어가게 만든다는 것은 비현실적인 이야기다.

폭탄이 터진 후에도 기생충이 죽지 않게 할 수 있는 기술이 개발된다고 하더라도 문제는 남아 있다. 아직까지 치명적인 기생충을 발견하지 못한 것이다. 기생충을 무기로 쓰기에는 여전히 모자란 구석이 많다. 우선은

쓸 만한 기생충부터 발견하든지 아예 새로 만들든지 해야 한다.[5]

그 외에도 생물 무기로 사용할 수 있을 법한 것으로 광우병 병원체로 우리에게 익숙한 프리온prion을 들 수 있다. 다만 프리온은 아직 풀리지 않은 수수께끼가 많고 구체적으로 어떻게 작용하는지도 명확하지 않은 부분이 있기 때문에 이것 또한 무기로 사용하기는 어려워 보인다.

유전자 조작 식품도 생물학 무기의 일종?

지금까지 알아본 것처럼 오늘날 과학 기술로는 SF 영화에서 자주 보던 생물학 무기를 만들어낼 수 없다. 참 기운 빠지는 이야기다. 이 상태로 설명을 마무리하기에는 아쉬우니 이제부터는 만약 인간에게 적용될 경우 생물학 무기에 버금가는 파급력을 가지게 될 몇 가지 놀라운 현상들에 대해 알아보자.

공포의 유전자 조작 식품

동물의 유전자는 아직 베일에 가려진 부분이 많지만 식물은 그렇지 않다. 특히 유전자 조작 기술은 상당한 수준에 도달했다. 곡물 메이저 업체라고 불리는 세계적인 대기업들은 유전자 조작 기술을 활용해서 다양한 식품

5 에키노콕쿠스(Echinococcus), 일본주혈흡충, 트리파노소마(Trypanosoma)와 같은 기생충이 사람을 사망에 이르게 한 사례가 보고된 바 있지만 발병률과 잠복 기간을 고려했을 때 무기로 활용할 수 있는 수준은 아니다.

을 개발하고 있다. 그렇게 만든 식품을 저렴하게 판매해 곡물 시장을 서서히 잠식해나가고 있다.

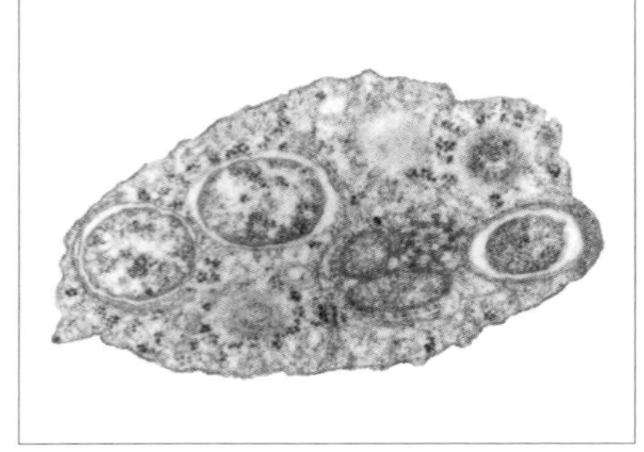

사진 1 곤충의 생식 기능을 교란하는 볼바키아
Photo by Scott O'Neill–Genome Sequence of the Intracellular Bacterium Wolbachia

이러한 유전자 조작 식품의 위험성을 지적하는 사람들이 있다. 2006년경부터 세계 각국에서 꿀벌의 개체 수가 점차 줄어들었다.[6] 꿀벌을 매개로 한 수분이 빈번히 이뤄지지 않으니 당연히 작물 수확량도 크게 줄어 농가가 막대한 타격을 입을 수밖에 없었다. 이는 궁극적으로 유전자 조작된 옥수수의 화분 때문에 꿀벌의 면역력이 저하된 데서 비롯된 현상이라는 설이 있다.[7] 만약 이게 사실이라면 향후에는 지금보다 더 효율적인 방법을 이용해 상대 국가의 농업 전반

6 미국에서는 양봉 꿀벌의 개체 수가 4분의 1로 줄었다고 한다. 유럽에서도 이와 비슷한 현상이 발생하자 '봉군붕괴증후군'(CCD. Colony Collapse Disorder)이라는 표현이 공식적으로 사람들 입에 오르내렸다.

7 유전자 조작 식품에 의해 발생한 사건이라는 설은 어디까지나 관계자들이 제기한 수많은 가설(역병설, 영양실조설, 전자파설 등) 중 하나일 뿐이다. 그중에서도 최근 가장 유력한 것은 농약 및 살충제설이다. 네오니코티노이드(neonicotinoid)라는 이름의 농약·살충제는 인공 화학물질이 사용된 제품이라서 사람과 가축에는 독성이 낮은 것이 특징이다. 지금까지 널리 보급됐지만 최근 꿀벌이 급감한 사건과 연관돼 있을지 모른다는 이야기가 나오자 프랑스에서는 최고재판소가 사용 금지 명령을 내리는 등 각국에서 다양한 형태로 대응하고 있다. 일본에서는 네오니코니노이드 계열의 농약에 관한 규제가 아직 없다. 꿀벌이 급감한 사태가 발생한 것은 일본도 마찬가지이지만 미국과 유럽에서 발생한 봉군붕괴증후군과는 성격이 다르다는 게 일본 농림수산부의 견해다.

을 의도적으로 무너뜨릴 수 있을지도 모른다. 유전자 조작 식품은 상대의 눈에 띄지 않게, 그러나 근본적인 것부터 철저하게 파괴해나갈 수 있는 매우 효과적인 무기다.

수컷을 암컷으로 만들어버리는 기생충과 세균

무척추동물의 몸속에 사는 기생충 중에는 염색체에 간섭하는 녀석이 있다. 암컷의 주형 유전자Template DNA를 염색체에 삽입해 감염된 개체를 전부 암컷으로 만들어버린다. 가장 유명한 것은 게, 새우, 갯강구 등에 기생하는 주머니벌레sacculina다. 세균 중에도 이와 비슷한 역할을 하는 볼바키아wolbachia라는 녀석이 있는데 대벌레죽절충의 수컷을 암컷으로 만들어버린다.사진 1

안타깝게도(?) 척추동물의 몸속에는 그런 기생충이나 세균이 거의 없지만, 만약 사람의 성별을 바꾸는 녀석들이 등장하면 세상은 순식간에 온통 여자나 남자 천지가 될 것이다. 이 때문에 여러 사회 문제가 발생할 것은 너무도 자명하다. 이런 기생충이나 세균을 무기로 사용한다면 궁극적인 목적이 무엇인지부터 차근차근 생각해봐야 할 것이다.

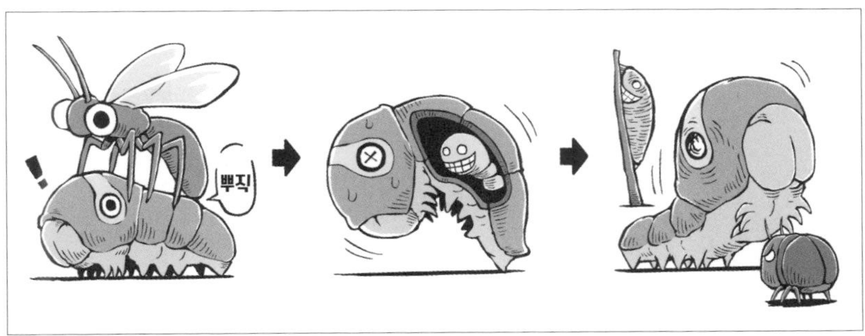

그림 3 하는 짓이 악랄하기 짝이 없는 부두말벌

상대를 좀비로 만드는 기생충

고치벌이라는 벌은 농작물을 지켜내는 유익한 곤충이지만 매우 악랄한 방법으로 감자벌레에 기생하는 녀석이기도 하다. 그중에서도 부두말벌은 살아 있는 감자벌레의 몸속에 알을 낳고, 그 안에서 부화한 유충은 감자벌레가 생명을 유지하는 데 필요한 장기를 제외한 모든 것을 먹어치우며, 심지어 어느 정도 성장한 뒤에는 감자벌레의 배를 찢고 바깥세상으로 나오는 아주 악랄한 놈이다.그림 3 지구상의 생명체를 위협하는 에일리언 수준이다.

부두말벌은 기생할 때 숙주의 뇌를 개조하기까지 한다. 뇌가 개조된 감자벌레는 자신에게 빌붙어 살았던 녀석을 목숨 걸고 지켜준다. 그 모습이 마치 좀비처럼 보일 정도다. 영화 〈에일리언〉에서도 숙주의 몸을 먹어치우고 바깥으로 나온 다음의 이야기는 다루지 않는다. 때로는 자연 세계가 픽션보다도 훨씬 잔혹한 것 같다.

살아 있는 시체의 진상을 과학과 역사로 파악하다

좀비를 소재로 한 만화《아이 앰 어 히어로》

2009년 골든위크 기간. 평범했던 일상이 좀비로 인해 무참히 파괴된다. 본 작품에서는 좀비를 ZQN 또는 '다장기 부전 및 반사회성 인격 장애'라고 지칭한다. 머리 쪽에 결정타를 맞지 않는 한 계속해서 움직이는 게 특징이다.

그 밖의 작품

〈워킹 데드〉〈더 하우스 오브 더 데드〉《학원 묵시록》

썩어 문드러진 몸을 질질 끌 듯이 천천히 걷다가 살아 있는 사람을 발견하면 거침없이 공격한다. 한번 물어뜯기면 누구나 금세 '그들'과 한패가 되거나 심한 경우에는 먹잇감이 되어버리고 만다. 어떻게든 저지해보려고 총을 난사하고 무기를 휘둘러봐도 '그들'에게는 아무런 소용이 없고, 그렇게 무의미한 반격을 퍼붓다 보면 어느새 무기가 바닥나고 체력도 고갈된다. 심지어 사랑하는 사람이 '그들'과 합류해 한패가 되어버리는 경우도 있다. 여기서 말하는 '그들'이란 바로 좀비그림 1이며 이번 주제다.[1]

'좀비'라고 하면 사람들은 대부분 1968년에 개봉한 〈나이트 오브 더 리빙 데드〉를 머릿속에 떠올린다.[2] 문드러진 피부에 너덜너덜한 복장을 한 좀비의 이미지도 이 작품에서 비롯됐다.

좀비 분장을 하는 데 그렇게 많은 돈이 들어가지 않고, 좀비 역할을 할 엑스트라의 수를 적절히 조절하면 넉넉하지 않은 예산으로도 얼마든지 그럴듯한 영화를 만들 수 있다. 이 때문에 1970년대에는 좀비가 호러 영화 열풍을 뒷받침하기도 했다. 오늘날에도 미국에서만 매년 수십 편의 작품이 제작된다. 좀비는 숱하게 많은 괴물 중에서도 유독 많은 사랑을 받고(공포심을 유발하고?) 있으며, 일본에서도 만화·게임·애니메이션·라이트 노벨 등 다양한 장르에서 좀비를 주제로 많은 작품이 제작되고 있다.

그림 1 좀비의 전형적인 모습

좀비를 주제로 한 대부분의 작품은 이야기가 시작되는 시점에 이미 온 세상이 좀비투성이가 된 지 오래다. 또한 주인공이 아무리 폭력적인 수

1 제목에 버젓이 '좀비'라고 써놓았으면서 새삼스레 주제가 좀비라고 말하는 것에 크게 신경 쓰지 않았으면 좋겠다. 본문 내용 중에 〈바이오해저드〉가 자주 등장하는데도 《아이 앰 어 히어로》를 대표작으로 소개한 까닭은 제29장의 내용과 중복되지 않게 하기 위해서다.

2 조지 A. 로메로 감독의 작품이다. 이전에도 좀비가 등장한 영화는 여럿 있었지만 이들에게 물리면 똑같은 좀비가 된다는 설정은 이 작품에서 처음 도입했다.

단을 동원해서 좀비들을 무찔러 봐도 사태가 근본적으로 해결되지 않는다는 공통점도 있다.

이미 어딘가에 존재하던 좀비 감염 치료제를 발견하거나, 살아남은 사람들이 만든 최후의 집단 거주지로 피신한다는 설정으로 끝을 맺는 작품들이 꽤 있다. 좀비로 변해버린 육체를 도저히 견뎌낼 수 없어 자멸해버리거나 '인류에게는 과연 어떤 미래가 찾아올 것인가?'라는 막연한 질문으로 막을 내리는 작품도 많다.[3] 공포와 패닉이 계속해서 표현될 뿐 결국은 아무것도 해결되지 않은 채로 끝나버리는 것이 좀비 작품의 일반적인 패턴이었다.

또한 많은 사람들 사이에서 통용되는 좀비의 일반적인 이미지가 있지만 원래부터 정형화되어 있던 것은 아니다. 이제부터는 이러한 내용을 포함해서 좀비에 대해 조금 더 과학적으로 설명해보려고 한다.

예전 좀비와 요즘 좀비 탄생 이유부터 다르다

픽션 세계에서 가장 인기 있는 좀비 유형에는 크게 주술형과 과학형이 있다. 뭐든지 과학적 원리로 설명하는 이 책에서 '주술'이라는 단어는 위화감을 줄 수도 있다. 그러나 좀비가 본래 부두교의 종교 의식에서 유래했다는

3 뭔가 색다른 영화를 보고 싶다면 2013년에 개봉한 〈웜 바디스〉를 추천한다. 좀비를 소재로 '사랑이 위기에 빠진 지구를 구한다.'라는 주제를 효과적으로 전달한 작품이다. 한 번쯤은 꼭 봐야 한다.

것은 유명한 이야기다.(이 이야기는 뒤에서 설명할 예정이다.)

이게 사실 정통이라면 정통인데, 과학적으로 명쾌하게 설명할 수 없는 현상인 만큼 아무리 논리적으로 설명해봤자 듣는 사람들은 '어차피 비현실적인 가정에서 출발한 이야기인데 뭐!'라고 일축해버리기 일쑤다. 실제로 주술에 의해 발생한(?) 좀비들은 작품 속에서 심장, 두뇌 등 중요한 기관이 파괴되고 몸통이 산산이 부서져도 움직임을 멈추지 않는다. 더러는 불에 타서 재로 변해버려도 다시 일어서는 경우도 있다. 이는 생물학적으로 설명할 방법이 도저히 없기 때문에 필자 또한 '어차피 비현실적인 건데 뭔들 이야기 못하겠어!'라고 일축해버릴 수밖에 없다.

이러한 이유로 지금부터는 바이러스나 기생충 등이 원인인 과학형 좀비에 대해서만 설명하려고 하니 널리 이해해주기 바란다. 최근에 제작되는 작품들은 거의 대부분 현대인의 감각에 잘 맞는(주술형보다 더 큰 공포심을 유발할 수 있는) 과학형 좀비를 소재로 한다. 또한 좀비가 단순한 괴물이 아니라 다른 생물로 변모하는 과정에 있는 '번데기' 같은 존재로 그려지는 작품들도 꽤 많이 제작됐다. 많은 사람들에게 익숙한 게임 〈바이오해저드〉는 물론이요, 황폐화한 세상에서 한 중년 남성이 10대 소녀를 지키려고 고군분투하는 모습을 그린 게임 〈더 라스트 오브 어스〉 또한 이러한 세계관을 바탕으로 하는 작품이다. 이 작품에서는 동충하초 같은 진균류가 몸속에서 기생하는 바람에 좀비가 된 감염자는 처

사진 1 심금을 울리는 휴먼 드라마로 화제를 불러일으킨 게임 〈더 라스트 오브 어스〉 © 2013, 2014 Sony Computer Entertainment America LLC. Created and developed by Naughty Dog LLC

음에는 러너였다가 점차 스토커 → 클리커 → 블로터라는 단계를 거치면서 점차 변이되어 간다. **사진 1**

좀비의 발생 원인부터 대처 방법까지

그럼 이제부터는 현실 세계에 과학형 좀비가 실제로 등장했다고 가정하고 상상의 나래를 펼쳐보자![4]

감염 경로

'좀비가 실제로 존재한다면' 어떤 경로로 좀비 바이러스에 감염될 가능성이 있는지 따져보는 것이 매우 중요하다. 그러나 좀비를 다룬 작품에서는 이 부분이 비현실적인 설정에 바탕을 두는 경우가 꽤 많다.[5] 물론 너무 현실적이고 엄밀하게만 접근하면 좀비와 싸우는 장면이 다소 밋밋해질 테니 감독 입장에서는 어쩔 수 없는 부분도 있겠지만 말이다.

수많은 작품이 좀비가 물거나 할퀴어 사람에게 바이러스를 옮기는 '접촉 감염' 방식을 기본 설정으로 한다. 천연두와 에볼라가 접촉을 통해

4 이 장에서는 좀비라는 존재 자체만 과학적으로 설명할 것이다. 좀비들이 실제로 출현하면 어떻게 해야 할지는 제29장에서 다룰 것이다.

5 〈바이오해저드〉 시리즈에 등장하는 T-바이러스는 깨진 유리병에서 새어 나온 것으로, 처음에는 공기를 통해 감염되지만 나중에는 접촉하기만 해도 감염되는 것으로 변해간다. 변이성이 높다는 설정이 깔려 있기는 하지만 아무리 그렇다고 하더라도 이 정도로 성격이 변하는 것은 무리다.

병원균을 옮기는 대표적인 바이러스다. 접촉 감염이기 때문에 접촉하지만 않으면 감염되지 않을 것 같지만 실제로 해당 질병을 치료하는 사람들은 현장에서 온몸을 감싸는 방호복을 착용한다.

그림 2 설정에 모순이 있는 좀비와의 혈투 장면

환자의 체액이 예상하지 못한 형태로 날아와서 자신에게 옮길 가능성을 원천적으로 차단하기 위해서다. 따라서 영화 주인공이 곳곳에 상처를 입은 채 좀비의 체액이 흩날리는 전기톱으로 사투를 벌이는 모습을 보면 '좀비에게 물리는 것보다 이게 훨씬 더 위험하지 않나요?'라고 물어보고 싶어진다.그림 2

무슨 이유에서인지 의료 시설에서 일하는 사람들은 두툼한 방호복을 입고 있는데 정작 좀비들과 싸우는 사람들은 평소 입던 옷을 그대로 입고 있는 경우가 많다.[6] 온몸에 방호복을 뒤집어쓰면 출연료가 비싼 주인공 얼굴이 보이지 않을 테니 뭐 이 정도는 눈감아줘야 하는 걸까?[7]

전염병 중에는 말라리아나 페스트처럼 모기나 벼룩 같은 매개체를 통

6 사람들 중 일부는 좀비 바이러스에 대한 항체를 갖고 있어서 접촉해도 감염되지 않는다고 설정한 작품도 있다. 〈바이오해저드〉에서도 사람들 중 10%가 T-바이러스 항체를 갖고 있다. 다만 물리적인 공격으로 인해 체내에 바이러스가 흘러 들어가면, 항체를 갖고 있던 사람이 병에 걸리기도 한다.

7 이런 측면에서 봤을 때 파워 슈트로 몸을 감싼 채 전투를 치르는 푸른 눈의 금발 미녀 사무스 아란(닌텐도가 만든 게임인 〈메트로이드〉 시리즈의 주인공-옮긴이)은 매우 독특한 캐릭터다.

해서만 감염되는 경우도 많다. 운반책을 의미하는 '벡터'라는 말을 따와서 벡터 감염이라고도 하는데 이런 경우에는 좀비의 체액을 뒤집어쓰더라도 감염될 위험은 매우 낮다. 또한 페스트를 지구상에서 완전히 없애버린 것처럼 광범위한 방역 대책과 환경 위생 관리를 통해 해결할 수도 있다. 다만 이런 경우에는 좀비에게 습격당한 사람이 또 다른 좀비가 된다는 등골 오싹한 설정을 끼워 넣을 여지가 전혀 없다는 게 문제다.

감염된 사람에게 찾아오는 변화

어떤 경로를 통해 감염되었든 좀비 바이러스를 이겨내지 못한 사람은 점차 흉측한 모습으로 변한다. 갑자기 흉포한 행동을 저지르고 인간이었을 때와는 비교할 수 없을 정도로 엄청난 괴력을 발휘한다. 다만 그런 상태가 됐다고 해서 뭐든지 할 수 있는 것은 아니다.

예를 들어 '좀비는 통증을 느끼지 않기 때문에 몸이 망가질까 봐 망설이지 않고 인간을 뛰어넘는 괴력을 발휘할 수 있는 것'이라고 설명하는 사람들이 있다. 이는 어느 정도 설득력 있는 이야기다. 잠잘 때 으드득, 딱딱 불쾌한 소리를 내면서 이를 가는 것은 '턱에 그렇게 힘을 주면 치아가 상할 수도 있다'고 스스로 제동을 걸지 못하기 때문에 벌어지는 일이다. 잠잘 때 이를 가는 사람에게 깨어 있을 때도 갈아보라고 하면 대부분 똑같이 재현하지는 못한다.

그렇기는 하지만 이는 어디까지나 사람이 원래 갖고 있던 힘(턱을 앙다무는 힘)의 범주 내에서 일어나는 현상일 뿐이다.[8] 꼬마 좀비가 콘크리트 벽을 부수는 것도, 120kg에 육박하는 벤치 프레스를 가볍게 들어 올리는 것도 현실적으로는 불가능한 일이다.

한편 생물을 좀비로 만드는 인자, 즉 좀비화 인자가 기생 생물일 경우를 생각해볼 수 있다. 기생하는 목적은 숙주에게 의지해서 살아남는 것 외에는 없다. 기생 생물은 숙주와 운명 공동체라서 숙주의 생명을 위협할 만한 행위는 일절 하지 않는다.

그런 의미에서 앞에서 이야기한 대로 좀비가 '다른 생물로 변화되는 과정에 있는 번데기와 같은 존재'라는 설정은 꽤 그럴 듯하다. 비정상적으로 강인한 근육이 온몸에 붙고 비정상적으로 센 주먹을 갖게 되지만 어디까지나 이들은 인간이 아닌 다른 종류의 생명체라고 정리할 수 있다.

'인간을 다른 생물로 변화시킨다는 것 자체가 말도 안 되는 소리 아니냐.'라고 반문하는 이들도 있겠지만 논리적으로 봤을 때 결코 억지스러운 이야기는 아니다. 바이러스는 '질병의 원인으로 작용하는 균'이라는 이미지가 강하다. 하지만 실제로는 이뿐만 아니라 유전자를 운반하는 역할도 담당하고 있다. 실제로 바이러스를 이용해서 식물과 세균의 유전자를 인위적으로 조작하는 데 성공했고, 사람의 인슐린을 생성하는 대장균이라든지 에볼라 바이러스의 항체를 생성하는 담뱃잎을 만들어내는 것은 이미 실용화가 가능한 수준에 도달했다.[9] 사진 2

아직까지 동물 유전자를 조작하기 위한 연구는 거의 진행된 바 없다. 현 시점에서 이야기할 수 있는 것은 녹색 형광 단백질을 동물에 주입하

8 매우 딱딱한 음식을 먹을 때 치아에 가해지는 힘은 30kg 정도인데 반해 소리를 내면서 이를 가는 경우에는 무려 60~80kg 정도의 힘이 가해진다.

9 〈바이오해저드〉 시리즈에서 체력 회복 아이템으로 등장하는 허브 잎도 어쩌면 이처럼 항체를 생성하는 식물일지 모른다.

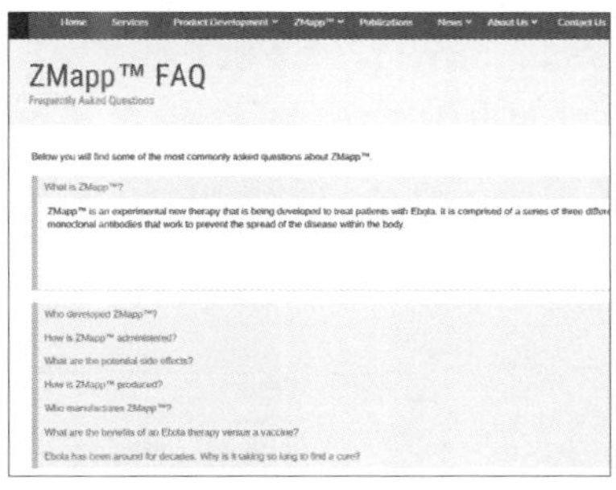

사진 2 에볼라 환자를 치료하기 위해 개발한 ZMapp

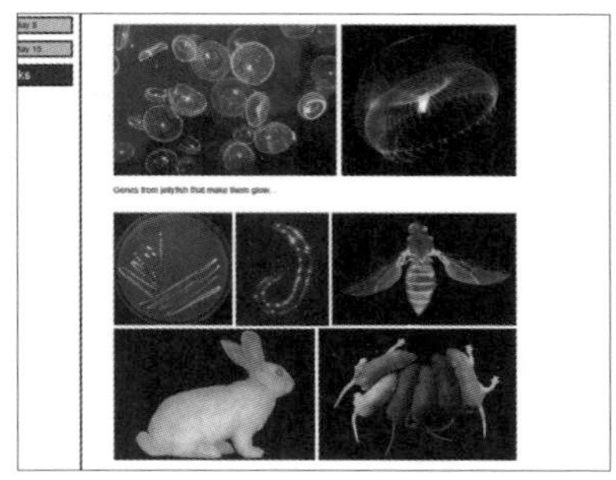

사진 3 블랙 라이트(자외선 조명)를 비추면 빛나는 동물들 http://agapakis.com/hssp/splicing.htmL

는 데 성공(하와이 마노아 대학의 의학 연구팀은 엄마 토끼의 배아에 해파리의 DNA에서 추출한 형광 단백질을 주입해서 빛나는 녹색 토끼를 만들어냈다.-옮긴이)했다는 사실 정도다.사진 3

오늘날 기술 수준으로는 유전자 조작으로 형태와 성질을 크게 뒤흔드는 것이 불가능하다. 게다가 언제쯤 콘크리트 벽을 부술 수 있을 정도로 인간의 주먹을 강력하게 만들 수 있을지는 전혀 예측할 수 없다. 다만 상황이 이러해도 '바이러스를 통해 형태를 바꾸는 유전자를 조작할 수 있다.'라는 방법론 자체는 틀림없는 만큼 특정 바이러스가 사람을 좀비로 만든다는 설정은 여전히 상당한 설득력을 갖는다.[10] 앞으로 기술이 더욱 발전하면 바이러스를 통해 생물의 형태를 자유자재로 변형할 수 있는 날이 언

10 앞에서 소개한 <더 라스트 오브 어스>에서는 진균류가 좀비화 인자로 작용한다. 진균류의 본체는 가느다란 균사의 집합이며 먼 곳까지 포자를 날리기 위해(= 번식하기 위해) 버섯(전문 용어로는 자실체)을 피운다. 결국 진균류에 감염된 사람의 몸 이곳저곳에는 버섯이 피어오르고 이를 통해 포자를 멀리 날려 다음 희생자를 찾아나서는 것이다.

젠가는 찾아올 것이다.

또한 바이러스를 통해 좀비가 된다는 설정을 채택하면 좋은 점이 하나 더 있다. 바이러스에 감염되면 겉모습이 순식간에 변하지 않고 감염된 부위에서부터 서서히 변하기 때문이다. 악명 높은 에볼라 바이러스도 잠복 기간을 거쳐 말기에 이르기까지 보통 7일에서 10일 정도 걸린다.**그림 3** 〈바이오해저드〉 시리즈 1탄에 등장하는 '카유우마'[11] 문서에서 묘사한 사육사의 모습과 2탄에서 끝판왕으로 등장하는 윌리엄 버킨 박사의 변신도 바이러스의 이러한 특징 때문이라고 설명하면 스토리가 훨씬 그럴듯하게 보인다.(버킨 박사는 스스로 G-바이러스를 오른팔에 주입한 후 '몇 단계를 거쳐 서서히' 사람의 형태를 잃어간다.)

바이러스에 의해 좀비가 된다는 설명은 일견 만능처럼 보이지만 조금만 파고들어도 문제점이 전혀 없는 것은 아니다. 유전자를 담고 있는 바이러스가 해당 유전자를 자신의 일부로 편입한 후에 감염시킨 세포와 하나가 되어버린다. 다시 말해 유전자가 변형된 바이러스는 세포에 일단 유입되면 다시는 밖으로 빠져나오지 않는 것이다. 드라마틱하게 변형된 유전자를 포함하고 있는 바이러스가 존재하고, 이를 통해 사람을 좀비로 만드는 데 성공했다고 하더라도, 그 후에도 이 사람이 다시 계속해서 좀비 바이러스를 퍼트린다는 설정은 현실과 괴리가 있다. 한층 진화된 바이러스

11 〈바이오해저드〉 시리즈는 게임을 플레이하는 도중에 얻는 문서를 통해 이야기의 배경과 사태의 심각성을 파악할 수 있는 것이 특징이다. 이 중에는 최초로 사고가 발생한 연구소에서 근무하던 사육사가 자신이 바이러스에 감염되어 좀비가 되기까지의 전 과정을 기록한 〈사육사의 일기〉가 있다. 이 일기의 마지막에 적혀 있는 문구가 바로 '카유이 우마'다. 실제로 게임 속에 등장하는 문구는 '카유이 우마이'(카유이는 일본어로 '가렵다'는 뜻이며 우마이는 '맛있다'는 뜻임-옮긴이)이지만 어떤 이유 때문인지 '카유우마'로 더 잘 알려져 있다.

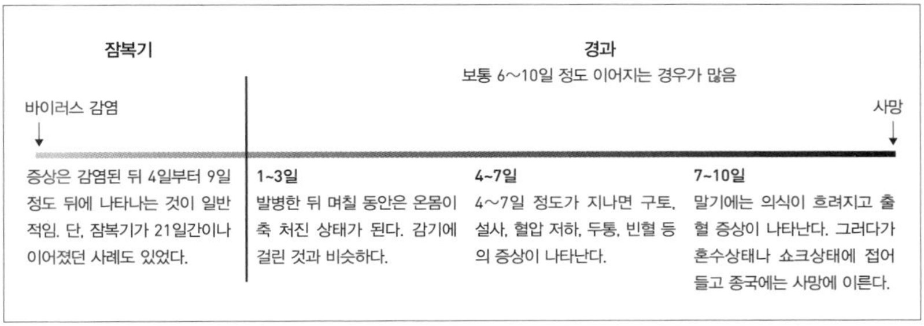

잠복기	경과 보통 6~10일 정도 이어지는 경우가 많음		
바이러스 감염 ↓			사망 ↓
증상은 감염된 뒤 4일부터 9일 정도 뒤에 나타나는 것이 일반적임. 단, 잠복기가 21일간이나 이어졌던 사례도 있었다.	**1~3일** 발병한 뒤 며칠 동안은 온몸이 축 처진 상태가 된다. 감기에 걸린 것과 비슷하다.	**4~7일** 4~7일 정도가 지나면 구토, 설사, 혈압 저하, 두통, 빈혈 등의 증상이 나타난다.	**7~10일** 말기에는 의식이 흐려지고 출혈 증상이 나타난다. 그러다가 혼수상태나 쇼크상태에 접어들고 종국에는 사망에 이른다.

그림 3 에볼라 환자의 최초 감염부터 사망까지 Dr. Nahid Bhadelia M.D., M.A., Associate Hospital Epidemiologist, Boston Center Director of Infection Control, National Emerging Infectious Disease Laboratories, Boston University

이기 때문이라고 억지로 꿰맞출 수는 있지만 어딘가 억지라고 느껴지는 것은 어쩔 수 없다.

치료 방법

실제로 좀비가 등장한다고 하더라도 21세기는 바야흐로 '인권의 세기'이기 때문에 곧바로 좀비와의 전쟁을 선포하지는 않을 것이다. 적어도 초기에는 갖은 수단을 동원해서 바이러스를 치료하려고 총력을 기울일 것이다. 그리고 이는 당연히 질병관리본부가 수립한 종합 대책에 입각해서 행해질 것이다. 여기서도 중요한 것이 좀비화 인자를 어떻게 규정해야 하는가라는 부분이다.

만약 이것이 바이러스라면 항체를 개발하거나 바이러스의 특성을 역으로 이용해서 증상을 억제하는 치료제[12]를 개발해야 한다. 또한 바이러스

12 인플루엔자 치료제인 타미플루의 주성분 '오셀타미비어'(oseltamivir)가 이러한 방식을 이용한다.

의 위력을 잠재우는 약품[13]을 개발하는 일도 병행될 것이다. 이와 같은 치료제를 개발하는 데 성공한다면 좀비에게 직접 물리지 않는 한 바이러스에 감염될 가능성이 현저하게 줄어들 것이다.

만약 좀비화 인자가 세균 형태를 띤 것이라면 항생제와 항균제 개발이 시급하고, 곤충과 원충 같은 기생충이라면 구충제 같은 전용 약품이 필요하다.[14]

이처럼 인자의 유형에 따라 대응 방법도 달라지는데 좀비를 다룬 작품에서는 이에 대해서 별로 신경 쓰지 않고 오롯이 겉으로 드러나는 부분에만 공을 들이는 것 같아 안타깝다.

좀비에 관한 불편한 진실

이상으로 좀비에 대한 과학적 고찰을 마무리 지으려 한다. 하지만 말이 나온 김에 좀비에 얽힌 두 가지 재밌는 이야기를 소개해볼까 한다.

앞에서도 살짝 언급했지만 좀비가 부두교에서 유래한 존재라는 사실은 비교적 유명한 이야기라서 원래부터 알고 있던 사람도 꽤 있을 것이다. 하지만 좀비라는 단어가 어디에서 유래했는지 아는 사람은 거의 없다. 결론부터 말하자면 좀비는 은잠비라는 말에서 유래했다. 그런데 놀랍게도

13 간염과 백혈병을 치료하는 데에 활용되는 인터페론(interferon)이 대표적인 사례다.

14 사상충을 죽이는 이버멕틴(ivermectin)을 비롯한 다양한 약품이 시중에 나와 있다.

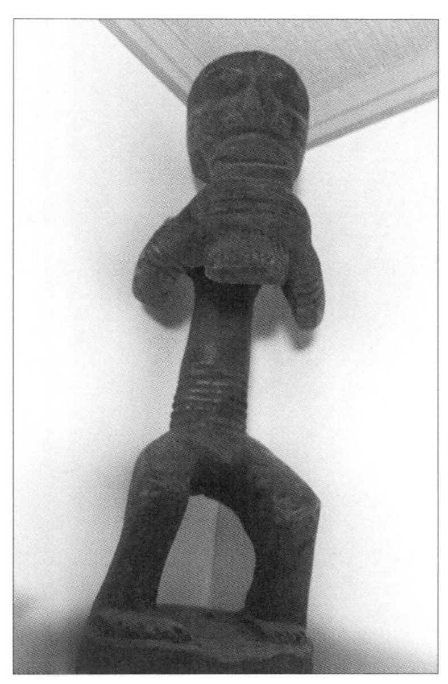

사진 4 백수십 년 전에 제작된 은잠비 조각상

이는 신의 이름이다. 최빈국 중 하나인 아프리카 콩고[15]의 사람들이 숭상했던 창조신의 이름이 은잠비 음팡구Nzambi Mpungu였는데, 은잠비라는 말이 오랜 세월을 거치면서 좀비라는 말로 바뀐 것이다.사진 4

이처럼 좀비는 본래 풍요와 창조를 관장하는 신이지 멀쩡한 사람들을 괴물로 만드는 사악한 존재가 아니다. 한편 서아프리카 지역과 아이티에 사는 사람들이 여전히 신봉하는 부두교에는 '악행을 저지른 자는 본인 의지와 관계없이 계속 일만 하는 넋 나간 노예가 된다.'라는 천벌이 있다. 바로 이 두 가지 요소가 결합되면서 비로소 오늘날 통용되는 좀비라는 개념이 좁은 의미에서나마 사람들 입에 오르내린 것으로 알려져 있다.

이 개념이 발생한 배경에는 바로 노예 무역이 있다. 백인 문화권에서는 15세기 무렵부터 아프리카에서 납치한 흑인들을 노동력으로 상품화했

15 2013년 CIA가 162개국을 대상으로 조사한 바에 따르면 콩고의 빈곤율은 71%로 세계 4위였다. 공동 1위는 차드, 리베리아, 아이티 등 3국으로 빈곤율은 80%였다. 최하위는 1.5%를 기록한 대만이었다. 일본은 120위로 빈곤율은 16%였다.

다.[16] 콜럼버스가 아메리카 대륙을 발견한 것과 같은 시기에 벌어진 일이다. 이후 유럽의 여러 나라가 아메리카 대륙을 본격적으로 식민지화하고, 수많은 아프리카 흑인들을 그곳으로 보내 노예로 부렸다.

노예로 전락해 온갖 시달림을 당한 흑인들은 신에게 구원을 받고 싶어 틈만 나면 은잠비의 이름을 불렀을 것이다. 그들을 통제하는 백인 입장에서 보면 자신들에게 낯선 은잠비라는 단어가 노예의 입에서 이구동성으로 터져 나올 때마다 섬뜩한 기분이 들 수밖에 없었을 것이다. 더구나 백인들이 숭배하는 신은 오직 예수밖에 없으니 은잠비를 악마가 숭배하는 사이비 신으로 치부했을 것이다.

본래 부두교는 노예 무역 과정에서 아메리카 대륙으로 넘어온 아프리카인의 고유 신앙이 기독교와 뒤섞인 결과 탄생한 종교다. 부두교의 탄생 배경을 한마디로 요약하기는 어렵지만, 어쨌든 분명한 것은 백인을 향한 흑인들의 원망이 많이 담겨 있다는 사실이다.

불만이 이곳저곳에서 터져 나오다가 결국 아이티에서는 흑인 노예와 혼혈인들이 반란을 일으켜 흑인 국가를 수립하는 데 성공했다. 당시 반란을 이끈 더티 부크만Dutty Boukman은 부두교 사제였다. 아이티 혁명 이후에는 그때까지 저질러진 모든 만행에 대한 보복 차원에서 백인들을 처형했다. 백인들 입장에서 부두교는 이단일 뿐만 아니라 자신들에게 실질적인 위협을 가하는 매우 위험한 종교였다.

처음으로 좀비가 등장한 영화는 아이티 혁명 후 100년 이상 지난

16 포르투갈의 한 탐험가가 1441년에 납치한 아프리카인을 본국의 엔히크 항해왕자(항해가와 지도 업자들의 후원자로서 포르투갈이 대항해 시대를 열어갈 수 있도록 지원한 인물이다.—옮긴이)에게 헌납한 것이 흑인 노예의 시작이라고 한다.

1932년에 개봉한 〈공포성〉이며 아이티가 배경이었다. 이 모든 게 결국 '부두교=좀비를 만들어내는 사이비 종교'라는 이미지를 사람들 머릿속에 각인시키려는 전략에서 비롯된 게 아닐까? 내가 너무 정곡을 찌른 걸까?

사진 5 좀비 공격용 무기

마지막으로 생생한 이야기를 하나 더 소개하고자 한다. 군사 대국인 미국에는 안티 좀비Anti-Zombi라는 군사 문화가 존재한다. 라스베이거스 총기류 박람회Shot Show에서는 실제로 안티 좀비 관련 제품이 전시된다. 좀비의 공격을 막는 제품도 있지만 우리가 주목해서 봐야 할 것은 좀비를 무찌르는 무기들이다.사진 5 사람에게 직접 사용하면 법률이나 국제 조약에 저촉되기 때문에 크게 문제가 될 만한 무기들도 많지만, "좀비에게 습격당했을 때 사용할 무기라서 괜찮아요, 하하하하하!" 하면서 대충 넘어가는 분위기다.

그렇다. 실제로 안티 좀비 현상은 미국 사회의 어두운 면을 그대로 드러내고 있다. 미국에서는 건국 초기에 노예 제도를 둘러싼 다양한 분쟁이 발생한 바 있고, 노예 해방 문제를 두고 남과 북이 전쟁을 치른 어두운 역사도 있다. 그리고 오늘날에도 여전히 불법 이민자를 경제적인 면에서 노예로 활용하고 있다는 점은 결코 부정할 수 없다. 요컨대 미국이라는 나라에서는 건국 시점부터 현재에 이르기까지 전 시대에 걸쳐 노예 문제가 상존해왔다.

또한 최근에는 빈익빈부익부 현상이 심화되면서 부유층를 향한 빈곤층의 증오심도 점점 커지고 있다. 실제로 부유층을 습격하는 사건도 빈번하게 일어나서 권력을 가진 자들의 불안감은 날로 증폭되고 있다.

해결책으로 전국 각지에 등장하고 있는 것이 바로 게이티드 커뮤니티 Gated Community다. 이는 문자 그대로 마을 입구가 크나큰 문으로 막혀 있어 오로지 거주하는 사람만 드나들 수 있는 지역으로, 두껍고 높다란 벽이 주위를 에워싸고 있어 흡사 요새를 방불케 한다. 그러나 아무리 이렇게 해도 불안감을 완전히 덜어낼 수는 없다. 이러한 연유로 등장한 것이 바로 안티 좀비 무기다. 그렇다. 안티 좀비 무기는 '만약 불만 가득한 빈곤층이 떼로 습격해오면' 대량 살상을 해서라도 저지할 목적으로 만들어낸 것이다.

이것이 진짜 목적이라고 하더라도 "부자 여러분! 가난뱅이들이 여러분을 공격하거든 이것으로 다 죽여버리세요!"라고 대놓고 이야기할 수는 없기 때문에 '좀비의 공격에 대처한다'는 명분을 붙여 무기 장사를 하고 있는 것이다. 그러고 보면 썩은 냄새를 풍기는 것은 좀비가 아니라 미국 사회인 것 같다.

엄청난 능력이 있는데도 오로지 사람 피만 마시는 이유?

뱀파이어를 소재로 한 게임 〈악마성 드라큘라〉

1986년에 가정용 게임기인 패미컴 디스크 시스템 전용으로 처음 발매된 작품이다. 특유의 어두운 세계관이 수많은 게이머들을 매료시켰다. 이후 다양한 게임기에서 많은 타이틀이 발매됐다. 일본뿐만 아니라 해외에서도 열혈 팬들의 사랑을 듬뿍 받고 있다.

그 밖의 작품

《헬싱》《피안도》《블러드+》《종말의 세라프》《뱀파이어 헌터 D》

피를 빨아들이고, 박쥐가 되어 날아다니며, 안개로 변해 다른 곳으로 순식간에 이동한다. 상식을 뛰어넘는 괴력을 갖고 있어서 아무리 공격해도 끄떡도 하지 않고, 낮에는 관에서 쉬며, 심장에 말뚝을 박거나 햇볕에 노출되지 않는 한 절대로 죽일 수 없는 존재. 그 이름은 바로 뱀파이어다.

여러 작품에서 무시무시한 악마로 묘사되기도 하지만, 주인공 또는 주인공에게 도움을 주는 역할로 등장하는 경우도 드물지 않은 뱀파이어는 자신만의 존재감을 과시하고 있다. 뱀파이어가 독특하고 괴이한 분위기를 가진 존재라는 사실에 이견을 제기할 사람은 없을 것이다.

뱀파이어가 픽션 세계에서 인기를 끄는 까닭은 오랫동안 전해져 내려오는 흡혈귀를 둘러싼 전설이 존재하기 때문이다. 만약 뱀파이어가 실존하는 인물이라면 과연 어떤 존재일까? 이번에는 고귀한 신분이면서도 괴이하기로는 따라갈 자가 없는 뱀파이어에 대해서 차근차근 살펴보자.

드라큘라로 대표되는 뱀파이어의 탄생 과정과 특징

뱀파이어 하면 가장 먼저 떠오르는 이미지가 군더더기 없는 몸매와 품격 있는 행동이다. 최근 들어 여러 형태로 각색된 작품이 발표되기도 했지만 뇌리에 한번 각인된 이미지는 쉽게 변하지 않는다.[1] 이런 이미지는 올백 머리에 검붉은 망토를 걸치고 신사처럼 행동하는 드라큘라 백작 때문에 생겼다. 그림 1

드라큘라 백작은 1897년 아일랜드 출신 작가 브램 스토커가 발표한 공포 소설 《드라큘라》에 등장한다. 트란실바니아의 블라드 체페슈를 모티브로 한 소설인데 흡혈귀를 퇴치하는 과정을 묘사한 작품이다.

그림 1 뱀파이어의 전형적인 모습

1 코미디 작품에서 이러한 이미지에서 벗어난 뱀파이어가 등장하는 경우도 있지만, '뱀파이어는 아름답고 고귀한 존재'라는 인식이 있기 때문에 그런 설정 변형이 성립하는 것이다.

십자가를 싫어하고 햇볕과 은銀 앞에서 쩔쩔매는 흡혈귀의 다양한 설정이 바로 이 소설에서 비롯됐다.[2] 물론 1800년대 초에도 뱀파이어가 등장하는 소설이 발표된 바 있지만 우리가 알고 있는 흡혈귀의 전형적인 이미지를 고착시킨 작품은《드라큘라》라고 한다.

그러나 흡혈귀라는 개념 자체는 전 세계 이곳저곳에 있는 신화와 우화에서 비롯됐다. 생명을 유지하기 위해 남의 피를 빨아들이는 악마는 수많은 이야기에서 찾아볼 수 있다. 아마도 벼룩과 모기처럼 피를 빨아먹고 사는 존재에 대한 부정적 이미지와 이것들로 인해 초래되는 전염병의 이미지가 한데 뒤섞여 '흡혈귀=악마'라는 등식이 인류 보편의 개념으로 자리 잡아 왔을 것이다. 참고로 뱀파이어와 함께 자주 등장하는 박쥐도 피를 빨아먹는 녀석이다. 실제로 존재하는 박쥐이며 있는 그대로 '흡혈박쥐'라고 부른다. 하지만 유럽이 아닌 중남미에만 서식한다.[3]

그럼 '뱀파이어란 어떤 존재인가'에 대해서는 이 정도로 하고 이제부터는 뱀파이어와 관련된 이야기를 과학자의 입장에서 검증하고 해석해보겠다.

우선 픽션에서 뱀파이어는 앞에서 알아본 '좀비'와 마찬가지로 '주술형' 아니면 '과학형'으로 묘사된다. 주술형 뱀파이어는 물리적인 공격을 가

2 《드라큘라》에 영향을 준 작품은 브램 스토커와 마찬가지로 아일랜드 작가인 조셉 셰리던 르 파뉴의 《카르밀라》(1872년)였다. '관 속에서 잔다.' '퇴치하려면 심장에 말뚝을 박아야 한다.'라는 식의 설정은 모두 《카르밀라》에서 비롯됐다.

3 한편 흡혈박쥐의 서식지인 중남미에는 UMA(Unidentified Mysterious Animal, 미확인 생물체–옮긴이) 중 하나인 흡혈괴물 '추파카브라'가 살고 있다고 한다. 너무나도 유명한 존재이지만 본격적으로 세상에 알려진 것은 1990년대 중반에 접어들면서부터였다. 다만 오래전부터 전해 내려오는 신화나 전설을 보면 중남미 지역에 흡혈귀가 살고 있다는 이야기를 어렵지 않게 찾아볼 수 있다.

해봤자 아무 소용없을 뿐만 아니라, 박쥐 또는 이리狼로 변신하거나 심지어 안개로 돌변하기도 한다. 이와 더불어 자신에게 피를 내준 상대를 아예 꼭두각시처럼 만들어 마음 내키는 대로 조종하기도 한다.

반면에 과학형은 바이러스 또는 돌연변이로 인해 뱀파이어가 됐다는 설정을 토대로 한다. 이런 경우에는 '피를 영양분으로 삼는다'든지 '괴력을 자랑한다'든지 '굉장히 오래 산다'는 식으로는 묘사되지만 인간과 완전히 다른 모습으로 변신하지는 않는다.

한 가지 재미있는 사실은 원래 뱀파이어와 좀비가 서로 비슷한 유형으로 분류되는 게 일반적이었지만 최근 들어서는 좀비와 정반대로 묘사되고 있다는 점이다. 좀비는 바이러스나 기생충이 원인이라는 설정이 주를 이루는 반면, 뱀파이어의 경우에는 '원래부터 괴이한 존재'라는 식의 설정을 바탕으로 이야기가 전개되는 경향이 있다. 이는 현대 일본이 배경인 작품에서도 마찬가지다.[4]

인류가 진화하면 뱀파이어가 될 수 있을까?

이제부터는 뱀파이어 고유의 특성이 과학적으로 설명할 수 있는 것들인지 설명해보려고 한다. 뱀파이어는 사람의 마음을 읽거나 자기 마음대로 조

4 좀비는 형편없게 변질된 인간들이 떼거리로 몰려다니는 것으로 주로 묘사되는 반면에 뱀파이어는 인간보다 고귀한 존재로 표현되는 경우가 많다. 좀비 이야기에서는 좀비로 돌변하게 만드는 여러 인자를 사실적으로 표현해 공포감을 조성하고, 뱀파이어 이야기에서는 인간의 상식으로 도저히 이해하기 어려운 뱀파이어의 능력을 구체적으로 묘사해서 공포심을 불러일으킨다.

종할 수 있는 능력을 갖고 있는 것으로 묘사되곤 한다. 인간보다 몇 단계 더 진보한 존재라고 가정한다면 전혀 말도 안 되는 이야기라고 단정 지을 수는 없다.

예컨대 부엉이는 칠흑 같은 어둠 속에서도 먼 곳까지 내다볼 수 있는 탁월한 시력을 가졌다. 개는 사람보다 수백에서 수천만 배 이상 뛰어난 후각을 가지고 있고(쥐는 그보다 더 뛰어나다고 한다.) 돌고래는 사람보다 6~7배 뛰어난 청각을 갖고 있다. 또한 곤충 중에는 공기 흐름을 통해 공간 구조를 파악할 수 있는 촉각을 가지고 있는 것도 존재하고, 뱀은 피트 기관(pit organ. 뱀의 코 옆에 작은 숨구멍과 비슷하게 생긴 기관으로, 생물의 체온이 뿜어내는 적외선을 감지한다.-옮긴이)을 통해 온도를 시각적으로 파악한다. 이러한 능력을 가지고 있으면 상대방의 체온이 올라가거나 땀이 흐르는 모습을 보고 자신에게 거짓말을 하고 있는지 금방 알아차릴 수 있을 것이다.[5]

뱀파이어는 인류의 업그레이드 버전인 만큼 지능도 훨씬 더 발달했을 테고, 상대방의 마음을 섬세하게 읽어내거나 조종하는 일이 식은 죽을 먹는 것만큼이나 쉬울 것이다. 이처럼 '다양한 생물의 강점만 모았다고 가정하면' 뱀파이어가 강력한 힘과 탁월한 재생 능력을 갖고 있고, 수명이 엄청나게 길다고 묘사하는 것은 그다지 어색하지 않다.[6]

5 다만 이처럼 특출 난 능력을 갖고 있을수록 결함도 크기 마련인 것이 자연의 기본 섭리다.(앞을 볼 수 없는 대신 귀가 발달하는 것이 대표적인 예다.) 모든 능력을 다 갖추고 있다는 것은 상당히 비현실적인 이야기이긴 하지만 뱀파이어니까 대충 눈감아주면 어떨까?

6 고릴라가 사물을 손으로 쥐는 힘은 500kg 이상이고 퓨마는 높이 5m, 길이 12m짜리 장애물을 뛰어넘었다는 기록이 있다. 해삼과 불가사리 같은 극피동물은 재생 능력이 매우 뛰어나서, 불가사리의 경우 팔 부분에서 몸이 재생되기도 한다.

다만 이렇게 놀라운 진화가 단시간 내에 일어날 가능성은 거의 없다고 해도 무방하며, 아무리 돌연변이라고 하더라도 이 정도로 모든 능력을 완벽하게 갖추고 태어날 가능성 또한 거의 제로에 가깝다고 보면 된다. 인위적으로 뱀파이어를 태어나게 하는 것도 오늘날 과학 기술로는 아예 불가능하다.

빼어난 능력을 가진 뱀파이어가 알레르기 환자?

이처럼 우리 인류가 곧바로 뱀파이어로 진화하기는 어려울 것 같지만 어쨌든 실제로 존재한다고 가정해보자.

이렇게 월등히 뛰어난 능력은 역설적이게도 뱀파이어가 갖고 있는 몇 가지 약점의 원인으로 작용하기도 한다. 일반적으로 뱀파이어는 마늘을 싫어한다고 알려져 있는데, 이는 마늘 냄새가 뱀파이어의 (엄청나게 민감한) 후각 수용체와 궁합이 맞지 않고, 대사계에 이상이 있어서 마늘 성분을 제대로 분해할 수 없기 때문일 것이라고 해석할 수 있다. 다시 말해 마늘 알레르기가 있는 것이다.

또한 뱀파이어는 햇볕을 너무나도 싫어한다. 사실 태양광은 온갖 전자파는 물론 입자선까지 섞여 있는 너무나도 복잡하고 지저분한 빛줄기다. 따라서 타의 추종을 불허하는 감각을 가지고 있는 뱀파이어에게 햇볕이 다양한 형태의 자극과 고통을 안겨줄 수 있다는 점은 어찌 보면 너무도 당연한 귀결이다. 햇볕을 쬐면 두드러기를 포함한 각종 증상이 나타나는 광선 과민증, 이른바 햇볕 알레르기라는 질병은 실제로도 존재한다. 광선

과민증을 심하게 앓으면 외출 시 극심한 통증을 느낄 수 있기 때문에 어두운 방에 틀어박혀 있어야 하는 경우도 있다.[7]

또한 햇볕에 심하게 노출되면 p53 유전자(자세한 내용은 이번 장의 끝에 수록한 칼럼 내용을 참조)가 손상될 가능성도 있다. 마치 눈사태가 난 것처럼 세포가 연쇄적으로 죽어나가기 때문에 뱀파이어 입장에서는 치명적일 수밖에 없다. 월등한 능력을 다양하게 갖추고 있다는 것은 그만큼 각각의 세포가 매우 세밀하게 움직인다는 것을 뜻하며, 조금 더 근본적으로는 유전자의 움직임이 미묘한 균형을 이루고 있음을 의미한다. 유전자를 손상시키는 자외선은 뱀파이어에게 너무나도 치명적이기 때문에 당연히 햇볕을 싫어할 수밖에 없다.[8]

사람 150명만 있으면 피를 배불리 먹을 수 있다

이제부터는 뱀파이어의 영양 공급원에 대해서 살펴보자. 이들의 영양 공급원은 다들 알다시피 살아 있는 사람의 피다. 혈액은 신체의 구석구석에까지 영양분을 공급하는 매개체인 만큼 풍부한 영양소를 함유하고 있음은

7 광선 과민증을 앓고 있던 영국 여성의 투병기 《칠흑 같은 어둠 속에서 보였던 것(Girl in the Dark : A Memoir)》이 2015년 일본에서 출간됐다. 저자인 안나 린제이는 서른세 살 때부터 갑작스레 광선 과민증에 시달렸다. 아주 약한 빛만 쬐어도 피부에서 엄청난 고통이 느껴지는 바람에 병원에도 가지 못하고 집의 어두운 방에서 살았다고 한다.

8 뱀파이어는 실내의 전등 빛 아래에서도 잘 지내는 모습이 묘사된 작품도 적지 않다. LED라이트도 형광등도 자외선이 나오지만, 모두 지극히 미약한 정도다. 자외선을 많이 발사하도록 설계된 살균등이나 UV라이트를 1시간 쐬는 것보다도, 직사광선을 몇 분 쐬는 편이 자외선양이 훨씬 많다.

말할 것도 없다. 모기와 벼룩이 다른 동물의 피를 호시탐탐 노리는 이유도 이 때문이다.

이런 곤충들의 공통점은 크기가 작다는 것이다. 흡혈 동물 중에서 그나마 덩치가 큰 편에 속하는 흡혈박쥐도 몸길이가 10cm도 채 되지 않는다. 몸집이 큰데 오로지 혈액만 섭취하는 동물은 존재하지 않는다. 어차피 잡아먹을 거라면 내장, 지방, 근육까지 모조리 섭취하는 게 피만 빨아들이는 것보다 영양분을 얻는 데 훨씬 더 도움이 되기 때문이다.

대체로 혈액 100mL의 열량은 90~100kcal 정도다. 이렇게 말하면 저 위대하신 뱀파이어 님은 "그건 너희 인간들 기준일 뿐이고!"라고 다그치실 수도 있지만, 어쨌든 혈액에 들어 있는 열량이 대략 이 정도이고 하루 생활에 필요한 열량이 1,500~2,500kcal 정도라고 가정하면 매일 1.5~2.5L 정도의 혈액을 섭취해야 한다는 계산이 나온다.

사람이 가지고 있는 혈액의 양은 성인 기준으로 6~8L 정도이며 2L 이상 빠져나가면 사망한다고 한다. 가령 뱀파이어가 식욕을 조금 억눌러 1.5L만 빨아들인다고 하더라도 희생된 사람은 빈사 상태에 빠지고 말 것이다. 생명에 지장이 없게 하려면 한 사람당 300~500mL 정도만 빼앗아 가야 한다. 그러나 이 정도의 혈액을 다시 만들어내려면 한 달 정도가 필요하다. 결국 뱀파이어가 사람을 죽이지 않으면서도 어느 정도 배를 불리려면 하루 5명, 매월 150명의 피를 섭취해야 하는 셈이다.[9]

하지만 생각해보면 '체온이 낮다'는 것이 뱀파이어의 특징 중 하나다.

9 다만 이는 어디까지나 사람을 죽이기 싫어하는 인도적인 뱀파이어일 경우에만 해당되는 이야기다. 만약 '인간 따위는 어차피 계속 불어날 테니 죽여도 문제될 게 없다.'라고 생각하는 뱀파이어라면 앞뒤 재지 않고 희생자의 피를 벌컥벌컥 마셔버릴 것이다.

사람은 몸에 열을 내야 하기 때문에 상당한 양의 칼로리를 소모하지만 열을 낼 필요가 없는 뱀파이어는 그만큼의 칼로리가 필요하지 않을 수도 있다.[10] 뱀파이어의 흡혈 행위는 주로 주술적인 관점에서 묘사되는 만큼 인간 기준으로 산정한 칼로리를 염두에 두는 것 자체가 무의미할 수도 있다. 그러나 어쨌든 뱀파이어가 사람의 생피를 식량으로 삼고 있다는 점에는 틀림이 없고, 이렇게 하는 데는 분명히 어떤 의미가 있을 것이다.

뱀파이어가 생명을 유지해나가는 데 반드시 필요한 성분이 인간의 혈액 속에 함유되어 있기 때문에 그토록 피를 갈구하는 것이라고 추정해볼 수 있다. 오늘날 재생 의료 분야에서는 혈액을 '젊음의 정도'를 나타내는 척도로 여기고 있다. 혈액의 주인이 얼마나 젊은 사람인지를 알 수 있게 하는 인자 중 하나는 소위 '노화 인자'라고 부르는 AGEs[11]의 농도다. AGEs는 혈액에 들어 있는 일부 단백질과 당이 결합된 것이다. AGEs가 세포의 수용체로 들어가면 사이토카인(cytokine. 면역 세포가 분비하는 단백질의 총칭이며 너무 많이 분비되면 오히려 면역 체계를 붕괴시킬 수도 있다.-옮긴이)이 과도하게 방출되는 세포 응답을 일으켜 당뇨병 혈관 합병증을 비롯한 다양한 질환을 일으키고, 빠른 속도로 질병을 진전시키는 것으로 알려져 있다. 혈중 AGEs의 농도를 낮출수록 안티 에이징 효과가 있기 때문에 AGEs 반응을 저해하는 약이 개발되고 있다.[12] 한편, AGEs의 농도뿐만 아니라 성호르몬과 성장호르몬 중 일부를 이용하면 젊음의 정도를 파악할 수 있다

10 이와는 반대로 인간을 뛰어넘는 능력을 발휘해야 할 때는 엄청난 양의 칼로리가 필요할 수도 있다.

11 AGEs는 Advanced Glycation End Products의 약자이며 종말당산화물이라고도 한다. 기본적으로 육류에 AGEs가 포함되어 있으며 고기를 튀기거나 구울 때 양이 크게 늘어난다는 사실이 확인된 바 있다.

고 주장하는 사람들도 있다.

또한 혈액 속에는 아직 밝혀지지 않은 미량 인자가 다수 포함되어 있으며, 결국 이러한 성분들이 개별적으로 혹은 상호 작용해 '젊음'을 관장하고 있으리라고 추정할 수 있다. 요컨대 뱀파이어가 불로불사할 수 있는 것은 인간의 혈액 속에 함유된 어떤 인자 덕분일지도 모른다.

안개로 변신하기도 하는 차원이 다른 뱀파이어

뱀파이어에게는 지금까지 소개한 특징 말고도 여러 가지 두려움을 자아내는 요소들이 더 있다. 이미 언급한 것처럼 박쥐로 변신하거나 안개로 돌변해 순간 이동을 하는 등 무엇이든 할 수 있는 존재다. 다른 건 몰라도 이런 특징까지 과학적으로 설명하는 건 불가능하리라고 생각하겠지만 결코 그렇지 않다.

앞에서 설명한 대로, 뱀파이어는 주로 '인간보다 우월한 존재'로 묘사된다. '인간보다 우월한'이라는 표현은 '인간과 다른 차원에 있는'이라는 말로 대체하는 것만으로도 뱀파이어가 가진 여러 신기한 능력들을 설명할 수 있다.

우리가 사는 세상은 3차원 공간에 시간을 더한 4차원의 '시공'이다.

12 메트포르민이라는 약이 가진 항노화 작용을 연구하고 있다. 메트포르민은 원래 1950년대에 당뇨병 치료 용도로 개발된 약이다. 이를 복용하면 심장 질환 가능성을 낮추고 암을 예방하는 등 다양한 효능이 있을 것으로 추정된다.

뱀파이어가 이보다 한 차원 더 높은 5차원 공간에서 활동하는 존재라고 가정하면 박쥐나 안개로 변신한다는 것도 더는 불가사의하지 않다. 어디선가 "뭐라고? 그게 대체 무슨 말이야?"라고 따져 묻는 분들의 목소리가 들리는 것 같으니 조금 더 설명해보자. 다만 높은 차원끼리 비교하면 의미가 불분명하게 전달될 가능성이 있으니 차원을 낮춰서 설명해보려고 한다. 차원이 달라지면 현상 자체도 달라진다는 사실을 여러분도 이해할 수 있으면 좋겠다.

0차원은 '점', 1차원은 '선', 2차원은 '면', 3차원은 '입체'라는 사실을 이미 잘 알고 있을 것이다. 그럼 3차원 공간에 있는 존재가 2차원 공간에 간섭하면 어떤 일이 벌어질까? 2차원 존재인 칠판을 3차원 존재인 사람이 손가락 끝으로 만졌다고 해보자. 칠판을 중심으로 보면 갑자기 5개 위치에서 동시다발적으로 지문이 찍히는 것처럼 보일 것이다. 이는 2차원 세계에서는 3차원 공간에 있는 존재를 면으로밖에 마주할 수 없기 때문에 일어나는 현상이다.

이야기가 점점 복잡해지는 것 같아서 걱정되지만, 이번에는 사람이 칠판을 스쳐 지나갔다고 가정해보자. 그러면 2차원 세계에서는 CT 스캐

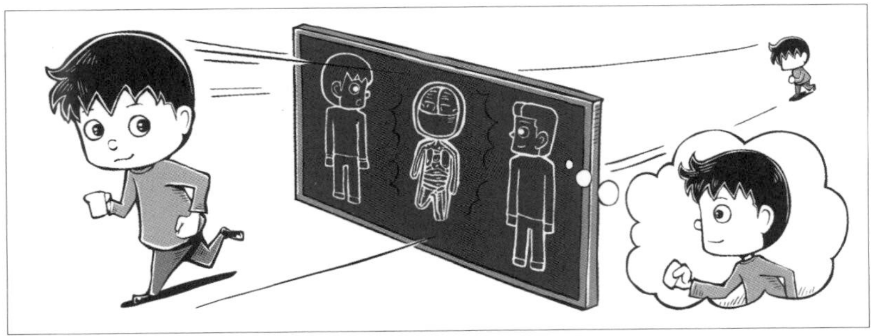

그림 2 3차원 공간에 있는 존재가 2차원 공간에 간섭하면 어떤 일이 벌어질까?

너로 촬영한 단면도처럼 연속적으로 출현한 것으로 보일 것이다. 칠판을 스쳐 지나가면 2차원 세계에서는 인간을 슬라이스 같은 면의 형태로 인식할 수밖에 없고, 이렇게 수집된 모든 데이터를 합쳐야 비로소 3차원 존재를 개념적으로나마 이해할 수 있게 된다.그림 2

결국 하고 싶은 말은 낮은 차원에 있는 존재가 높은 차원에 있는 존재의 행동을 결코 이해할 수 없다는 것이다. 뱀파이어가 5차원 존재라면 4차원 세상에서 변신하고 순간 이동하며 물리적인 공격을 요리조리 피하는 것이 누워서 떡 먹는 것만큼 쉬운 일일 것이다. 이렇게 '뱀파이어는 차원이 다른 존재라서 뭐든지 할 수 있다!'라는 말을 아무리 근거를 가지고 논리적으로 설명해도 듣는 사람은 '아무 말 대잔치'라고 받아들일 게 분명하니 애석하기 그지없다.

아포토시스의 원리

최근 과학 소설에서는 아포토시스(apoptosis. 세포 스스로 죽기로 결정하고 생체 에너지인 ATP를 소모하면서 죽음에 이르는 과정을 의미하며, 다른 말로 세포 자살 또는 세포 자멸이라고 한다.-옮긴이)라는 키워드가 무게감 있게 다뤄지고 있지만, 그 원리는 잘 알려져 있지 않다. 본문에서 소개한 p53 유전자는 아포토시스와 깊이 관련돼 있다.

p53 유전자란 생물 대부분이 가지고 있는 자멸 유전자로 세포 분열을 억제하고 자멸을 제어한다. p53 유전자는 DNA가 스스로 회복할 수 없을 정도의 손상을 입었을 때 활성화되며, 일단 활성화되고 나면 세포는 생명 활동을 포기하고(핵분열을 멈추고) 사멸해버린다.

p53는 항암 유전자이기도 하다. 원래의 DNA 배열에 손상이 갔는데도 계속해서 분열하면 세포는 손상된 상태로 점점 증식하고, 그러다 보면 이러한 것들이 자칫 암세포로 변할 가능성도 있다. p53은 이를 방지하는 역할을 한다.

p53 유전자가 활성화된 뒤에도 더 큰 피해를 입거나 활성화되는 시점에 이미 손상된 세포가 어느 정도 핵분열을 한 상태라면 신속히 해당 세포를 죽이기 위해서 지령을 내린다. 가장 먼저 발동시키는 것은 단백질 분해 효소를 활성화하는 Fas 유전자다. Fas는 세포 내에서 단백질을 분해하는 카스페이스(caspase. 아포토시스, 괴사, 염증 반응에서 중요한 역할을 하는 효소)를 활성화해 아미노산으로 만들어버린다. 그런 뒤에는 IGFBP-3이라는 유전자를 발동해 제멋대로 세포가 죽지 않도록 안전장치 역할을 하는 IGF 유전자의 활동을 차단한다. 이뿐만 아니라 벅스 유전자도 발동하는데, 이는 미토콘드리아를 해체해서 세포 호흡을 멈추게 하는 동시에 Fas 유전자에 의해 활성화된 것과는 다른 카스페이스를 활성화한다.

세포는 이러한 일련의 메커니즘 때문에 1시간도 지나지 않아 활동을 멈추고 녹아버린다. 사멸하는 세포가 남기고 간 조각들은 주위의 면역 세포들이 신속히 치워버린다. 참고로, 강하게 내리쬐는 햇볕도 p53 유전자와 마찬가지로 '세포 증식'을 중단시킨다. 이를 광노화라고 하며 실제 나이보다 더 늙어 보이게 만드는 요인 중 하나다. 세포 증식이 방해받는다는 것은 곧 세포의 생명 주기를 교란하는 것을 의미한다. 다시 말해 오래되고 대사 능력이 떨어지는 세포가 제때 사멸하지 않아서 늙어 보이는 것이다. 따라서 탄력 있는 피부를 유지하고 싶다면 반드시 자외선 차단제를 발라야 한다.

알고 보니 귀신이야말로 최신 기술의 결정체

귀신을 소재로 한 애니메이션 〈그날 본 꽃의 이름을 우리는 아직 모른다〉
고등학교 입학 시험을 망쳐 집 안에 틀어박혀 살던 야도미 진타 앞에 어느 날 갑자기 한 소녀가 나타난다. 분명 5년 전에 세상을 떠난 소꿉친구 혼마 메이코였다. 메이코는 진타에게 한 가지 '소원'을 들어달라고 부탁하는데….

그 밖의 작품
《고스트 스위퍼 미카미 극락 대작전!!》《유유백서》《히카루의 바둑》〈사랑과 영혼〉(영화)

귀신은 없지요♪
물리적으로 존재하지 않지요♪

"귀신이 진짜 있나요?" 나는 이런 질문을 수시로 받는데 그럴 때마다 이렇게 대답한다. "없을 가능성이 굉장히 큽니다." 우선 이렇게 대답한 이유부터 차근차근 설명해보겠다. 귀신도 유형이 정말 다양하니 편의상 159쪽 글 상자에 묘사한 상황을 중심으로 살펴보자.

여기서는 우선 '귀신이 있다'고 가정하고, 귀신이 사람에게 물리적으로 영향을 주는 것이 과연 가능한지에 대해서 한번 생각해보자. 뒤에서 밀

중학교 3학년인 나는 학교에 놓고 온 것이 있어 방과 후 찾으러 갔다. 적막이 흐르는 복도를 지나고 계단을 올라 교실에 도착했다. 빠뜨린 것을 챙겨 다시 계단을 내려오려고 하는 순간, 갑자기 등 뒤에서 오싹한 기분이 느껴졌다. 뒤를 돌아보려는데 누군가가 미는 바람에 계단 아래로 굴러떨어졌다. 누군가가 히죽히죽 웃는 소리가 들리기에 올려다봤더니 반투명한 모습의 소녀가 공중에 떠 있었다.

어버린 귀신은 미지의 존재라서 이를 대상으로 무언가를 측정하거나 검증하기란 애초부터 불가능하다. 하지만 계단에서 굴러떨어진 사람은 물리적인 실체인 만큼 그를 '밀어낸' 힘 역시 실제로 존재하는 것이었음은 틀림없다.

귀신의 물리적인 속성에 대해서는 알려진 바 없지만, 공중에 떠 있는 것으로 보아 분명 꽤나 가벼울 것이다. 게다가 날갯짓을 하지 않는데도 두둥실 떠 있을 수 있으려면 공기 무게(1기압에서 1L당 대략 1g 정도 나간다.)보다 가벼워야 한다. 귀신의 크기가 사람과 비슷하다고 가정하면 용량으로는 대략 40L 정도다. 공중에 떠 있으려면 너무 가볍거나 너무 무거워도 안 되며 공기 무게의 80% 정도가 적당하다. 즉, 귀신의 무게는 40L×1g×0.8=32g 정도인 것이다. 1엔짜리 동전 32개 무게와 비슷한 수준이다.

한편 중학교 3학년 학생들의 평균 몸무게는 대략 60kg 정도다. 32g짜리 물체가 60kg짜리 물체를 밀어내려면 상당한 수준의 에너지가 필요하다. 무게가 어느 정도 나간다면야 무게가 60kg인 상대를 쉽게 밀칠 수 있겠지만 고작 1엔짜리 32개 정도의 무게라면 얘기가 다르다. 제자리에 서 있는 무게 60kg의 중학생을 넘어뜨리려면 이론적으로 초속 4m 정도의 에너지가 필요한데, 32g짜리 물체를 이용해서 넘어뜨리려면 속도를 훨씬 더

운동 에너지 $E=\frac{1}{2}mv^2$

무게가 60kg인 사람을 굴러떨어지게 만들려면 초속 4m의 에너지로 밀어야 한다고 가정할 때, 무게가 32g인 귀신이 이 사람을 밀려면 어느 정도의 속도(v)가 필요할까?

$$\frac{1}{2}\times60000\times4^2=\frac{1}{2}\times32\times v^2$$

$$v=173.2050807568877\text{m/s}\fallingdotseq623.5\text{km/h}$$

(귀신이 사람을 밀어내는 데 필요한 속도)

그림 1 무게가 32g인 귀신이 중학교 3학년 남학생을 밀쳐내는 데 필요한 속도

높여 부족한 에너지를 보충해야 한다.그림 1

시속 623km. 신칸센의 거의 3배에 육박하는 속도다.[1] 이는 지온군(일본 애니메이션인 기동전사 건담 시리즈에 등장하는 국가인 지온 공국의 군대-옮긴이)의 에이스 파일럿이 붉은색을 칠한 신칸센을 타고 달려가다가 플랫폼에 서 있는 사람에게 플라잉 바르셀로나[2]로 일격을 가하는 것이나 마찬가지다.

요컨대 무게가 32g에 불과한 초경량 물체가 60kg의 중학생을 밀려면 그야말로 엄청난 속도로 달려들어야 한다. 조금 더 이야기하면 발포 스티로폼의 수십 분의 1 정도도 안 되는 밀도를 가진 물체가 이 정도의 속도로 부딪치면 상대에게 타격을 주기는커녕 자신이 박살 나고 말 것이다. 그리고 시속 623km 정도로 급가속을 하려면 상당한 에너지가 필요한데 이는

1 일본의 신칸센이란 '주요 구간을 열차가 시속 200km 이상의 고속으로 주행할 수 있는 간선철도'를 의미한다. 이는 일본의 전국신칸센철도정비법이라는 법률에 정의돼 있다.

2 대전 격투 게임 중 가장 큰 인기를 끌었던 '스트리트 파이터'의 캐릭터 중 가면을 쓰고 갈퀴 모양의 무기를 사용하는 발로그의 필살기 이름이다.

어디에서 비롯되는 것인가 하는 문제도 있다. 이처럼 의문이 꼬리에 꼬리를 물지만 어느 하나 과학적으로 명쾌히 대답할 수 없는 상황이 계속된다.

이에 대해 '귀신은 정신적 차원에서 사람의 마음(두뇌)에 직접적으로 영향을 미치기 때문에 마치 물리적인 힘으로 밀어낸 것처럼 착각하게 만드는 것' 아니냐고 생각하는 사람도 있을 것이다. 하지만 뇌는 사물을 인식하는 과정에서 상당량의 칼로리를 소모한다.[3] 두피와 두개골을 거쳐 유입된 정보를 일련의 연산을 통해 가상 현실을 그려내려면 꽤 많은 양의 에너지가 필요하다. 결국 이 또한 에너지 법칙을 피해갈 수 없는 시나리오다. 조금 더 덧붙이면 심령 현상은 정신적·육체적 스트레스나 히스테리로 인한 환각 증상에 불과하다는 사실이 여러 실험을 통해 확인된 바 있다. 이처럼 '귀신은 물리 법칙상 절대로 존재할 수 없다.'라는 명제가 성립한다.

이것이야말로 진정한 귀신 과학!
직접 만들어보자

지금까지 여러 가지를 설명했지만 본론은 이제부터다. 과학이라는 마법으로 어떻게 하면 귀신을 만들 수 있을지 살펴보자.

가장 먼저 고려해야 할 것은 재질이다. 귀신이 귀신다우려면 앞에서 이야기한 것처럼 둥실둥실 떠 있어야 하는데, 여기에 안성맞춤인 신소재

3 성인 남성의 평균 체중은 약 68kg이고 그중 뇌의 무게는 대략 1.5kg 정도다. 무게로만 보면 약 2%에 불과하지만 무려 20%에 육박하는 칼로리를 소비한다. 참고로 '머리를 쓸수록 칼로리가 소모되니 다이어트에도 도움이 된다.'라는 설이 있으나 어떤 근거도 없으니 과감히 무시하자.

로 '에어로젤'이라는 게 있다. 실리콘으로 제작되는 에어로젤은 부피에서 공기가 차지하는 비중이 무려 99.8%나 된다. 마냥 떠다녀야 하는 것은 아니기 때문에 어딘가에 매달아놓아야 한다. 밀도로 보면 담배 연기가 흩어지지 않고 덩어리를 이룬 것이나 다름없다.

또한 에어로젤은 마구잡이로 힘을 가하면 망가질 수도 있지만, 평평한 면에 대고 벽돌로 꽉 눌러 성냥갑 크기로 만들어도 터지지 않을 만큼 질기다. 게다가 (시장에서 일반적으로 판매하는 재료는 약간 흰색을 띠지만) 빛을 99.9% 가깝게 통과시킬 정도로 투명하니 귀신의 모습을 구현하기에는 아주 적합한 재료다. 참고로 두께가 몇 밀리미터만 되더라도 가스버너가 뿜는 열을 완벽하게 차단할 수 있을 만큼 단열 성능도 놀라우리만큼 우수하다. 해외 유통 업체를 이용하면 비교적 쉽게 구할 수 있다. 가격이 꽤 비싸지만 말이다.사진 1 실리콘계 에어로젤 외에도 펄프와 숯을 원료로 만든 에어로젤도 있으니 이를 적절히 활용하면 '진짜 귀신 같은 질감'을 구현할 수 있을 것이다.

이뿐만 아니라 나노머신을 이용해 물체의 형상을 점토처럼 자유자재로 바꿀 수 있게 해주는 '클레이트로닉스' claytronics라는 기술도 있다.[4] 오늘날 기술 수준을 고려해보면 아직 갈 길이 멀지만, 투명하

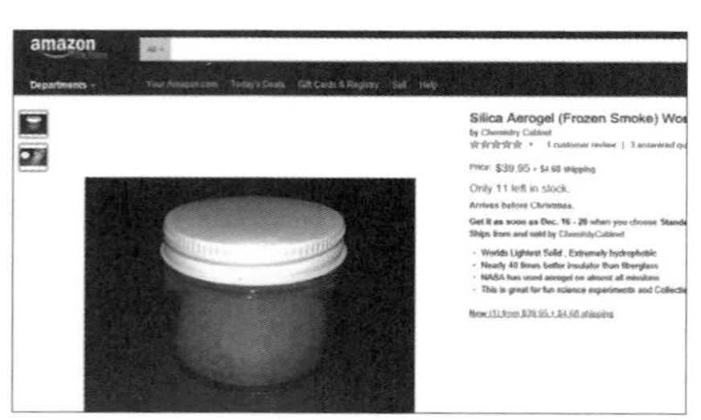

사진 1 미국 아마존에서 판매하는 에어로젤

4 '나노머신'에 대해서는 제21장에서 자세히 다룰 것이다.

면서도 형상을 자유자재로 바꿀 수 있는 귀신이 등장할 수 있다는 주장은 결코 비현실적인 이야기가 아니다.

초음파와 저주파로 귀신이 나타날 것만 같은 분위기를 연출할 수 있다

도서관에서 많은 학생들이 조용히 공부하고 있고, 여러분도 그중 한 명이라고 해보자. 만약 여러분에게 누군가가 갑자기 귓속말을 속삭이면 어떤 기분이 들까? 게다가 다른 사람은 전혀 그 소리를 듣지 못했고 소스라치게 놀라는 내 모습을 의아하다는 듯이 바라본다면 어떨까?

너무나도 괴이한 현상처럼 보이지만 현대 과학 기술로 충분히 구현할 수 있다. 소리를 직진성이 강한 초음파의 형태로 쏘는 파라메트릭parametric 스피커라는 장치를 이용하면 된다. 작동 원리는 하나하나 설명하기에는 꽤 복잡하기 때문에 생략하지만, 초음파의 형태로 발사된 소리가 귀에 도달하면 피부에 맞고 반사되어 비로소 당사자만 들을 수 있다. 사람의 귀가 아니더라도 벽이나 바닥처럼 초음파를 흡수하지 않는 소재 쪽으로 소리를 쏘면 마치 초음파를 맞은 바로 그곳에서 소리가 나는 것 같은 착각을 일으킨다.

사진 2 시중에서 판매하고 있는 회로 기판과 스피커

파라메트릭 스피커는 미술관이나 사찰처럼 고즈넉한 분위기를 깨지 않고 안내 방송을 해야 하는 상황에서, 그리고 적군과 맞닥뜨렸을 때 엄청나게

사진 3 나치 독일이 만든 첨단 무기 중 하나인 음파 대포

큰 소리로 상대를 교란시켜야 하는 상황에서 이미 실용화된 지 오래다. 참고로 수십만 원짜리 개인용 실험 키트도 시중에서 판매하고 있다.사진 2

마지막으로 으스스한 분위기를 연출하는 방법으로는 어떤 게 있는지 살펴보자. 여기에는 저주파가 안성맞춤이다. 사람은 2~7헤르츠의 음역에 해당하는 저주파에 장기간 노출되면 간질 발작으로 쓰러지거나 환각과 환청에 시달릴 가능성이 높은 것으로 알려져 있다.

이는 생각보다 오래전부터 많은 사람들이 알고 있던 현상이며 군사 목적으로 이용하려는 시도도 있었다. 실제로 나치 독일은 저주파로 적의 항공기를 교란시키려는 연구를 진행했다고 한다.사진 3 먼 곳까지 저주파를 쏘지 못하는 바람에 결국 실패로 돌아갔지만, 음파 대포sound-gun 제조 공장에서 늘 저주파에 노출됐던 직원들은 불안 신경증을 앓았다고 한다.

이와 같은 저주파도 발신 장치와 이를 발사하는 대구경 스피커만 있으면 인위적으로 만들 수 있다. 게다가 저주파는 벽도 통과하기 때문에 싫어하는 사람이 벽 너머에 있다고 하더라도 손쉽게 불쾌감을 안겨줄 수 있다.

몸체: 에어로젤
방습제로도 사용되는 실리카를 초임계 상태에서 건조시켜 만든 저밀도의 고체. 생김새, 촉감 등 어느 측면에서 보더라도 유령의 몸체로 사용하기에 가장 적합한 물질이다. 에어로젤이 무엇인지 잘 모르는 사람이 만지면 본래 유령의 질감이 그러려니 하고 넘어갈 가능성이 높다. 에어로젤의 파편은 무게가 거의 느껴지지 않을 만큼 가볍기 때문에 유령이 남긴 파편이라고 해도 믿는 사람이 많을 것이다.
끈
파라메트릭 스피커
직진하는 성향을 띤 초음파에 소리를 담아서 보내는 장치. 장치 크기에 따라 소리를 보낼 수 있는 거리가 달라지나, 10cm 정도의 크기면 15m 전방까지 충분히 보낼 수 있다. 초음파를 물체에 맞히면 맞은 부분에서 소리가 나는 것처럼 느껴지기 때문에 음원이 실제로 어디 있는지 특정하기 어렵다. 아기 우는 소리를 단 한 사람만 듣게끔 할 수도 있다.
저주파 발생 장치
사람의 귀로는 들을 수 없는 초음파에 장기간 노출되면 불안을 느끼게 되고, 불안의 원인이 무엇인지 정확히 모르는 당사자는 다른 무언가의 탓으로 돌리려는 욕구에 휩싸여 결국 환각과 환청 같은 심령 현상을 겪게 된다고 한다. 수력 발전기가 설치된 댐이나 낡은 환풍기가 있는 통풍구 주변에서 저주파가 많이 관측되며, 이로 인해 심령 현상을 겪는 사람들이 종종 있다.

그림 2 현대 과학으로 완성한 인공 귀신

사람마다 감수성이 다른 만큼 그 효과를 장담하지는 못하지만 최신 과학 기술을 결집하면 귀신도 얼마든지 만들어낼 수 있음을 이번 장에서 확인했다.그림 2 특히 작동시키기만 하면 '귀신을 본 것 같은' 환각 증세를 일으키는 저주파 스피커는 매우 편리한 만능 심령 장치라고 할 수 있다.

여러분이 만약 호러 영화나 소설을 좋아한다면 심령 스폿(귀신이나 유령이 출몰한다거나 기괴한 현상이 목격되는 장소-옮긴이)을 찾아다니는 것도 좋지만 이 책을 참고해서 실제로 귀신을 만들어보는 것은 어떨까? 다만 장치가 꽤 크고 전기료도 결코 무시할 수 없을 것이다. 어쩌면 비용이 얼마나 들지 계산할 때가 제일 소름 끼치는 순간일지도 모르겠다.

3부

특이점을 꿈꾸는 미래 과학의 진격

기계가 인류를 지배하는 시대는 과연 도래할까?

컴퓨터를 소재로 한 애니메이션 〈사이코 패스〉

무대는 서기 2112년 일본. 슈퍼컴퓨터가 탑재된 시빌라 시스템이 시민의 일거수일투족을 통제하는 사회를 그렸다. 직업을 직접 지정해줄 뿐만 아니라 개개인의 정신 상태를 분석해 범죄계수를 산출한 뒤, 수치가 높은 사람은 무조건 범죄자 취급을 한다.

그 밖의 작품

《쵸비츠》《지구로…》《.hack》〈시리얼 익스페리먼츠 레인〉〈나이트 라이더〉

거대한 공간에 놓인 커다란 기계가 알 수 없는 계산을 통해 사법·행정·입법 시스템을 송두리째 장악하는 모습. 또는 미친 과학자가 자신보다 더 똑똑한 기계를 개발해서 온갖 악행을 벌이는 모습. 이처럼 픽션 세계에서는 컴퓨터가 인간을 뛰어넘거나 때로는 거의 신의 영역에 들어선 존재로 그려지는 경우가 많다.

그러나 컴퓨터가 '99.999% 확률로 승리할 것'이라고 예측했지만 결국 패배한다든지 '성공할 확률이 0.00001%밖에 안 된다'고 계산했지만 결과는 완전히 반대인 경우도 있다.사진1 이는 픽션에서뿐만 아니라 실제로도 얼마든지 벌어질 수 있는 일이다.

이번 장에서는 마법의 상자로 불리는 컴퓨터와 관련한 여러 가지를 소개하려고 한다. SF 작품에서 접했던 내용 중 오늘날 컴퓨팅 기술로 구현할 수 있는 것은 과연 무엇일까?

사진 1 슈퍼컴퓨터인 마기의 예측도 완전히 어긋날 때가 있다. 《신세기 에반게리온》 제12권 ⓒ 스튜디오 카라

가끔씩 컴퓨터의 예측이 완전히 빗나가는 이유는 무엇일까?

이제는 왠지 촌스럽게 느껴지는 그 이름, 슈퍼컴퓨터. 문자 그대로 슈퍼맨처럼 엄청난 능력을 자랑하는 CPU가 탑재돼 있을 것처럼 보인다. 하지만 실제로 사용되는 부품은 주변에서 흔히 볼 수 있는 컴퓨터에 사용되는 것과 그다지 다르지 않다. 물론 슈퍼컴퓨터 전용으로 개발된 CPU를 구동하는 경우도 있지만 성능이 일반 컴퓨터와 비교할 수 없을 정도로 탁월한 것은 아니다.[1]

그럼에도 슈퍼컴퓨터는 지구의 대기 흐름을 시뮬레이션한다든지, 물체가 바닥에 떨어져서 산산조각 날 때 어떤 모양의 파편이 튈지를 예측한다든지, 화합물이 결정화될 때 분자 하나하나가 어떤 움직임을 보일지를

1 예를 들어 일본의 대표적인 슈퍼컴퓨터인 케이(京)는 후지쓰의 SPARC64 VIIIfx라는 전용 CPU로 구동되지만, SPARC64 시리즈 제작에는 범용 부품도 사용된다. 참고로 케이에는 SPARC64 VIIIfx 88,128개가 탑재된다.

계산하는 등 실로 엄청난 성능을 보여준다. 이때의 연산 능력은 일반 컴퓨터의 수만, 수억 배에 이른다. 사용하는 부품은 크게 다르지 않은데 성능 면에서 이토록 큰 차이가 나는 이유는 무엇일까?

그것은 바로 슈퍼컴퓨터가 수많은 연산 장치를 이용해 병렬로 수치를 계산하기 때문이다. 예컨대 '지구 시뮬레이터'라고 하는 슈퍼컴퓨터는 무려 1.3페타플롭스(페타플롭스는 1초당 1,000조 번의 연산을 의미함-옮긴이)에 이르는 울트라 슈퍼 초고속 연산 능력을 자랑한다. 페타플롭스라는 용어가 낯선 독자를 위해 조금 더 쉽게 비유하자면 이 정도의 컴퓨터를 운영하려면 전기세만 매년 무려 50억 원이나 든다.[2]

'이 정도로 기능이 우수한 슈퍼컴퓨터라면 계산 결과도 그만큼 신뢰할 수 있지 않겠어? 컴퓨터가 오류를 범한다는 것은 픽션에서나 있을 법한 일이야.'라고 생각하는 사람도 있을지 모른다. 그러나 실제로는 슈퍼컴퓨터가 내놓은 결과 값을 곧이곧대로 믿었다가 낭패를 보는 경우가 심심치 않게 벌어진다.

기상예보가 대표적인 예다. 날씨가 좋다는 말만 듣고 우산 없이 외출했다가 온몸이 비로 흠뻑 젖었던 경험은 누구에게나 한 번쯤 있을 것이다. 인공위성과 레이더 같은 다양한 첨단 장비를 통해 수집한 데이터를 토대로 슈퍼컴퓨터가 계산한 결과임에도 불구하고 예측이 완전히 빗나가는 경우가 허다하다. 무슨 까닭일까? 수많은 가설 중에서 가장 설득력 있는 것이 바로 '초깃값의 신뢰성이 낮기 때문'이라는 설명이다.

2 일본 총무성 통계국에서 수행한 가계 조사 결과에 따르면 2015년 기준으로 4인 가족의 연간 전기 요금은 1,421,160원이다. 무려 3,500가구가 사용하는 전기를 슈퍼컴퓨터 한 대가 사용하는 셈이다. 다만 대부분은 냉방기를 가동하는 데 들어가는 비용이다.

어떠한 방식으로 시뮬레이션을 하든지 처음부터 잘못된 값을 컴퓨터에 입력하는 한 올바른 결과 값을 얻을 리 만무하다. 기상예보를 할 때 가장 큰 걸림돌이 되는 것은 해상 데이터다. 해상에는 기본적으로 관측점이 적고, 바다 한가운데의 기상 정보를 육지에서 얻기란 매우 어렵다. 이 때문에 기상위성으로 지구 전체를 내려다보며 데이터를 모으고 있지만, 기상위성이 취득하는 정보는 아직 해상도가 낮고 정확도도 떨어진다.

'초깃값은 나중에라도 얼마든지 수정하면 되는 것 아닌가?'라는 질문이 나올 것 같으니 나비효과를 소개해보려고 한다. 꽤 유명한 용어라서 그 뜻을 잘 알고 있는 독자도 있을 텐데, 나비효과란 처음에는 미미했던 차이가 점차 증폭되어 결국 매우 큰 차이를 만들어내는 현상을 말한다.그림 1 흔히 "바람이 불면 통장수가 돈을 번다."라는 속담으로 비유할 수 있는 개념으로, 이 자체가 다양한 작품의 소재로 활용된 바 있다.(어떤 일이 생기면 그와는 전혀 관계가 없어 보이는 것에도 영향을 미치는 것을 비유한 일본 속담이다. 그 경위는 다음과 같다. 바람이 분다.→흙먼지가 날린다.→눈에 먼지가 들어가서 눈병에 걸린다.→눈병 때문에 맹인이 늘어난다.→ 맹인이 돈을 벌기 위해 현악기를 산다.→ 현악기를 만들 때 고양이 가죽이 필요해서 고양이들이 죽는다.→ 고양이가 줄자 쥐가 늘어난다.→쥐들이 통을 갉아먹는다.→통의 수요가 늘어 통장수가 돈을 번다.-옮긴이)

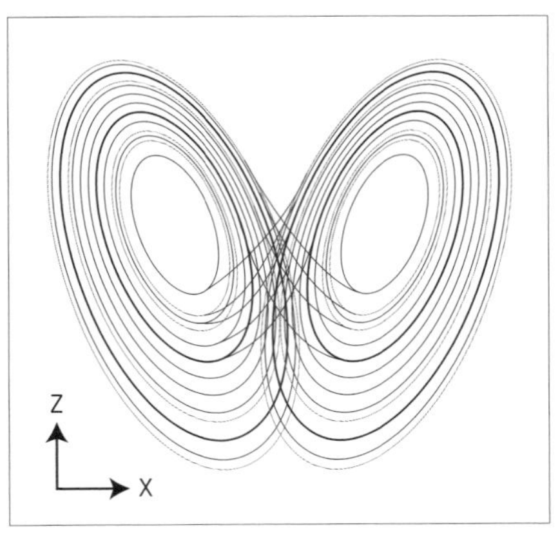

그림 1 나비효과 개념도

이처럼 첨단 기법을 이용

해서 데이터를 수집하고 분석하더라도 미미한 오류가 끼어들면 결국 매우 심각한 오류로 귀결될 수 있다. 컴퓨터가 자신만만하게 내놓은 예측이 완전히 빗나가는 것도 결코 놀라운 일이 아니다.

똑똑해 보이지만 실제로는 비효율적으로 문제를 푸는 슈퍼컴퓨터

그럼 만약 데이터 자체에 문제가 없으면 제대로 된 결과 값을 도출할 수 있을까? 최근 세간의 뜨거운 관심을 모으고 있는 AI인공지능 관점에서 한번 생각해보자.

컴퓨터 기술이 얼마나 진보했는지 파악할 수 있는 기준점 중 하나는 인간과 컴퓨터가 벌인 보드게임 대전의 결과다. 보드게임을 하는 컴퓨터(편의상 게임 AI라고 부르겠다.)는 꽤 오래전에 등장했다. 컴퓨터가 상황을 판단할 수 있는지를 다룬 사고실험은 1840년대에 처음 행해졌으며, 게임 AI가 최초로 등장한 것은 1912년이다.[3]

컴퓨터의 성능이 좋지 않았던 시대에는 당연히 게임 AI의 실력도 형편없었기 때문에 게임의 룰만 간신히 지킬 뿐, 인간을 상대로 만족스러운 대결을 펼치지는 못했다. 컴퓨터가 인간을 넘어서지 못하는 시대가 상당 기간 지속됐지만 1990년대에 들어서면서부터 갑자기 상황이 돌변했다.

3 스페인 출신 엔지니어 레오나르도 토레스 케베도가 제작한 체스 기계 '엘 아헤드레시스타'(El Ajedrecista)는 인류 최초의 컴퓨터 게임으로 여겨진다.

1992년 당시 체스 세계 챔피언이었던 가리 카스파로프는 "인간이 컴퓨터에게 진다는 것은 절대 있을 수 없는 일이다."라고 콧방귀를 뀌었지만, 그로부터 불과 5년 후 IBM이 만든 게임 AI인 딥블루와 대결에서 보기 좋게 지고 말았다.[4]

일본에서는 장기 프로 기사와 컴퓨터가 대전을 벌이는 전왕전이 2010년부터 시작되어 오늘날에는 연례 행사로 널리 알려져 있다.[5]

게임 AI가 참여하기에 가장 어려운 게임이라고 여겨졌던 바둑도 예외가 아니다. 2016년 알파고가 당시 최강자였던 이세돌 9단을 가볍게 눌러버렸고, 이는 전 세계의 사람들에게 크나큰 충격을 안겼다. 그렇다면 기존에는 무슨 이유로 컴퓨터가 인간을 이기기 어렵다고 생각했는지 한번 살펴보자.

결론부터 이야기하면 말을 움직이는 경우의 수가 많을수록 게임 AI가 인간과 대결하기 어려워진다. 경우의 수는 게임 판에 그려진 칸의 수와 게임 방식에 따라서 크게 달라진다. 오델로는 가로세로 각각 8줄씩 8×8 그려진 보드 위에서 자기편의 돌 사이에 상대편의 돌이 끼게 만들어야 하는 게임이며, 체스는 8×8의 보드 위에서 6종류로 이뤄진 16개의 말을 가지고 상대편의 왕을 잡아야 하는 게임이다. 그리고 장기는 9×9의 보드 위에서 8종류로 구성된 20개의 말로 상대편의 왕을 잡아야 하는 게임이며, 바둑

4 총 여섯 번 치른 경기에서 카스파로프는 1승 2패 3무로 패배했다.(한 해 전인 1996년에는 3승 1패 2무로 승리를 거뒀다.) 그는 재대결을 원했지만 IBM측이 프로젝트를 종료하는 바람에 성사되지는 않았다.

5 참고로 2015년도 전왕전 결승전에는 카스파로프가 초대 손님으로 등장해 선수(先手)와 후수(後手)를 정했다. 이때 그는 '컴퓨터가 인간을 넘어서는 것은 필연적인 일'이라고 말했다.

은 19×19의 보드 위에서 자기편의 돌로 상대보다 넓은 면적을 차지하는 사람이 이기는 게임이다.

특히 체스와 바둑의 경우에는 '따먹은 상대편의 말이나 돌을 자신의 것으로 사용할 수 있다'는 부가적인 규칙까지 더할 수 있다. 이와 같은 각각의 게임 방식으로 인해 오델로는 10의 28승, 체스는 10의 50승, 장기는 10의 71승, 바둑은 10의 160승에 이르는 경우의 수가 존재한다. 여기에 상대방의 수에 따라 상황이 다채롭게 변화할 가능성까지 고려하면 오델로는 10의 58승, 체스는 10의 123승, 장기는 10의 226승, 바둑은 10의 400승이라는 그야말로 천문학적인 수준으로 경우의 수가 증가한다.그림 2 참고로 최적의 수를 찾기 위해 게임에서 벌어지는 각각의 상황을 상정한 도표를 게임 트리라고 한다.

게임 AI가 강력한 상대와 싸워 이기려면 각 상황에서 최적의 수를 찾아내야 하는데 경우의 수가 천문학적인 수준이라면 컴퓨터라고 하더라도 도저히 엄두를 내지 못할 것이다. '그래도 슈퍼컴퓨터라면 너끈히 해결할 수 있는 문제'라고 생각하는 사람은 '불가사의한 계산법'이라는 제목의 유투브 영상을 확인해보자.

그림 2 게임마다 크게 다른 경우의 수

한 번 갔던 길은 다시 가지 않도록 모눈 위에 가로세로 선을 긋는다고 했을 때 패턴 수가 실로 엄청나다는 사실을 보여주기 위해 일본과학미래관이 만든 영상이다. 아무리 매초 2,000억 개의 패턴을 찾아낼 수 있는 슈퍼컴퓨터라고 해도 오델로나 체스판과 같은 8×8의 모눈에서 패턴을 모두 찾으려면 4시간 30분 정도가 필요하고, 장기처럼 9×9의 모눈이라면 6년 반, 10×10이라면 25만 년, 11×11이라면 290억 년이라는 억겁의 시간[6]이 걸린다. 사진 2 11×11도 이러한데 19×19의 바둑판이라면 얼마나 걸릴지 말해봐야 입만 아플 것이다.

사진 2 유튜브에서 200만 회 이상 재생된 '불가사의한 계산법' https://www.youtube.com/watch?v=Q4gTV4r0zRs

이와 달리 우리 인간은 경험과 사고를 바탕으로 좋은 수와 그렇지 않은 수를 순식간에 구별해낼 수 있다. 다시 말해 복잡한 계산 없이 자신에게 필요한 패턴만 바로바로 골라내는 능력을 가지고 있는 것이다.

컴퓨터가 인간을 이길 수 있게 된 원인은 무엇일까?

그렇다면 이토록 비효율적인 방식으로 작동하는 게임 AI가 최근 들어 인

6 참고로 8×8의 경우에는 3266조 5984억 8698만 1642가지, 9×9는 4104경 7026조 3249만 6804가지, 10×10은 1자(秭) 5687해 5803경 464조 7500억 1321만 4100가지, 11×11은 18양(穰) 2413자 2915해 1424경 8049조 2414억 7088만 5236가지의 패턴을 그릴 수 있다.

간을 어떻게 꺾는 것일까? 앞에서 설명한 것처럼 아무리 슈퍼컴퓨터라고 해도 엄청나게 큰 숫자 앞에서는 한없이 무기력하다. 성능을 업그레이드 한다고 해서 별다른 효과를 보기는 어려울 것이다.

게임 AI가 인간을 이길 수 있었던 이유 중 하나는 '몬테카를로 트리 탐색'이라는 알고리즘을 활용했다는 데 있다. 이는 다음 수를 찾기 위해 나와 상대편 모두가 동일한 정책망(인공지능이 게임의 말을 놓을 위치를 정할 때 사용하는 알고리즘-옮긴이)을 가졌다고 가정하고, 여러 번의 시뮬레이션을 거쳐 가장 높은 빈도로 선택한 수를 선택하는 방식이다. 이를 이용하면 모든 패턴을 탐색하지 않고도 최적의 수를 찾아낼 수 있다. 앞에서 게임 트리라는 개념을 소개한 바 있는데, 트리에 표현된 모든 경우의 수 중에서 질 수밖에 없는 패턴을 덜어내는 방식이라고 보면 된다.**그림 3** 다시 말해 몬테카를로 트리 탐색은 게임 트리를 가지치기하는 기법이다.

이뿐만 아니라 우리가 과거 경기 데이터를 토대로 경험치를 쌓아 실력을 키우는 것처럼 게임 AI를 과거 데이터를 바탕으로 훈련시키는 기법도 고안되었다. 이것이 바로 기계학습이다. 과거 경기 데이터를 입력하면 게임 AI도 '아하, 상대가 그런 수를 두면 나는 이렇게 응수하는 게 좋겠구나.'라고 학습해나가면서 검토할 필요가 없는 선택지를 걸러내는 것이다. 과거 데이터도 양이 방대하기 마련이지만 게임 트리와 비교하면 새 발의

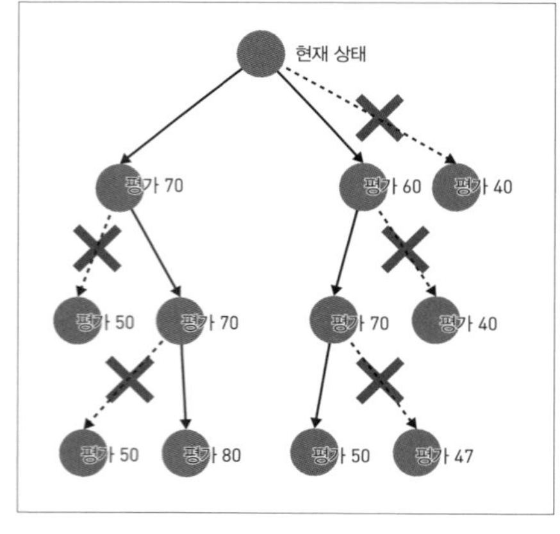

그림 3 몬테카를로 트리 탐색 알고리즘

피다. 이러한 이유로 오늘날 우리는 노트북과 성능이 비슷한 게임 AI조차 이기지 못하는 사태에 직면했다. 요컨대 최근 들어 게임 AI의 지능 수준을 급격히 향상시키는 데 가장 혁혁한 공을 세운 것은 바로 기계학습이다.

심층학습에 대해서 살펴보자 딥러닝이란 무엇인가?

컴퓨터가 점점 인간을 닮아가고 있다. 최근 가장 큰 관심을 불러 모으고 있는 기술은 바로 딥러닝deep leaning이다. 우리말로 하면 심층학습인데 이 또한 요즘 주변에서 자주 들을 수 있는 말이다.

본래 이미지 인식을 위해 개발된 딥러닝은 그 이름이 말해주듯이 방대한 데이터를 학습해 개념을 구축하는 기술이다. 이미 알고 있는 내용일지도 모르겠지만 딥러닝은 기계학습 분야의 하나로, 인공 뉴런을 겹겹이 쌓아 연결한 인공 신경망 기법을 다룬다.

고양이를 예로 들어보자. 사람은 어떤 게 진짜 고양이이고 나머지는 인형이거나 그림인지 매우 쉽게 식별할 수 있다. 그러나 종래의 컴퓨터에게는 불가능한 일이었다. 또한 진짜 고양이라고 할지라도 컵 속에 들어간다든지 하면 제대로 알아보지 못했다. 과거에는 기계학습 과정에서 '고양이란 네 발 달린 동물이다.'라는 개념을 사전에 입력해둬야 했는데 이로 인해 컵 안에 들어간다든지 해서 발이 보이지 않으면 '발이 네 개가 아니니 이건 고양이가 아니다.'라고 판단할 수밖에 없었다.그림 4

이와 같은 문제점을 극복하기 위해 개발된 것이 바로 딥러닝이라는 기법이다. 지난 2012년 "구글, 고양이를 인식할 수 있는 컴퓨터를 개발하다!"라는 표제의 기사가 대문짝만하게 떴다. '고양이란 이렇게 생긴 동물이다.'라는 개념이 사전에 입력되지 않았는데도 컴퓨터가 스스로의 힘으로 고양이를 식별해냈기 때문에 충격적일 수밖에 없었다.

그림 4 전제가 무너지면 제대로 판단할 수 없는 컴퓨터

대체 무슨 일이 벌어진 것일까? 간단히 설명하자면 이렇다. 고양이 사진을 픽셀 단위로 컴퓨터에 입력하면 인공 신경망(입력층과 출력층 사이에 은닉층이 있으며 은닉층이 많을수록 딥deep이라고 표현한다. 이 때문에 딥러닝이라고 불린다.)이 고양이 사진의 특징을 추출하고 추상화가 이뤄진다. 이 과정을 거친 컴퓨터는 고양이의 개념을 알아채고, 이 덕분에 어떤 사진을 봐도 고양이인지 아닌지를 인식할 수 있는 것이다.

사물을 큰 틀에서 대략적으로 이해하는 것은 인간 뇌의 주특기인데(이 능력이 바로 추상화 능력이다.) 컴퓨터도 딥러닝 기술 덕분에 이와 비슷한 능력을 갖추게 됐다. 컴퓨터가 반 고흐의 화풍을 학습한 뒤 비슷한 스타일로 새로운 그림을 그렸고, 구글이 개발한 '마젠타'Majenta는 사람의 도움 없이 음악을 만들어내기도 했다.

또한 2016년에는 IBM이 개발한 인공지능인 왓슨이 2,000만 건 이상의 암 관련 논문을 학습한 뒤 불과 10분 만에 난치병을 앓고 있는 환자가 매우 특이한 백혈병에 걸렸음을 밝혀내 큰 화제가 됐다.

오늘날 과학자와 의사들은 과거의 방대한 연구 결과물뿐만 아니라 빠른 속도로 늘어나는 새로운 논문도 섭렵해야 하는 부담을 안고 있다. 따라서 컴퓨터는 이러한 정신적 노고를 덜어주는 보좌관으로서 앞으로 널리 활용될 것으로 보인다.

양자 컴퓨터가 불러올 놀라운 미래

지금까지 그래 왔던 것처럼 앞으로도 컴퓨터가 계속해서 진보를 거듭할 경우 궁극적으로는 어떤 모습이 될까? 여러 가능성 중 한 가지로 주목받는 것이 바로 양자 컴퓨터다.

오늘날 우리가 일반적으로 사용하는 컴퓨터는 폰 노이만 Von Neumann 형 컴퓨터로 아무리 복잡하고 어려운 문제라도 오직 0 또는 1을 가지고 계산한다.

이에 반해 양자 컴퓨터는 0과 1을 동시에 고려할 수 있는 것이 가장 큰 특징이다. 그림 5 폰 노이만형 컴퓨터와는 근본부터 다른데, 기존 컴퓨터를 대체하기보다는 폰 노이만 구조의 컴퓨터가 잘 해결하지 못하는 문제, 즉 암호 해독이나 자연어 분석을 빠르게 처리할 수 있을 것으로 기대하고 있다. 이런 기대감 때문에 양자 컴퓨터가 실용화되면 자릿수가 수십만이나 되는 소수(오직 1과 자기 자신으로만 나눌 수 있는 자연수-옮긴이)를 순식간에 생성할 수

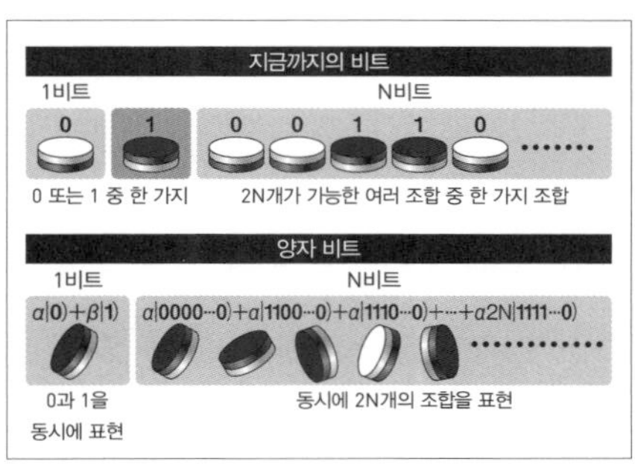

그림 5 그림으로 이해하는 양자 컴퓨터

도 있을 것이라고 주장하는 과학자도 있다.

사진 3 엄청나게 강력한 존재로 묘사되는 양자 컴퓨터 《요르문간드》 제10권 60쪽(다카하시 게이타로, 2011년)

양자 컴퓨터는 픽션 세계에도 종종 등장하며 사람들을 두려움에 떨게 할 만큼 엄청난 성능을 가진 컴퓨터로 묘사되곤 한다. "최신 슈퍼컴퓨터를 이용하면 본래 수천 년 이상 걸릴 계산을 단 몇십 초 안에 끝낼 수 있습니다."라는 대사가 등장하는 만화 《요르문간드》가 대표적이다.사진3 그러나 이제 양자 컴퓨터는 만화나 소설 속에만 등장하는 존재가 아니다.

검색 엔진을 비롯해 수많은 혁신 서비스를 제공하고 있는 구글과 NASA는 공동으로 D-Wave라는 양자 컴퓨터를 사용하고 있다.사진4 물론 아직까지는 성능 면에서 폰 노이만형 컴퓨터의 발끝에도 못 미치는 수준이며, 양자 중첩 현상을 활용하는 일반적인 양자 컴퓨터와는 다른 방식을 이용하기에 갑론을박에 휩싸이기도 했다.

이런 말을 들으면 앞에서 했던 이야기와 다른 것 같아 조금 의아해할 수도 있지만, 양자 컴퓨터 분야는 이제 겨우 걸음마를 뗐을 뿐이다. 오히려 과거 연구 결과를 전혀 활용할 수 없는 상황인데도 이 정도 수준에 도달했다는 사실에 놀라야 한다.

양자 컴퓨터란 그 이름이 보여주듯이 얽힘이나 중첩 같은 양자역학적 현상을 활용해 정보를 처리하는 장치다. 일반 컴퓨터가 0과 1을 이용한 이

사진 4 D-Wave를 소개하는 웹사이트에 들어가면 "미래에 오신 것을 환영합니다."라는 문구를 볼 수 있었다. http://www.dwavesys.com

진법에 바탕을 둔 계산을 하는 반면, 양자 컴퓨터는 0과 1이 중첩된 상태를 구현해 계산에 활용한다. 양자역학적 중첩을 구현하는 데에는 다음 두 가지 전제를 이용한다.

첫째, 전기저항이 없는 초전도 상태에서 전자를 날리면(흘리면) 전자는 결정 구조와 불순물에 부딪쳐 전자파로 변한다. 둘째, 초전도폐쇄회로에서 초전도 전류는 두 방향으로 회전하기 때문에 실제 어느 방향으로 회전할지는 관측하기 전까지 알 수 없다.

이 두 가지를 바탕으로 만든 것이 초전도단일자속양자회로SFQ 회로다. 초전도단일자속양자회로는 초전도 상태를 유지할 필요가 있기 때문에 온도가 4K-269℃, 즉 절대영도에 근접할 정도로 낮게 유지되어야 한다.

지금까지의 설명을 들어보니 어떤가? 양자 컴퓨터가 무엇인지 잘 이해되는가? '도대체 무슨 말을 하는 건지 알 수가 없다'는 원성이 들려오는 것 같은데, 아쉽게도 이것 이상으로 쉽게 설명할 방법이 없다.

그렇다면 양자 컴퓨터 관련 기술이 더 발전하고 널리 보급되어 누구나 사용할 수 있게 되면 어떤 일이 벌어질까? 예를 들어 현재는 인터넷에서 '재밌는 만화를 보고 싶다.'라는 문장으로 검색하면 누군가가 만든 만화 소개 사이트가 결과 창에 나타날 것이다.사진 5 그러면 우리는 해당 사이트에 들어가서 재밌을 것 같은 만화를 선택한다.

그러나 양자 컴퓨터가 보급된 세상에서는 마찬가지로 '재밌는 만화를 보고 싶다.'라고 입력하면 세상에 존재하지 않는 새로운 만화가 큰 인기를 얻을 수도 있다. 도대체 무슨 소리냐며 어리둥절해할 사람들을 위해 무슨 영문인지 차근차근 살펴보자.

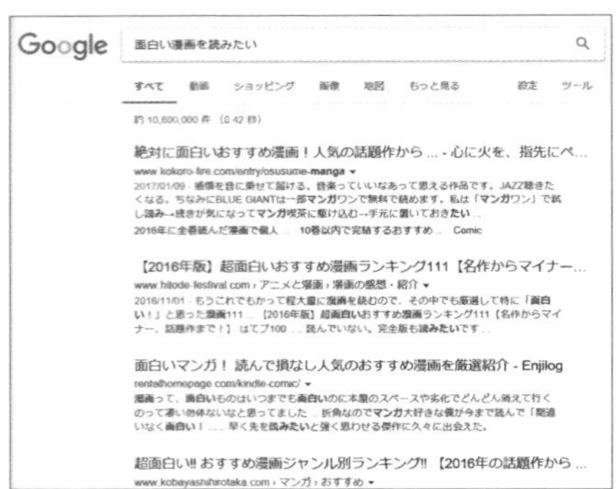

사진 5 현재는 누군가가 만든 사이트를 선택할 뿐이다.

양자 컴퓨터를 사용하는 사람이 '재밌는 만화를 보고 싶다'고 검색창에 입력하면 '만화의 개념에 대한 이해'→'지금까지 나온 모든 만화의 스토리 학습'→'검색한 사람의 취향 확인'→'학습한 내용을 바탕으로 검색한 사람의 취향에 맞는 스토리 제시'라는 일련의 흐름으로 전개되다가 끝에 가서는 '선호하는 그림체를 확인해서 마음에 들어 하지 않을 부분은 다시 제작'하는 절차를 반복할 것이다. 요컨대 양자 컴퓨터는 거의 무한에 가까운 컴퓨팅 자원을 이용해 방대한 데이터를 학습하고, 지금까지 세상에 존재하지 않았던 무언가를 내놓을 것이다. 물론 현재의 기술 수준으로는 도저히 불가능한 이야기이지만 기술이 발전하는 속도를 감안했을 때 앞으로도 영영 불가능하리라고 단정 지을 수는 없다.

포스트 휴먼 시대는 과연 도래할 것인가?
지배당할 것을 두려워하는 인류

컴퓨터가 계속 발전해서 언젠가 인간이 기계에 지배당하는 세상이 오지 않을까 걱정하는 것은 어찌 보면 당연하다. 기계가 인간을 지배하는 모습은 수많은 작품에서 단골 메뉴로 다뤄져왔다. 데즈카 오사무의 1967년 작품인 《불새》 '미래편'이 그중 하나다. 사진 6

사진 6 컴퓨터가 지배하는 사회를 그린 만화
《불새》 미래편 91쪽(데즈카 오사무, 1992년)

2010년대에 들어서면서 제3차 인공지능 붐이 찾아왔다.[7] 인공지능과 관련한 열기가 뜨거워진 가운데 우리는 앞에서 소개한 기계학습과 딥러닝 못지않게 기술적 특이점singularity이라는 단어를 자주 접하게 되었다.

이는 '기술이란 평소에는 일정한 속도로 발전하다가 한 번의 크나큰 혁신을 경험하면 가파른 상승 곡선을 타기 마련'이라는 믿음에서 비롯된 개념이다. 특이점의 존재를 믿는 사람들은 이로 인해 인류 문명이 지금까지 선형적 성장이 아닌 지수 함수적 성장을 구가해왔다고 생각한다. 그림 6

우리가 당연하게 여기는 스마트폰은 그 자체가 특이점일 수도 있다. 휴대전화 관련 기술은 1960년대부터 개발되었으며 소형화, 실용화, 다기능화 관점에서 점진적으로 발전해왔다. 그러나 스마트폰이 등장하면서부터 양상이 완전히 달라졌다는 사실은 여러분도 익히 잘 알고 있을 것이다.

7 제1차 붐은 1950년대 후반부터 1960대까지 이어졌고, 제2차 붐은 1980년대에 찾아왔다. 1, 2차 모두 초기에는 '인공지능을 이용하면 무엇이든지 가능해질 것'이라고 한껏 기대를 했지만 현실 세계에 적용할 만한 수준은 아니라는 사실이 밝혀지면서 열기가 식었다.

처음 등장했을 때는 우스꽝스러운 장난감 정도로밖에 보이지 않던 스마트폰이 오늘날처럼 엄청난 기능을 탑재하게 되리라고 누가 예상했겠는가?

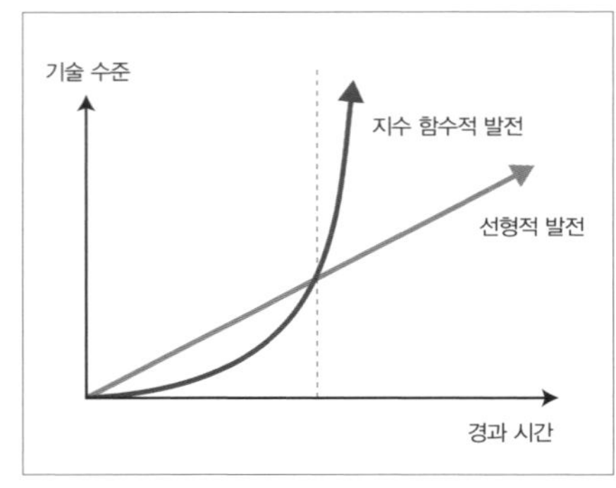

그림 6 인류의 기술 단계는 지수 함수적으로 발전한다.

이뿐만 아니라 스마트폰에서 중추적 역할을 담당하는 기술의 약진도 눈에 띈다. 예를 들어 스마트폰용 수요에 대응하고자 관련 업체들이 거액의 연구 개발비를 들여 개발한 자이로 기술은 결국 드론 개발의 밑거름이 됐다. 그리고 드론에 탑재되는 소형 카메라도 원래는 스마트폰용으로 개발된 부품이다.

이러한 사실을 미뤄봤을 때, 정신 신서사이즈(한 사람의 감정과 생각을 외부에서 완벽하게 통제하는 기술), 인간과 지적 수준이 동일한(또는 그 이상인) 인공지능, 인간 의식을 기계로 옮기는 기술, 생명 연장 기술 등이 아직까지는 전혀 실체가 없지만 '수십 년 뒤에도 절대 실현될 수 없을 것'이라고는 누구도 단언할 수 없다.

어쩐지 불안한 기분이 드는가? 병을 진단하고 판결을 내리는 일은 분명 인공지능의 몫이 될 것이며, 전 세계 곳곳에 있는 인공지능이 서로 주식과 외환 거래까지 할 날이 올지도 모른다. 그러나 컴퓨터는 아무리 뛰어나봤자 컴퓨터에 불과하다. 오늘날 인간 사회가 컴퓨터 없이는 이룩될 수 없었던 것처럼 컴퓨터 또한 인간의 도움 없이는 존속할 수 없다. 특이점이 온다고 하더라도 그로 인해 컴퓨터가 완전히 다른 존재로 재탄생하지 않는 한, 앞으로도 이러한 상호 보완적인 관계가 계속될 수밖에 없다.

최근 들어 '인공지능에 일자리를 빼앗긴다.'라든지 '인공지능이 인류를 지배하게 될 것이다.'라는 불안을 조장하는 이야기가 여기저기서 자주 들린다. 그러나 이런 생각을 퍼뜨리는 사람들은 문외한인 경우가 많으며 인공지능에 대해 깊이 연구한 사람들은 이러한 전망에 회의적이다.[8] 지배하고, 지배당한다는 이분법은 전근대적 사고 방식에서 비롯된 시각이 아닐까 한다.

8 모 대학 연구자는 "인공지능 때문에 일자리를 잃을 거라고 하지만 일본처럼 엄청난 속도로 노동 인구가 감소하고 있는 국가에서는 부족한 일손을 돕는 셈이니 오히려 좋은 것 아닌가?"라면서 "본래 이런 식의 주장을 하는 사람들은 인공지능의 '인' 자도 제대로 이해하지 못하는 경우가 대부분이라 대꾸할 가치조차 없다."라고도 논평했다.

언젠가는 과거와 미래로 여행을 떠날 수 있을까?

시간 여행을 소재로 한 만화 《도라에몽》

두말하면 입이 아픈 일본의 국민 만화. 22세기에서 온 고양이 로봇과 보내는 조금 색다른 일상을 그렸다. 퉁순이와 죽어도 결혼하기 싫었던 주인공 진구는 도라에몽의 도움으로 미래를 바꿔 결국 이슬이와 연을 맺는다. 이렇듯 역사를 마구 뒤집어놓지만 웬일인지 타임 패트롤에게 붙잡히지는 않는다.

그 밖의 작품

《타임슬립 닥터 진》 《노부나가 콘체르토》 《테르마이 로마이》 《전국 자위대》 《괴짜 이야기》 〈백 투 더 퓨처〉

개발도상국, 특히 아프리카에 살고 있는 사람들은 가난한 환경 속에서도 미소 짓는 이유가 무엇일까? 선진국에 사는 사람들은 부유한 환경에 살면서도 왜 미간을 잔뜩 찌푸리는 것일까?

가난한 나라에서는 오늘 하루 최선을 다해 살지 않으면 내일이 없다는 마음가짐으로 살아가지만 선진국에 사는 우리는 오늘과 내일에 충실하기보다는 먼 미래만 보고 살아가기 일쑤다. 그들은 '오늘을 살고' 우리는 '내일을 살고' 있다고 정리할 수 있다. 그런데 미래에 어떤 일이 생길지는 누구도 모르기 때문에 앞날을 생각하면 그저 마음 한편이 불안해지고 금세 우울한 기분에 빠져들 수밖에 없다.

괜히 센티한 이야기를 해서 서설이 길어지고 말았다. 자, 이제부터는 미래로 날아가서 마음속에 켜켜이 쌓였던 불안감을 한 방에 날려버리자! 그렇다, 이번 장의 테마는 시간 여행이다. 과학의 힘으로 시공을 뛰어넘는 날이 과연 찾아올까?

타임머신을 만드는 것이 가능하긴 한 걸까?

예전에 SF 작품에서 타임머신이 단골 메뉴로 등장한 적이 있다.그림 1 물론 오늘날에도 미래 모습을 미리 내다보거나 미래로 시간 여행을 떠나는 애니메이션과 게임이 큰 인기를 끌고 있다.[1]

타임머신이라는 개념이 처음 등장했을 때 과학자들은 말도 안 되는 이야기라고 무시했다. 그러나 물리학이 발전하면서 시간 여행이 '이론상으로' 전혀 불가능하지는 않은 것으로 받아들여지고 있다. 여전히 '절대로 불가능한 일'이라고 주장하는 물리학자도 있기는 하지만 이론적으로만 보자면 가능하다는 것이 오늘날의 정설이다. 그런데 시간이란 도대체 무엇일까?

1 특정 시간대로 몇 번이나 반복해서 여행하는 '타임 루프'도 시간 여행에서 파생된 장르다. 게임 소재로 활용하기에 좋아서 〈슈타인즈 게이트〉 〈인피니티〉 〈이 세상 끝에서 사랑을 노래하는 소녀 YU-NO〉와 같은 숱한 명작이 탄생하기도 했다. 특히 짧은 구간을 반복해서 타임 루프 하는 모습을 무려 8주간이나 방영한 TV 애니메이션 〈스즈미야 하루히의 우울〉의 에피소드 〈엔들리스 에이트〉(2009년)는 전설로 통한다.

그림 1 사람들이 보통 상상하는 타임머신의 모습

우리가 살고 있는 이 세상이 3차원이라고 생각하는 사람도 꽤 있을 테지만 사실은 4차원이다. 시간 축이 있기 때문이다. 높이, 폭, 깊이로 구성된 3차원 공간은 시간이 경과함에 따라 함께 변화한다. 시간 경과를 하나의 블록으로 보면 '시간+3차원=시공'이라고 표현할 수 있다.

픽션에서는 상식으로 통하는 시공이라는 개념이야말로 타임머신을 이해하기 위해 반드시 알고 있어야 할 필수 지식이다. 그리고 하나 더 알고 있어야 할 것은 '특수상대성이론'이다. 여보세요, 거기 독자분! 좀 어려운 단어가 나왔다고 책을 덮으면 아니 되옵니다!

간단히 말해서 아인슈타인의 특수상대성이론에 따르면 빠른 속도로 이동하는 물체의 시간 축은 느린 속도로 이동하는 물체의 시간 축과 다르다. 달리 표현하자면 매일 시속 수백 km의 속도로 날아다니는 파일럿의 시간은 지상에 살고 있는 사람들의 시간보다 느리게 간다는 것이다.

그렇다면 계속해서 빠른 속도로 이동하는 사람은 결국 남들보다 오래 살 수 있다는 뜻일까? 물론 그렇기는 하지만 안타깝게도 그 차이는 상당히 미미하다. 시속 수만 km로 지구 주위를 쉴 새 없이 빙빙 도는 우주정거장에는 우주비행사가 살고 있다. 기네스 기록에 따르면 우주비행사의 시계는 지구 시간에 비해 겨우 0.02초밖에 느리지 않았다. **그림 2** 다만 고속으로 수십 년 동안 날아다니는 인공위성의 경우 그 차이는 결코 무시할 수 없을 만큼 벌어지곤 해서 특수상대성이론에 입각해서 만든 시간 보정 프로그램을 탑재한다고 한다. 이런 노력 덕분에 우리는 자동차 내비게이션을 아무런 문제없이 사용할 수 있는 것이다. 아인슈타인 선생님, 감사합니다!

시속 20,000km로 지구
주위를 빙빙 도는 우주정
거장에서 2년 이상 거주
하더라도 지구 시간과 불
과 0.02초밖에 차이가 나
지 않는다.

그림 2 초고속으로 이동하는 환경에서 발생하는 시간차

미래로 날아가는 타임머신의 원리? 필요한 에너지는 어떻게 마련해야 할까?

지금까지 알아본 것처럼 시간 여행이라는 개념은 이론상으로는 문제될 것이 없다. 하지만 '이론상'으로만 문제없다는 게 가장 큰 문제다. 지구를 시속 20,000km라는 엄청난 속도로 2년 이상 빙빙 돌아봤자 경우 0.02초밖에 차이 나지 않는다는 점을 감안하면 앞으로 풀어야 할 숙제가 얼마나 많은지 어느 정도 가늠해볼 수 있다.

그렇다면 '미래로 여행을 떠났다'고 온몸으로 체감할 수 있으려면 도대체 어느 정도의 에너지가 필요한 것일까? 일단 수치로 계산된 것은 있다. 시공을 돌파하는 데 필요한 에너지의 양은 한 번 슬쩍 봐서는 도저히 이해할 수 없는 계산식을 통해 도출된다.그림 3

그렇다. 이것만으로는 이해할 수 없으니 조금 더 알기 쉽게 풀어서 설명해보자. 전극 사이의 전압이 1볼트일 때 전자가 얻는 에너지를 1eV 전자볼트라고 한다. 1eV는 '1.602×10^{-19}J'(1J은 1뉴턴의 힘으로 물체를 1m 이동하기 위해 필요한 에너지-옮긴이)이다. 2016년 현재, 세계에서 가장 강력한 에너지를 발생시키는 소립자 연구 시설인 'LHC'(Large Hadron Collider. 대형 강입자 충돌기)는 무려 7조 eV를 생성할 수 있다. 이를 달리 표현하면 7×10^{12}에 해당한다. 지수指數와 대수對數를 조금이라도 공부해봤다면 10의 28제곱이란 수치가 얼마나 큰 값인지 잘 알 것이다.[2]

그러나 이렇게 엄청난 양의 에너지를 가지고 미래로 보낼 수 있는 것은 고작 전자 1개뿐이다. 결국, 인간을 안전하게 미래로 보낼 수 있으려면 일반 가정에서 데스스타(영화 〈스타워즈〉에 등장하는 거대한 전투용 인공위성이다. 데스스타에서 발사되는 슈퍼레이저는 지구만 한 크기의 행성을 단숨에 날려버릴 수 있을 정도로 강력하다.-옮긴이)가 이리저리 굴러다닐 정도로 엄청난 수준의 과학이 필요할 것이다.

이는 너무나도 비현실적인 이야기이니 이번에는 조금 더 현실적인 계획을 소개해보려 한다. 그것은 바로 일정 부분만 미래와 현재를 연결하는 공간을 만들어서 미래를 엿본다는 발상이다.

이를 실현하는 것이 레이저 광선에 의한 시공 변형이다. 레이저 광선이란 빛을 한데 모아서 발사하는 것으로 광선 주변의 시공은 약간 뒤틀려 있다. 이에 레이저 광선을 링 모양으로 배치해서 블랙홀 주변처럼 뒤틀린 시공간을 만들어내는 것이다.그림 4 미래의 일부를 닫힌 시간으로서 빼

2 권총의 총알이 목표물에 명중했을 때의 에너지가 약 500줄이라고 한다.

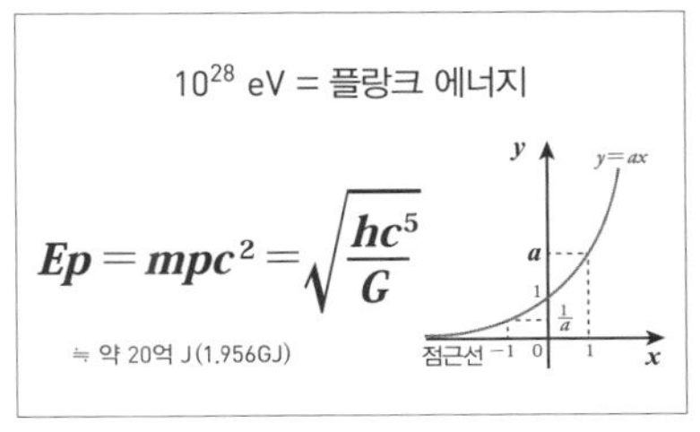

그림 3 시공을 돌파하는 데 필요한 에너지양

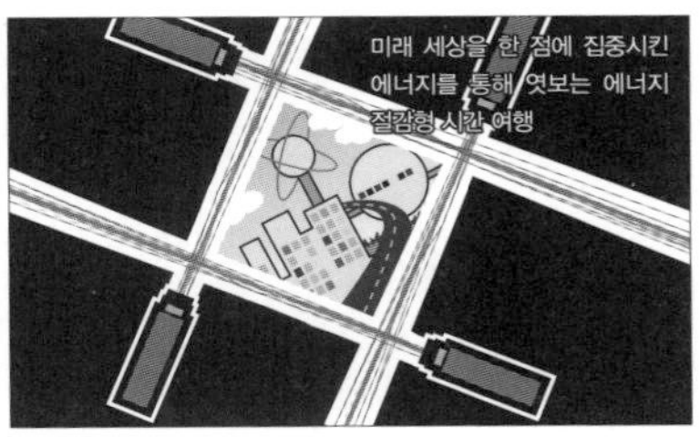

미래 세상을 한 점에 집중시킨
에너지를 통해 엿보는 에너지
절감형 시간 여행

그림 4 이론상 가능한 엿보기형 타임머신

낸다는 논리다.[3] 이 기술을 개발하는 데 성공하면 미래의 아주 작은 부분을 잘라서 현재로 가져올 수 있을 것이다. 날아다니는 패킷(Packet. 데이터 전송 단위)을 낚아채면 미래 세계에 관한 정보를 확인할 수 있을지도 모른다.

과거로 떠나는 시간 여행의 가능성

미래로 시간 여행을 떠나는 것과 관련해서는 그래도 어느 정도 이론적으로나마 예전에 비해 많은 것들이 분명해졌다. 상당히 한정적이기는 하지만 미래로 가는 여행 티켓을 손에 넣는 것이 이론상으로나마 가능하다고 확인됐고, 미래로 보내는 데 대략 어느 정도의 에너지가 필요할지도(그 에

3 이와 비슷한 장치가 영화 〈데자뷰〉에 등장한다.(덴젤 워싱턴이 출연했다.) 다만 이 작품에서는 과거를 엿보는 장치로 묘사됐다.

너지를 어떻게 마련해야 할지는 아직 누구도 대답할 수 없지만) 알고 있다.

한편, 과거로 향하는 타임머신과 관련해서는 어떤 기술을 활용해야 할지 아직 알 수 없다. 미래로 가는 시간 여행에 비하면 사실상 아무것도 손댄 게 없는 상태인 것이다. 상황이 이렇지만 현대인이 과거로 여행을 떠나서 악전고투를 치른다거나 미래 세상에서 온 누군가와 함께 생활한다는 이야기는 꽤나 매력적이어서 이런 소재를 다룬 수많은 작품이 지금까지 전 세계에서 만들어졌다.

앞에서 소개한 《도라에몽》을 비롯해 '미래에서 누군가가 찾아온다'는 테마는 스토리가 아무리 황당무계하게 전개되더라도 '미래 기술로 이미 해결한 부분'이라고 설정하면 간단히 독자와 시청자들을 납득시킬 수 있다.(이게 좋은 것인지 나쁜 것인지는 일단 제쳐두자.) 지금부터는 현대인이 과거로 시간 여행을 떠날 수 있다는 가정하에 이러저러한 내용을 살펴보자.

현대의 이지스 전함이 통째로 제2차 세계대전이 벌어지는 현장으로 워프warp하거나, 자위대 1개 중대가 전국 시대의 전투에 말려들거나, 공부하기 싫어하는 고등학생이 전국시대의 장군이 되어 역사를 바꾸려고 고군분투하는 등 과거로 떠나는 시간 여행을 다룬 작품은 여행을 떠나는 사람(주인공)과 여행지(무대)가 다양하지만 주로 휴먼 드라마의 성격이 짙고, 최첨단 기술을 다루는 이야기가 큰 비중을 차지하는 경우는 드물다.

그런 가운데에서도 천재 외과의사가 발을 헛디뎌서 에도 막부 말기로 타임슬립하는 이야기를 그린 만화《타입슬립 닥터 진》은 예외적인 존재다. 이 만화의 주인공은 21세기에서 가지고 간 최소한의 의료 기구를 바탕으로 지혜를 짜내서 항생 물질인 페니실린까지 만든다. 필자는 드라마에 등장한 몇 가지 안 되는 도구만으로 페니실린을 만들어낼 수 있냐는 재현성과 관련한 시비는 제쳐두고, 일단 그러한 기술을 작품 속에서 활용했다는 것 자체가 상당히 참신하게 느껴졌다. 게다가 이공계 지식이 많지 않은 사람도 충분히 즐길 수 있을 만큼 내용이 어렵지 않아서 좋았다.사진 1

사진 1 역사를 바꾼 닥터 진 《타임슬립 닥터 진》 제3권 130쪽(무라카미 모토카, 2003년)

그러나 문득 이런 의문이 들었다. 만약 과거로 돌아간 사람이 자애로운 품성을 가진 사람이 아니라면 그다음의 이야기는 어떻게 전개될까? 자애롭기는커녕 자신의 욕심을 채우기 위해서 마음껏 날뛰는 불량배라면? 아니면 짐승만도 못한 과학자를 실수로 과거 세상으로 보냈다면? 이제부터는 이처럼 '만약'이라는 관점에서 생각해보려고 한다.[4] 어느 미친 과학자가 과거로 시간 여행을 떠난다면 그자는 악의 제왕이 될 수 있을까?

4 여기서는 일단 언어 장벽이 없다고 가정하자. 참고로 한 방송 채널에서 본 내용에 따르면 현대인은 18세기 무렵의 사람과는 별 문제없이 의사소통할 수 있을 것으로 예상한다.

미치광이 과학자는 과거로 돌아가서 무엇을 할 수 있을까?

상황 1 : 막부 말기(1853~1868)

우선 《타임슬립 닥터 진》의 주인공처럼 몸뚱이 하나만 막부 말기 무렵으로 내던져진 상황부터 상상해보자.

막부 말기가 시작된 것은 미국의 페리 제독이 함대를 끌고 나타났던 1853년인데, 21세기 세상에서 이곳으로 간 미치광이 과학자는 무엇을 할 수 있을까? 사실 이때는 이미 산업혁명이 한창이었던 시대이기 때문에 문명 수준도 꽤 높았다.

당시의 최첨단 기술로는 무엇이 있었는지 살펴보자. 가장 먼저, 선반은 물론이요 드릴링 머신과 밀링 머신까지 존재했다.[5] 또한 1858년에는 리볼버 권총이 등장할 정도로 총과 관련한 기본 기술은 이미 완성된 상태였다. 이러한 내용을 종합해보면, 현대 지식을 가진 과학자가 AK-47 같은 돌격용 소총 정도는 만들 수 있을 것 같다. 막부 말기에 AK-47 같은 무기를 보유하고 있다면 전황을 순식간에 크게 뒤집을 수 있을 것이다.[6] 그림 5 그러나 엔진을 만들 정도의 기술은 없었기 때문에 전차와 전함 같은 무기

5 선반은 '기계를 제조하는 기계'의 원조로서 마더 머신(mother machine)이라고도 불린다. 선반이 있었기 때문에 비로소 인류는 공업 제품을 대량 생산할 수 있었다. 영국 출신 기술자인 헨리 모즐리가 1797년에 발명했고 1810년 무렵부터 널리 사용되었다.

6 실제로 간에이지(寛永寺)라는 절에 숨은 쇼기타이(彰義隊. 구세력 군대)는 신정부군이 보유한 암스트롱포 앞에서 무참히 패퇴했다. 암스트롱포는 당시 최첨단 무기였다. 그러나 만약 당시에 쇼기타이가 AK-47을 소지하고 있었더라면 신정부군을 순식간에 무찔렀을 테고, 결국 우에노 지역은 사쓰마번과 조슈번(새 정부의 중심 세력)에 가담한 사람들의 피로 물들었을 것이다.

를 제조하기는 매우 어려웠을 것이다.

약품으로는 석유 산업의 부산물인 황산이 존재했다. 그리고 스웨덴의 셸레Scheele라는 화학자가 1774년에 염소를 발견했고, 프랑스의 벨르톨레Berthollet라는 화학자가 1785년에 염소를 공업화하는 데 성공해 오늘날에도 수영장용 표백제로 잘 알려진 차아염소산나트륨을 세탁용 표백제로 판매했다. 이렇듯 당시에도 이미 존재했던 황산과 염소를 혼합하면 독가스 무기와 염소 가스를 생산할 수 있다.

그림 5 미래 기술을 이용해 메이지유신을 원래 없었던 일로 만든다?

또한 1832년에는 프랑스의 히폴라이트 픽시Hippolyte Pixii 박사가 오늘날 발전 장치의 기초가 된 다이나모 발전기를 발명했고, 이를 계기로 전기를 만들어낼 수 있었다. 전기를 사용할 수 있다는 것은 곧 아크 방전을 통해 질산을 만들 수 있다는 것을 의미한다. 질산이 있으면 석탄에서 나오는 석탄산페놀을 트라이니트로Trinitro화해서 TNT에 필적하는 초고성능 군용 폭약을 만들 수 있다. 이를 포탄 가공 기술과 접목하면 약 300년 후에 등장할 무기를 일찌감치 확보할 수 있다.

상황 2: 전국 시대(15~16세기)

전기와 약품도 없고, 유일하게 가지고 있는 것은 지식뿐. 이런 시대에 미치광이 과학자를 보내면 어떤 일이 생길까?

우선 화학 쪽부터 살펴보면, 후쿠이현福井縣 아카타니 광산 부근에서 맹독인 비소 결정을 채취할 수 있다. 현재는 전부 채굴해버려서 하나도 남아 있지 않지만, 전국 시대에는 가치를 아는 사람이 전혀 없기 때문에 쉽게 얻을 수 있을 것이다.사진 2 비소를 태워 만든 재를 물에 녹인 것은 무미무취의 맹독이다. 그 유명한 아쿠아 토파나Aqua Tofana[7]가 완성된 것이다. 이것으로 마법을 부리듯 마음에 들지 않는 사람들을 쥐도 새도 모르게 죽일 수 있다.

사진 2 천연 비소

한편, 황산은 구사쓰草津 온천 같은 곳에서 물을 길어다가 도자기 냄비에서 끓이면 약품으로 사용할 수 있을 만큼 충분한 양을 얻을 수 있다. 질산칼륨질산칼륨염을 동물의 배설물에서 얻는 기술은 당시에도 이미 있었기 때문에 질산칼륨과 황산을 이용해 니트로 래디컬을 만들고, 석탄을 증류해서 얻을 수 있는 페놀을 니트로화하면 폭약을 만들 수 있다.(단, 비용 측면에서는 최악의 방법이다.)

대량 살상 무기인 생물학 무기도 과학 지식만 있으면 전국 시대에도 얼마든지 만들 수 있다. 설탕이 많이 들어간 계란찜을 만든 뒤 탄저병(오늘

7 17세기 이탈리아에서 토파나라는 여성이 독극물인 아비산을 주원료로 만든 화장품이었다. 남편을 죽이고 싶은 부인들 사이에서 매우 인기가 있었다고 한다. 아쿠아 토파나를 바른 아내의 뺨에 입술을 갖다 댄 남편들은 결국 치사량 이상의 독을 먹고 사망했다.

날에는 거의 사라졌다.)에 걸린 소와 말의 고름을 채취해서 찜이 들어 있는 통 안에 넣고 배양하면 된다. 이렇게 하면 위력이 엄청난 살상 무기를 만들 수 있다. 한편 폭약으로 둑을 터트리면 굳이 전투를 벌이지 않아도 상대방을 전멸시킬 수 있다.

과거로 날아간 사람의 말로?
안타까운 최후가 기다릴 뿐!

미치광이 과학자는 어떤 도구나 물품 없이 과거로 날아가도 이곳저곳에 흩어져 있는 것을 활용해서 꽤 위험한 무기를 만들 수 있다. 그러나 아무리 위험한 인물이 과거로 떠났다고 해도 크게 걱정할 필요는 없다. 신경 써야 할 위생 문제가 너무 많아서 아마도 1년도 버티지 못하고 죽을 것이기 때문이다.

우리는 어렸을 때부터 항생 물질의 도움을 계속 받아왔기 때문에 옛날 사람들에 비하면 면역력이 형편없다. 과거는 현대 의학이 발달하기 전이었던 데다 기생충도 오늘날과는 비교할 수 없을 정도로 많았다. 누가 가든지《타임슬립 닥터 진》의 주인공인 미나가타 선생님이 도와주지 않는 한 살아남기는 매우 어려울 것이다. 야망을 이루기 전에 병사할 가능성이 높다니, 참 안타까운 일이 아닐 수 없다.

터졌을 때 빨간 불꽃이 하늘로 솟구치지 않는다고?

폭탄을 소재로 한 만화 《브툼!》

폭탄을 가지고 전투를 벌이는 온라인 게임 '브툼!'의 고수인 주인공이 진짜 폭탄을 들고 싸워야 하는 현실판 '브툼!'에 영문도 모른 채 강제적으로 참가하게 된다. 폭탄을 전면에 내세운 보기 드문 작품이다.

그 밖의 작품

〈봄버맨〉 〈스즈키 폭발〉 《명탐정 코난: 11번째 스트라이커》 〈사보추어〉

게임은 말할 것도 없고 만화, 영화, 안방에서 즐기는 TV드라마에 이르기까지 수많은 픽션에서 심심치 않게 등장하는 것이 바로 '폭발'이다. 앞에서 소개한 작품은 극히 일부에 불과하고 폭발 장면을 볼 수 있는 작품들은 일일이 셀 수 없을 정도로 많다.

하나도 남김없이 모조리 날려버리는 폭발, 그리고 그렇게 할 수 있게 해주는 폭탄. 두 가지 모두 너무나도 익숙하지만 폭탄의 원리까지 이해하는 사람은 의외로 많지 않다. '어차피 펑 하고 터질 건데 원리까지 알 필요가 있나요?'라고 묻는다면 뭐 더 할 말이 없지만, 분명한 것은 원리를 알아두면 결코 손해 보는 일이 없다는 점이다. 그리고 내친김에 폭탄의 실제

위력은 어떠한지, 차세대 폭탄으로는 어떤 게 있는지를 알아보다 보면 주변의 흔하디흔한 밀리터리 마니아가 함부로 따라올 수 없을 정도로 깊이 있는 무기 관련 지식을 쌓을 수 있을 것이다. 따라서 이번에는 폭탄에 대해 자세히 살펴보려고 한다.

픽션에 등장하는 폭탄은 전부 가짜다!
폭연과 폭굉의 정체

얌전하게 살아온 독자들은 잘 모르겠지만 스프레이 캔에 불을 붙이면 불꽃이 타오르다가 폭발한다.(위험하니 절대 따라 하지 마세요!) 하지만 '아하! 이런 게 바로 폭발이라는 거구나!'라고 할 정도로 임팩트가 있지는 않다. 스프레이 캔이 터지는 것은 정확하게 말하면 폭발적 연소(deflagration, 줄여서 '폭연')에 해당한다. 폭발이라기보다는 폭발하는 것 같은 모습이다. 그에 비해 다이너마이트나 미사일에 의해 발생하는 폭발은 폭굉detonation이라고 부르는 현상이다.

그럼 폭연과 폭굉은 서로 무엇이 다른가? 가장 큰 차이는 폭속爆速이다. 폭속은 문자 그대로 폭발하는 속도를 의미하며, 눈앞에서 연기가 '얼마나 빨리 이동하는가'를 기준으로 폭발의 위력을 가늠하는 지표다. 폭연의 폭속은 기껏해야 초속 수백m 수준이지만, 폭굉의 경우에는 아무리 느려도 초속 2,000~3,000m 정도다. 즉, '펑' 하고 터지고 1분 뒤에 봤더니 터져나간 것이 500m 전방에 있느냐 아니면 몇 킬로미터나 떨어진 곳에 있느냐의 차이다.

참고로 할리우드 영화에서는 폭탄 공격을 받아 불꽃이 타오르는 장면

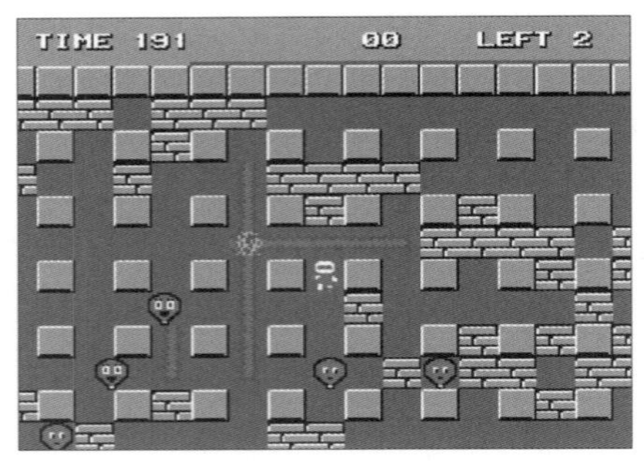

사진 1 불꽃이 길게 꼬리를 늘어뜨리는 형태로 터지는 폭탄은 없다. 〈봄버맨〉 © Konami Digital Entertainment

이 종종 등장하는데, 이는 순전히 픽션의 산물이다. 폭탄에는 기름이나 가스가 들어 있지 않기 때문에 폭굉으로 불꽃이 타오르는 경우는 없다.사진 1

다만 불꽃이 위로 올라가는 타입의 폭연은 산소 비율을 조절해서 폭굉화할 수는 있다. 예컨대 폭굉성 가스폭명 가스가 있다. 그러나 폭굉성 가스라고 하더라도 불꽃이 일시적으로 보이기만 할 뿐이지, 펑 하고 불꽃이 타오르지는 않는다.

폭연은 사물이 순간적으로 연소할 때 팽창하는 가스가 퍼져나가는 현상이다. 이는 상상하기 어렵지 않다. 그렇다면 폭굉은 어떤 현상일까? 이는 '폭약 전체가 충격파의 영향을 받아 일제히 안정적인 물질(이산화탄소와 탄소 등)이 되려고 하는 반응'이다. 여기까지만 보면 연소와 다를 게 없어 보이지만, 폭굉은 일련의 반응이 비정상적인 속도로 끊임없이 일어나는 것이 가장 큰 특징이다.

불꽃이 보인다는 것은 그만큼 연소되는 속도가 느리다는 것을 의미한다. 바꿔 말하면 에너지를 낭비하고 있는 것이다. 그러나 폭굉은 터지는 순간 섬광이 번뜩이지만 그 외에는 믿을 수 없을 정도로 기체를 팽창시키는데 대부분의 에너지를 사용한다.그림 1 이런 특징이야말로 폭약이 화약이나 연료가 폭발하는 것과는 격이 다르다는 것을 보여주는 증거다. 그리고 의외로 잘 알려지지 않은 부분이지만 폭굉을 일으키는 폭약은 불 속에 넣어도 안전하다. 그렇다면 어떤 원리로 폭발하는지 이제부터 설명해보겠다.

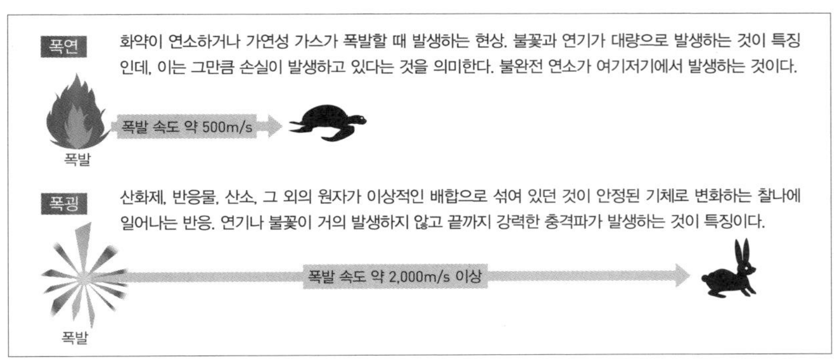

그림 1 폭연과 폭굉의 차이점

가혹한 환경에서 사용해도 전혀 문제없다! 폭약에 관한 상식

폭약을 주로 이용하는 장소는 토목공사 현장과 전쟁터다. 특히 전쟁터는 우리의 상상을 훨씬 초월하는 혹독한 환경이다. 엄청나게 춥거나, 햇볕이 작열한다. 아니면 다습하면서도 건조하고, 흙탕물이 질척거리거나, 진흙투성이인 현장이다. 무기로 사용될 폭약은 그렇게 온통 엉망진창인 환경에 놓이더라도 안정된 상태를 유지할 수 있어야 한다. 세상에는 군용 폭약에 필적할 만큼 위력이 무시무시한 것들이 꽤 많이 있다. 하지만 그런 것들은 대부분 안정성이 우수하지 않다.

예컨대 수류탄은 안전핀을 뽑지 않고 단지 그것을 쥔 채로 넘어졌을 뿐인데도 폭발하고 반대로 물에 젖어서 불발하기도 한다. 폭약이 전장의 혹독한 환경에서도 안정된 상태를 유지할 수 있는 것은 그만큼 인류의 지혜가 그 안에 가득 담겨 있다는 것을 의미한다.

참고로 폭약은 대량 생산할 수 있어야 한다. 대량 안정 합성법이라는 기술이 확립된 이후로 그 전까지는 별다른 주목을 받지 못했던 폭약이 일거에 국가의 주요 무기로 대두된 적도 있다.

이처럼 평소 안정된 상태에 있는 폭약이 순식간에 화학 반응을 일으키려면 충격파가 필요하다. 풍선을 바늘로 찌르면 터져버리는 것과 마찬가지로 폭약은 '뇌관'을 통해 폭약 전체에 충격파를 전달한다.(미사일의 경우에는 신관이라고 한다.) 스파이 영화에서 공작원이 플라스틱 폭탄을 설치한 뒤, 전선을 작은 폭죽처럼 생긴 것에 연결하고 플라스틱 폭탄에 끼워 넣는 장면을 본 적 있을 것이다. 이때 '폭죽처럼 생긴 것'이 바로 뇌관에 해당한다. 뇌관 안에는 전기 발화 같은 작은 에너지만으로도 충격파를 발생시켜서 폭발을 일으킬 수 있는 화약이 숨어 있다. 평상시에는 사압(死壓. 일정 수준 이상의 압력으로 압착하면 점화해도 연소하기만 할 뿐 폭발하지는 않는 현상-옮긴이)이라고 불리는 압축 상태로 있기 때문에 안정된 상태를 유지할 수 있다. 그러나 격철(擊鐵. 격발 장치를 의미하며 다른 말로 공이치기라고도 함-옮긴이)에 의해 충격을 받거나 전기 같은 외부 자극이 가해지면 일순간에 난폭하게 돌변한다.

카툰에 자주 등장해서 우리에게 매우 익숙한 T자 블래스터플라스틱 박스는 뇌관의 일종이다.사진 2 내용물은 다이나모 발전기 같은 것으로, 세게 누르면 안에서 전기가 만들어지고 부착돼 있는 단자를 통해 전기를 흘려보낸다. 따라서 누를 때 딸칵이 아니라 윙 하는 소리가 난다. 물론 오늘날에는 사용하지 않는다.

사진 2 기폭장치로 잘 알려진 T자 블래스터

총탄 중에는 격발뇌관percussion primer이라는 장치가 들어 있다. 따라서 총탄에 불을 대는 것은 극히 위험한 짓이다. 영화에서 화염에 휩싸인 탄약고 주변으로 총탄이 휙휙 하고 날아다니는 것은 총탄 안에 탄약과 화약이 함께 들어 있기 때문이다. 앞에서 '다이너마이트는 불 속에 던져도 폭발하지 않는다.'라고 설명한 것도 같은 맥락이다. 만약 여러분이 어딘가에서 다이너마이트를 입수했을 때, 자세히 확인해보지도 않고 '불에 던져도 괜찮아!'라고 대충 아는 척했다가는 큰일 날 수 있다. 다이너마이트가 단품이라면 그냥 불에 타기만 하겠지만 만약 뇌관이 탑재된 제품이라면 새까맣게 타는 정도로 끝나지는 않을 것이다.

그림 2 현실 세계에는 존재하지 않는 폭탄

여담이지만 영화에서 범인이 설치한 시한폭탄에 타이머가 달려 있고 파랗고 빨간 선이 보란 듯이 연결된 모습을 한 번쯤은 본 적 있을 것이다.그림 2 폭탄과 관련한 위법행위는 아주 무거운 죄가 된다.[1] 그럼에도 불구하고 폭탄을 설치할 정도로 정신 나간 누군가가 타이머와 전선을 눈에 띄게 설치할 이유는 없다. 이는 어디까지나 긴장감을 자아내기 위한 연출에 불과하다.

실제로 존재하는 초특급 폭탄들

그럼 이제부터는 실제로 어떤 폭약들이 존재하는지 살펴보자.

ANFO 폭약

폭약 중에서는 가장 얌전한 편이고 폭속은 초속 약 2,000m밖에 되지 않는다.(그렇다고 해도 일반 화약의 몇 배에 해당하는 빠른 속도다.) 특징은 화학 비료로 사용되는 초산암모늄에 적당한 기름을 섞어서 만들었을 뿐이라는 사실이다. 습기를 빨아들이는 성질이 우수하기 때문에 과립 형태로 생산한 뒤 방수제로 표면에 막을 입힌다.

'화학 비료와 기름만 있으면 만들 수 있단 말이지! 좋아 그럼 나도 한번 만들어볼까?' 하고 생각하는 사람도 분명 있을 것이다. 안타깝지만 일반적인 뇌관으로는 이렇게 만든 화약을 절대로 터뜨릴 수 없다. 다이너마이트나 플라스틱 폭탄에 준하는 실물이 없으면 폭굉하지 않는다. 주로 공사 현장이나 폭파 해체 시에 사용되지만 최근에는 조금 더 편리하고 안전한 폭약이 주류로 떠오르면서 ANFO 폭약은 역사의 뒤안길로 사라졌다.

1 일본 법을 살펴보면 예컨대, 폭발물단속법이라는 칙지(勅旨. 일왕의 명령으로 현재는 법적 구속력을 갖는다.)에 따라 치안을 방해하거나 사람의 생명과 재산을 침해할 목적으로 폭탄을 사용할 경우 '사형 또는 무기 또는 7년 이상의 징역이나 금고형'에 처해지게 되며, 폭탄을 사용하기 전에 발각되기만 해도 '무기 또는 5년 이상의 징역이나 금고'라는 형벌에 처해진다. 다른 사람들을 방해하거나 위해를 가하고자 하는 '목적'이 있었기 때문에 결과야 어찌됐든 상관없다는 것이며, 살인을 저지른 사람에게 내려지는 '사형 또는 무기 또는 5년 이상의 징역'과 비교하더라도 상당히 무거운 형벌이라고 할 수 있다. 한편, 폭발물을 발견한 사람이 즉시 경찰에 통보하지 않았을 시에는 8,000원 이하의 벌금을 부과한다는, 왠지 납득하기 어려운 형벌도 있다. (한국은 형법 119조에 폭발물을 사용해 사람의 생명, 신체 또는 재산을 해하거나 기타 공안을 문란한 자는 사형, 무기 또는 7년 이상의 징역에 처한다고 규정한다.)

다만 원료를 조달하기가 비교적 용이하기 때문에 해외에서는 대규모 테러에 활용되는 경우도 있다.[2]

TNT

모든 폭발물의 기준점 역할을 하는 존재다. 사진 3 수소폭탄과 원자폭탄의 위력을 나타내는 지표인 '킬로톤' kiloton. kt이나 '메가톤' megaton. mt이라는 표현은 TNT 트라이나이트로톨루엔의 위력으로 환산한 값이다.(1킬로톤은 TNT 천 톤, 1메가톤은 TNT 백만 톤을 터뜨렸을 때의 폭발력을 의미한다.-옮긴이)

또한 폭약 평가 항목 중에는 폭속 외에도 트라우즐 Trauzle 값이라는 게 있다. 값을 산출하는 방법은 이렇다. 납 케이스에 일정량의 폭약을 넣고 일정한 방법으로 폭굉하고, 이로 인해 공간이 확장되면 거기에 물을 넣어서 얼마나 확장됐는지를 측정한다. 그림 3 이 트라우즐 값 또한 TNT를 기준으로 삼아 그 값을 100으로 한다. 트라우즐 값은 판타지 세계에서는 유명한 개념이지만 실제로는 거의 사용되지 않는다. 참고로 TNT의 폭속은 초속 6,900m다.

RDX

불과 몇 년 전까지만 하더라도 폭약하면 딱 이것을 가리켰다. 폭속은 초속 8,000m에 달한다. 다시 말해 1초에 8km라는 엄청난 거리를 이동하는 미친 파괴력은 그야말로 폭약의 왕으로 불릴 만한 위용까지 자아낸다. 전차

2 2011년 노르웨이에서 발생한 테러 사건에서 ANFO 폭약이 사용됐다. 범인인 아네르스 베링 브레이비크는 ANFO 폭약을 제조하려고 무려 6톤이나 되는 화학 비료를 구입했다고 한다.

사진 3 정확히 1kg 상당의 TNT가 보여주는 폭발력

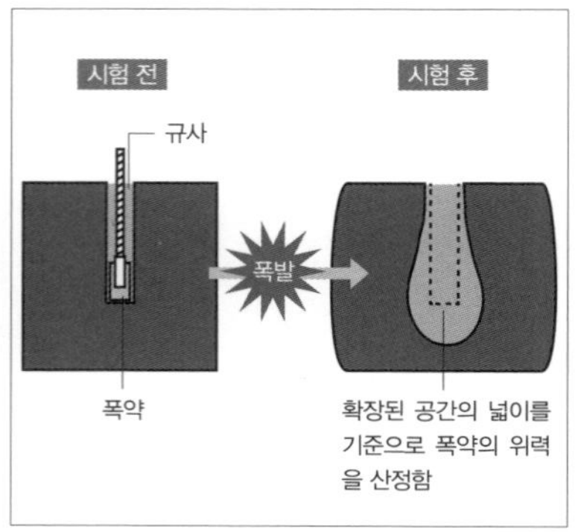

그림 3 트라우즐 값 계측법

용 포탄과 미사일의 메인 폭약으로 주로 사용되며 트라우즐 값은 약 160 정도다.

또한 밀가루와 섞으면 평범한 빵처럼 보일 정도로 뛰어난 안정성을 자랑한다. 이렇게 만든 RDX 빵은 물에 적신 뒤 반죽하면 금세 플라스틱 폭탄으로 돌변한다! 실제 상황에서 스파이들이 사용하기도 하는 꽤 쓸 만한 물건이다.

HNIW

정식 명칭은 '헥사나이트로헥사아자이소부르치탄'으로, 자꾸 읽다 보면 혀가 꼬일 것 같다. CL-20이라고 부르기도 한다. 믿기 힘들겠지만 일본에서 만든 폭약이며 RDX보다 20~30% 정도 더 강력한 초고성능 제품이다.[3] 일본에서 탄생한 뒤 전 세계 이곳저곳으로 날아가서 활개를 치고 있는 최신 군용 폭약이다. 'RDX에 비해서 겨우 30% 정도 강력해진 게 뭐 그리 대단하냐.'라고 말하는 사람도 있겠지만, 미사일에 실을 수 있는 폭약의 양은 한계가 있기 때문에 위력 밀도를 높이는 것은 상당히 중요한 일이다. HNIW의 트라우즐 값은 무려 253에 달한다.

열압력 폭약

SF 영화에나 등장할 법한 경이로운 위력을 자랑하는 무기이며 실전에 투입되고 있다. 열압력thermobaric 폭약의 성분은 한 가지가 아니고 알루미늄, 지르코늄, 붕소, 마그네슘, 카본이 혼합된 물질에 니트로에스테르와 니트로 화합물을 섞었다. 산소가 존재하거나 상온인 상태에서는 이러한 물질들을 섞기만 해도 큰 폭발을 일으킨다. 이렇게 혼합한 뒤에는 반죽하고 굳혀서 탄약을 만든다. 목표물에 명중하는 순간, 분진을 흩날리고 공기 중의 산소를 흡수해 폭굉한다.그림 4 폭격된 지점에만 피해를 주는 일반 폭약과는 달리 주변 구석구석까지 모조리 쓸어버리는 무자비한 무기다.

옥타나이트로큐베인

큐베인cubane이란 입방체 형태의 탄화수소를 뜻하고 옥타octa는 8을 의미한다. 옥타나이트로큐베인Octanitrocubane은 다시 말해 탄소로 입방체를 만들고 각각의 귀퉁이에 니트로기를 매달은 환상적인 형태를 가진 분자다. 실제로 존재하며 이론상으로만 보면 HNIW보다도 강력하고 안정적이기까지 하다. 현 시점 기준으로 '이론상 최강'인 화합 폭약인 것은 분명하지만 합성 과정이 꽤나 위험하다는 것이 문제다. 대량 생산할 수 있는 방법이 확

3 원래는 미국 기업인 티오콜(Thiokol)사가 1987년에 개발했지만 가격이 매우 비싼 팔라듐을 촉매로 사용했기 때문에 비용이 많이 들 수밖에 없었다. 1999년에 일본의 아사히카세이공업이 메탄올을 이용해 HNIW를 합성하는 데 성공했다.

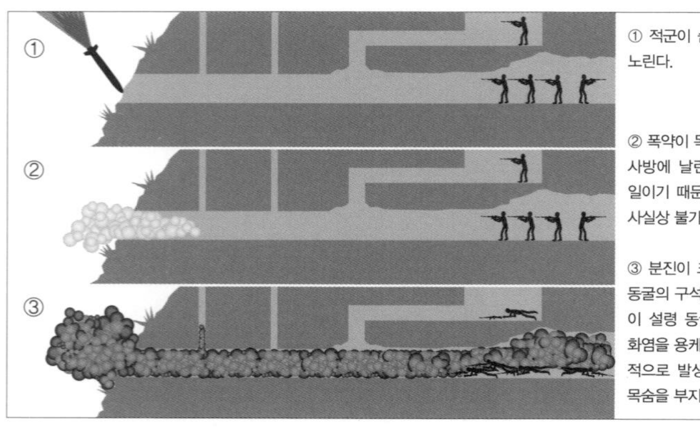

①
②
③
① 적군이 숨어 있는 동굴의 입구를 노린다.
② 폭약이 목표물을 타격하면 분진을 사방에 날린다. 순식간에 벌어지는 일이기 때문에 육안으로 확인하기란 사실상 불가능하다.
③ 분진이 크게 폭발하면 그 영향이 동굴의 구석구석에까지 미친다. 적군이 설령 동굴 속으로 짓쳐들어오는 화염을 용케 피했다고 하더라도 부차적으로 발생하는 기압 변화 때문에 목숨을 부지할 수 없다.

그림 4 열압력 폭탄의 위력

립되지 않았기 때문에 아직까지 무기로는 전혀 활용되지 못하고 있다.

핵무기

핵분열이나 핵융합에서 발생하는 방대한 에너지를 이용해 인명을 살상하고 파괴하는 무기다. 핵무기의 파괴력이 예사롭지 않은 이유는 우라늄과 플루토늄 같은 중원자가 핵분열을 통해 다른 원자[4]로 형태가 바뀔 때 질량 일부가 에너지 형태로 방출되기 때문이다. 아인슈타인의 특수상대성이론에 따르면 '에너지＝질량×광속의 제곱'인데 핵무기의 엄청난 위력은 바로 광속[5]의 제곱에서 비롯된다. 따라서 아주 작은 원자에서 방출되는 에너지라고 해도 그 양이 어마어마할 것임은 상상하기 어렵지 않다. 참고로, 수

4 방사성 요오드나 방사성 세슘 등이 대표적이다.

5 광속은 초속 약 30만km다. 나이가 좀 있는 남성이라면 아마도 만화 《세인트 세이야》에 등장했던 '1초 만에 지구 일곱 바퀴 반'이라는 대사를 기억할 것이다.

소폭탄은 일반 핵폭탄을 이용해 수소 핵융합을 일으켜 폭발력을 증가시킨 폭탄이다.

전자여기 폭약

질량이 에너지로 변환될 때 방대한 에너지가 방출되는 현상을 활용한 것이 핵무기라면, 모든 질량이 하나도 남김없이 에너지로 변환될 때까지 쥐어짜서 고밀도 에너지 폭탄으로 만들어내는 것이 전자여기電子勵起 폭약이다. 아직까지는 이론적으로만 증명됐을 뿐이며 실물은 없다.[6]

만약 전자여기 폭약이 개발되면 총탄 끝에 아주 조금 묻혀서 발사해도 건물을 가루로 만들어버릴 정도의 엄청난 위력을 발휘할 것이다. 전자여기 폭약의 파괴력은 이론적으로 TNT의 500배 이상일 것으로 생각된다.

6 극히 적은 양이 아주 짧은 시간 동안 실험실에 존재했다는 보고가 있다.

무엇이든 베어버리는 칼이 실제로 존재한다?

도검을 소재로 다룬 애니메이션 〈루팡 3세〉

루팡 일당 중 한 명인 이시카와 고에몽 13대손이 휘두르는 참철검은 아마도 픽션 세계에서 가장 유명한 도검일 것이다. 무엇이든 거침없이 벨 수 있지만 무슨 이유 때문인지 곤약은 베질 못한다. 작품 내에서는 그 외에도 베지 못하는 물건들이 다수 등장한다.

그 밖의 작품

《베르세르크》《바람의 검심》《YAIBA》《칼 이야기》

시대극 스타일의 무대에서 검객은 괴수를 상대로 난타전을 벌이고, 그가 검을 휘두를 때마다 상대는 여지없이 두 동강 나버리고 만다. 이처럼 무엇이든 베어버리는 도검은 만화와 애니메이션에서 종종 등장한다. 그렇다면 과연 현실 세계에서도 만들어낼 수 있을까?

사진 1 도검이 완전히 부러져버리는 전형적인 예

《드래곤 퀘스트:타이의 대모험》 제12권 164쪽(감수:호리이 유지, 글:산조 리쿠, 그림:이나다 코지, 1992년)

철을 이해하지 않고는 절대로 칼을 이해할 수 없다!
불에 달궈야 강해지는 철

우선 '칼이란 무엇인가?'라는 질문에 먼저 답해보자. 기본적으로 '철'로 만드는 것이 칼인데 애니메이션이나 만화에서는 큰 충격을 받으면 휘거나 부러지곤 한다.사진 1 철판을 이용해서 만드는 칼에 실제로 물리적인 힘을 가하면 휠지 아니면 부러질지 곧바로 대답할 수 있는 사람은 아마 거의 없을지도 모른다. 주변을 둘러보면 철로 만들어진 물건을 쉽게 발견할 수 있을 만큼 철은 친숙한 금속이다. 그런데 널리 알려지지 않은 재밌는 성질이 한 가지 있다.

쇠가 가진 흥미로운 속성을 단적으로 설명하면 '불에 달군 철'과 '불에 달구지 않은 철'은 성질이 크게 다르다는 사실이다. '불에 달군다'는 것은 무엇을 의미할까? 우리 주변에서 쉽게 찾아볼 수 있는 안전핀과 클립은 이를 이해하기에 딱 알맞은 예다.

안전핀은 불에 달궈 제작한 것인 반면 클립은 그렇지 않다. 클립은 손으로 구부렸다 폈다 하면서 쉽게 모양을 바꿀 수 있지만, 안전핀은 두께가

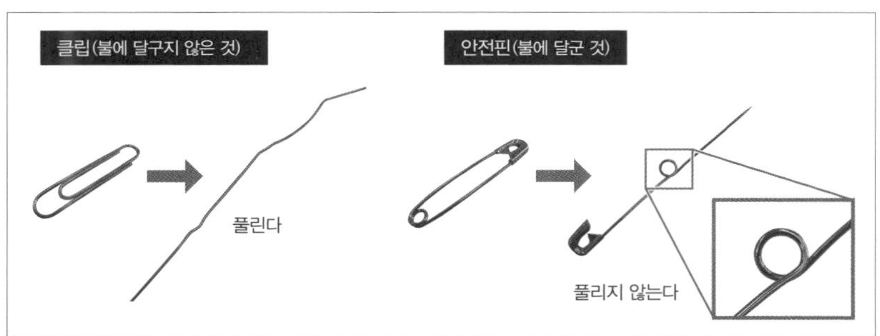

그림 1 불에 달궜을 때의 차이

클립과 비슷해도 잘 구부러지지 않는다. 특히 동그랗게 감겨 있는 부분을 손으로 푼다는 것은 거의 불가능해 보인다.그림 1 둘 다 자석에 달라붙는 쇠인데도 이런 차이가 생기는 이유는 무엇일까? 이는 '불로 달구는' 과정에서 쇠의 속성이 변하기 때문이다.

쇠는 상온에서 펄라이트(또는 페라이트+펄라이트) 상태로 존재하다가 열을 받아 변태점(철의 결정 구조가 변하는 지점)을 초과하면 담금질할 수 있는 상태, 이른바 오스테나이트austenite 상태로 변화한다. 이 상태로 변한 쇠를 천천히 식히면 원래의 펄라이트로 되돌아가지만 빨리 식히면 마르텐사이트martensite라는 매우 강한 분자 구조가 된다. 전문 용어를 사용하면 이해하기 어려울 테니 조금 더 쉽고 구체적으로 설명해보자.

담금질을 하려면 가마 내부가 빨갛게 달아오를 때까지 쇠를 가열한 뒤 끄집어내자마자 물, 압축 공기 또는 액체 질소 같은 초저온 물질로 급속히 열을 식혀야 한다. 이렇게 하면 쇠의 분자 구조가 견고해지고 강도가 올라간다.[1]

다양한 철의 종류

쇠의 성질은 큰 틀에서 보면 '경도'와 '인장 강도'(재료가 절단되도록 끌어당겼을 때 견뎌내는 힘-옮긴이)에 의해 결정되며 '담금질'을 거치면 각각의 점

1 엄밀히 말하면 칼과 나이프의 경우에는 담금질 뒤 다시 열처리하는 '뜨임' 공정도 필요하다. 다시 말해 칼은 '담금질' 뒤에도 몇 가지 공정을 거쳐 만들어지지만 본서에서는 설명을 쉽게 하기 위해서 쇠를 불에 달구는 공정에만 초점을 맞췄다.

수가 달라진다고 이해하자. 경도와 인장 강도는 서로 반비례한다. 경도가 올라가면 인장 강도는 낮아지고, 인장 강도가 올라가면 경도가 낮아진다.

'경도'란 문자 그대로 딱딱한 정도를 수치화한 것으로, 경도가 올라갈수록 딱딱한 물체와 맞닿았을 때 손상될 확률은 줄어들지만 그만큼 충격에는 취약해질 수밖에 없다. 한편 '인장 강도'란 금속의 질긴 정도를 수치화한 것이다. 인장 강도가 적당한 수준이면 충격을 받더라도 용수철처럼 원래의 형상으로 돌아갈 수 있지만, 너무 높으면 충격을 받을 때마다 누글누글해져버리고 만다.

칼을 무기로 사용할지 아니면 취사도구로 사용할지 정하고, 각각의 목적에 부합하도록 강도를 조절할 필요가 있다. 여담이지만, 만화와 애니메이션에서 불덩어리를 칼로 막거나 화염이 칼을 감싸는 모습이 자주 묘사되곤 한다.**사진 2** 그러나 그렇게 뜨거운 불에 달궈졌다가 서서히 냉각된 칼은 그때부터 칼이 아니라 강도가 약한 고철덩어리로 변모할 가능성이 크다.

한편, 담금질을 잘하면 무엇이든 벨 수 있는 꿈의 칼을 만들 수 있을 것 같지만 아쉽게도 그렇지 않다. 재료의 종류(철과 불순물이 몇 대 몇의 비율로 섞여 있느냐에 따라 달라진다.)에 따라 담금질의 난이도와 녹스는 정도 등 물성에 변화가 생기기 때문에 제련 방식도 용도에 따라 달리할 수밖에 없다. 이

사진 2 불꽃 검은 결국 망가져버리고 말 것이다.
《드래곤 퀘스트:타이의 대모험》 제5권 163쪽(감수:호리이 유지, 글:산조 리쿠, 그림:이나다 코지, 1991년)

처럼 성능을 인위적으로 끌어올린 철을 '강재'鋼材라고 한다.

강재의 종류는 엄청나게 많은데 각각의 차이는 그 속에 들어 있는 미량의 불순물에서 비롯된다. 예를 들어 스테인리스는 철을 주성분으로 하지만 자석에 달라붙지 않는 것도 있을 정도로 함유돼 있는 미량 원소에 따라 물성이 크게 달라진다. '탄소'와 '크롬' '몰리브덴' '규소' '망간' '인'과 같은 불순물이 얼마나 포함돼 있는지에 따라 성질이 달라지는 것이다. 이는 철이 가진 흥미로운 속성이다.

현대 과학으로 만들어보는 판타지 세계의 칼

철의 속성에 대한 이야기는 이쯤에서 마무리하고, 이제부터는 판타지 세계에 등장하는 칼을 만들기 위해 당장 적용할 수 있는 기술에 무엇이 있는지 살펴보자. 꿈의 칼인 만큼 기본적으로 '녹슬지 않고' '열에 강하며' '무엇이든지 벨 수 있는' 물성을 갖출 필요가 있다. 현존하는 기술로 과연 얼마나 구현할 수 있을까?

우선 칼의 바탕이 되는 철부터 살펴보자. 오늘날 가장 순도가 높은 철은 도호쿠 대학의 금속 재료 연구실이 제작한 초순철超純鐵이다.사진 3 철의 순도가 무려 99.9999%로 절대로 녹슬지 않는다.[2] 또한 초순철과 마찬가지

2 절대로 녹슬지 않는다기보다 녹슬 확률이 지극히 낮다고 표현하는 것이 더 정확할 것이다. 그러나 녹슬 확률이 너무도 낮기 때문에 '녹슬지 않는다'고 표현해도 무방하다.

寄附研究部門

鉄などの金属の純度を高めていくと予測もしなかった特性が現れることがある。例えば、10-10Torr 台の超高真空中溶製した純度99.999%級の超高純度鉄は大気中では殆ど錆びず、液体窒素中で塑性変形できるほど柔らかく、その再結晶温度は約300℃と低く、α-γ変態速度は極めて大きい。さらに、超高純度鉄に炭素を添加すると、層状パーライトよりも粒状セメンタイトの析出が安定になる。また、多量のクロムを添加した超高純度の合金は極めて有用な特性を呈するなど、従来とは異なる添加元素の効果が現れる。

21世紀を迎え、エネルギー産業などの最先端産業の飛躍が求められている。社会の要求を満たすには、より過酷な環境で安全に長期間使用可能な金属材料の開発が不可欠である。

当研究室では、鉄のみならずクロム、ニッケル、チタン、コバルトおよびそれらの合金を超高純度化して発現する極めて興味深い特性を解明する、すなわち「ナノメタラジー（ナノ金属学）」の研究と、エネルギー産業などの飛躍を導く金属材料開発の基礎的研究を行っている。

当研究室で溶製された超高純度鉄に含まれる64種の不純物元素を0.1ppm以下の定量下限で定量した結果、99.9996mass%以上、推測 99.9998mass%以上であることが分かった。その結果、米国標準局（NIST）、独国（BAM）、仏国などの研究者から、最も鉄らしい鉄として標準物質として高い価値が認められた。

사진 3 금속 재료 연구실의 웹사이트에 게재한 초순철의 모습 http://www.imr.tohoku.ac.jp

로 극도의 정련을 통해 뽑아낸 초순도의 크롬을 철과 혼합한 초순도 철-크롬 합금이라는 소재도 있다. 이는 녹슬지 않을뿐더러 강도가 높고 담금질이 쉽다. 게다가 가볍기까지 한 최고의 금속 소재다.

제조 비용은 엄청나게 비싸지만[3] 초순도 철-크롬 합금을 사용한다면 어느 정도는 가격을 낮출 수 있을 것이다. 그러나 판타지 세계에서는 다양한 사건사고가 벌어지게 마련이다. 무지막지하게 가혹한 환경에서 사용하다 보면 아무리 초순도 철-크롬 합금으로 만들어진 칼이라고 하더라도 얼마 못 가서 부러지거나 휘어져버리고 말 것이다. 따라서 더 많은 소재를 활용해 단점을 하나하나 보완해나가야 한다.

가장 먼저 고려할 필요가 있는 소재가 바로 '초경'超硬, 다른 말로 '서멧'cermet이다. 서멧이란 세라믹과 합금의 장점을 결합해 경도와 강도를 높인 소재로, 세라믹과 유사한 방법으로 생산된다. 금속을 절단하거나 연마하는 드릴의 날로 사용될 정도로 충격에 강하고, 가공비가 저렴하면서도 다이아몬드 다음으로 강도가 세며, 열에도 강하다. 서멧으로 강도를 높여

3 시중에서 판매되는 고순도 철(순도 99.99% 정도)은 1kg당 1천만 원에서 2천만 원 선이다. 초순철과 초순크롬은 판매되지 않지만 고순도 철보다 훨씬 비쌀 것임은 틀림없다.

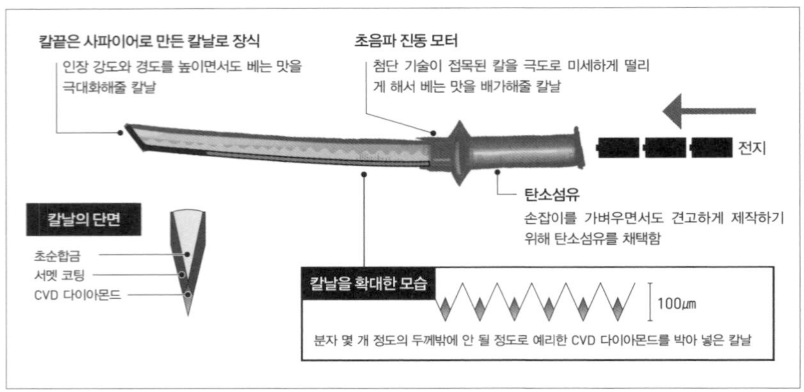

그림 2 무엇이든 잘라버리는 칼의 완성도

칼의 측면에서 가해지는 충격에 대비하자. 다만 서멧만으로 칼을 만들 수는 없고 금속의 칼끝에 작게 붙이는 형태로 가공해야 한다.

판타지 세계에서 사용할 칼인 만큼 합성 사파이어와 CVD 다이아몬드[4]도 당연히 고려되어야 한다. 사파이어와 다이아몬드 또한 초순철이나 서멧과 마찬가지로 인공적으로 만들어낼 수 있는 재료이며, 특히 CVD 다이아몬드는 기체를 이용해 한 층씩 쌓아 올리는 첨단 기술로 제조한다. 이러한 합성 방법으로 얻어진 결정은 전부 단결정이어서 결정의 약점인 벽개면(작은 충격으로도 쩍하고 쪼개지고 마는 결정 구조상의 약한 부분)이 없어 강도가 균일하다. 이렇게 만든 다이아몬드를 사용해 분자 단위에서 강도가 균일한 칼을 만들면, 이론상으로 자르지 못할 것이 없는 수준까지 끌어

4 CVD란 Chemical Vapor Deposition의 약자로 화학 증착을 의미한다. 증착은 금속을 증발시켜 소재의 표면에 달라붙게 하는 기법이다.

올릴 수도 있을 것이다.

한편 칼의 성능을 최대한으로 끌어올리기 위해 반드시 적용해야 할 기술은 초음파 진동 모터다. 모터는 전동 조각도와 외과 수술 도구에 이미 쓰이고 있지만, 이를 작게 만들어서 칼에 탑재할 수만 있다면 자동차라 할지라도 버터를 반 토막 내듯 간단히 잘라버릴 수 있을 것이다.

또한 찌르기 공격을 위해서 칼끝에만 인공 사파이어로 만든 칼날 한 장을 붙이자. 인공 사파이어 대신 CVD 다이아몬드를 붙여도 되기는 하지만 여기서는 조금 더 멋있게 보이는 것을 우선으로 한다.

손잡이는 가벼우면서도 탄탄하게 만들어야 하니 탄소 섬유로 만들자. 언뜻 보면 아저씨들이 들고 다니는 골프채처럼 보이기는 하지만 너무 신경 쓰지 말자. 여기에 수명이 엄청나게 긴 건전지를 어떻게든 만들어 전원으로 사용하기만 하면 비로소 여러분이 꿈꾸던 참철검을 완성할 수 있다. 그림 2

판타지 세계에 등장하는 도검에 적용하기에 알맞은 소재들

맹독 플랑베르주

독 중에는 휘발성은 낮아도 반응성이 높은 것이 많다. 따라서 독을 사용하는 검에는 하스텔로이(hastelloy)가 가장 적합한 소재다. 내열·내부식성이 탁월한 니켈을 기본으로 하는 하스텔로이라는 합금은 독검을 위해 탄생한 소재라고 해도 과언이 아니다. 하스텔로이는 실제로 온도나 산도(酸度)가 높은 환경 또는 온도 변화가 극심한 환경에서 사용되는 설비 부품 소재로 널리 채택되고 있다. 따라서 이를 이용해서 플랑베르주(프랑스 양손 검의 명칭)를 만들면 별도의 유지 보수가 필요 없고, 독이 묻은 칼집에 집어넣더라도 녹이 슬어 다시 꺼내지 못하는 일은 발생하지 않을 것이다.

사복검

자유자재로 휘두르는 칼에 적합한 소재로는 형상기억합금이 있다. 티타늄과 알루미늄을 주원료로 하며 배합 비율을 잘 조절하면 엄청난 결과물을 얻을 수 있다. 형상기억합금은 고무처럼 탄성이 강한 금속으로만 인식되는 것이 일반적이나, 시간이 지나면 원래 모양으로 되돌아오거나 길이가 10% 이상 늘어나는 물성을 가질 수도 있는 첨단 소재다. 칼 조각들이 서로 연결된 부분의 온도를 자유자재로 조절할 수 있다면 칼을 뱀처럼 휘둘러 상대를 확 낚아챌 수 있을지도 모른다.

블레이드 소드

초경 정도는 아니더라도 재료의 강도가 높아야 하고 힘껏 베는 맛까지 즐기고 싶다면 스텔라이트(stellite)가 가장 적합한 소재일 것이다. 스텔라이트는 코발트를 주원료로 하고 크롬과 텅스텐 등 경도가 높고 부식성이 낮은 금속을 섞어 만든 특수합금이다. 경이롭다고 할 정도로 높은 내마찰성·내식성·내열성을 자랑하며 녹슬지 않고 유지 보수가 쉽기 때문에 칼이나 기관총의 총신을 만들 때 주로 이용된다.

불꽃 검

칼을 계속해서 불에 달구면 화염 공격을 막아낸 칼처럼 금세 망가져버리고 말 것이다. 따라서 불꽃 검을 만들려면 용광로와 같은 고온 환경에서 사용되는 합금인 인코넬(inconel)을 채택한다. 이는 내열·내부식·내마찰성이 우수한 니켈을 기본 재료로 제작한 합금이다. 빨갛게 달궈진 상태를 넘어서서 하얀색 불꽃이 보일 때까지 가열되더라도 경도가 거의 변하지 않는 초내열성을 자랑하는 합금이지만 경도가 높아 가공하기가 매우 어렵다. 또한 날카롭게 가공하려다 보면 금방 부러져버리기 때문에 찌르는 공격보다는 타격과 화염 공격을 조합하는 쪽으로 사용하는 것이 적당하다.

흔한 SF 소재이지만 구현하기에는 너무나도 어려운 무기

광선검을 소재로 다룬 애니메이션 〈건담〉 시리즈

1979년부터 방영된 〈기동전사 건담〉을 시작으로 오늘날까지도 명성을 떨치고 있는 작품. 애니메이션뿐만 아니라 게임, 소설, 만화 등 다양한 형태의 미디어로 확대 재생산됐다. 본 작품에 등장하는 빔 사벨은 이미 많은 사람들에게 친숙한 무기다.

그 밖의 작품

〈스타워즈〉 〈판타지스타〉 시리즈(게임) 〈록맨 제로〉

앞장에서는 실제로 존재하는 도검의 성능을 현대 과학 기술로 어느 정도 수준까지 끌어올릴 수 있을지에 초점을 맞췄다. 그러나 SF 작품에서는 빔 사벨이나 라이트세이버처럼 무엇이든 썩둑 잘라버리는 광선검이 단골 메뉴로 등장한다.[1]

손잡이에서 나오는 플라스마를 칼처럼 사용할 수 있다는 식으로 대충

1 〈건담〉에 등장하는 빔 사벨의 칼날은 가상 물질인 미노프스키 입자를 빔의 형태로 구현한 것이며, 〈스타워즈〉에 등장하는 라이트세이버의 칼날은 플라스마다. 그 외에도 다양한 작품에 광선검이 등장하기는 하지만 어떤 물질로 구성되어 있는지 명확히 설명하지 않는 경우가 대부분이다.

설명하고 넘어가는 작품이 대부분인데, 그만큼 광선검은 실현 가능성이 상당히 떨어져 보이는 소재다. 이러한 이유로《공각기동대》처럼 리얼리티를 지향하는 작품에서는 등장하지 않는다.

하지만 상상 속에만 존재하는 무기라고 치부해버리면 재미없으니 실제로 구현할 수 있는 방법이 있는지 자세히 알아보자.[2] 다만 작품마다 명칭이 다르기 때문에 설명의 편의를 위해 이제부터는 '광선검'으로 통일하고자 한다.

이곳저곳에서 수시로 등장하지만 실제로 구현하기엔 어려운 광선검

광선검을 구현하는 방법을 탐색해보기에 앞서 목표를 명확히 할 필요가 있다. 광선검이 광선검으로서 제 역할을 하려면 ①무엇이든 흐물흐물해진 버터를 자르듯 두 동강 낼 수 있어야 하고 ②광선검끼리 부딪쳤을 때 소리가 나야 하며 ③스위치를 켜면 길이가 늘어나야 한다. 이 모두를 구현하기란 정말 어려워 보인다. 하지만 힘을 내서 실현 방법을 하나하나 살펴보자.

독자 여러분 중에는 '칼 손잡이 부분에서 광선이 나오는 것 말고는 별다를 게 없으니 가스버너의 원리를 잘 활용하면 되지 않을까?'라고 생각하는 사람도 있을 것이다. 실제로 플라스마를 활용한 플라스마 토치라는 게

2 '광선을 쏘는 부분은 항상 광선에 닿을 텐데 파손되지 않느냐?'라는 질문도 얼마든지 나올 수 있지만 본서에서는 이와 같은 물성 과학의 측면에서 접근한 내용은 일부러 다루지 않았다.

있는데, 이것은 높은 열로 강철을 버터처럼 자를 때 사용하는 도구이며 생김새도 광선검과 상당히 닮았다.사진 1 가스버너는 가스에 불을 붙이는 방식인 데 반해, 플라스마 토치는 매우 높은 출력의 전원을 이용해 가스를 섭씨 수천 도의 초고온 플라스마로 뿜어내는 방식이다.그림 1 플라스마 토치의 출력을 더 높이면 광선검을 만들 수 있지 않을까?

사진 1 출력 온도가 섭씨 수천 도에 달하는 플라스마 토치

플라스마 토치를 잘 활용하면 '스위치로 길이가 늘었다 줄었다 하는 광선검'을 만들 수 있을 것처럼 보이지만 말처럼 쉽지는 않다. 가스버너 불꽃의 높이는 연료량을 늘릴수록 늘어나지만, 플라스마는 가스의 유량을 아무리 늘려도 두꺼워지기만 한다. 온갖 방법을 다 동원해도 블레이드의 길이는 칼이라기보다는 작은 나이프에 머물 뿐이다. 이래서는 성능을 떠

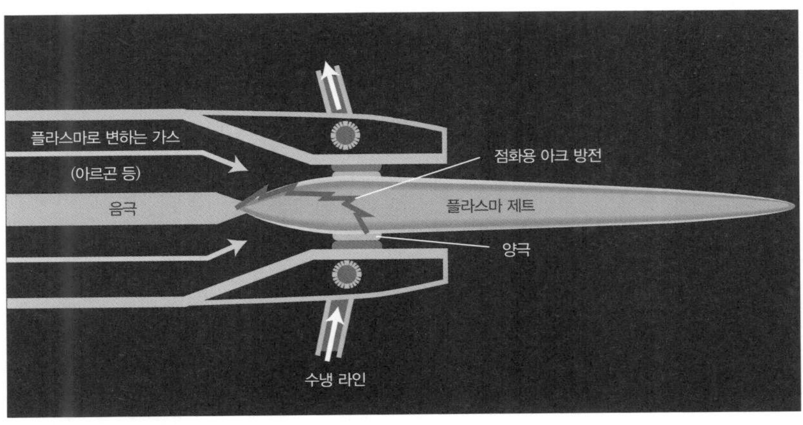

그림 1 플라스마 토치의 구조

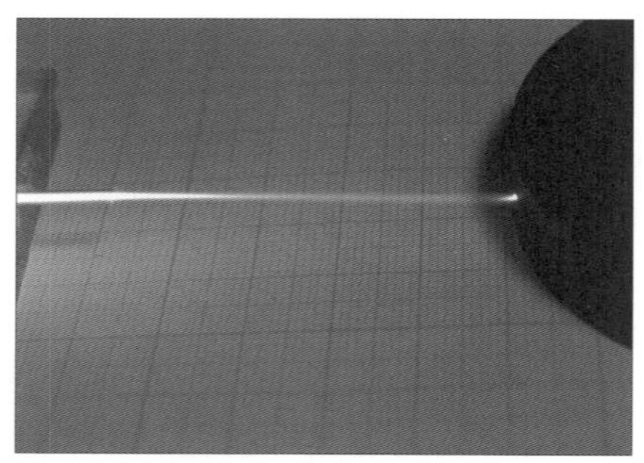

사진 2 플라스마 사벨을 만들기는 했는데 이것으로는 개미 한 마리도 죽이지 못한다.

나 비주얼 면에서도 형편없는 물건이 되어버리고 만다.

볼품없는 외형을 어떻게든 개선할 목적으로 플라스마 발생 장치를 CCP[3]로 바꾸면 플라스마를 길쭉하게 뽑아내는 것은 가능하다. 다만 CCP가 방출하는 에너지양은 너무나도 적기 때문에 상대방에게 화상조차 입힐 수 없는 치명적 결함을 갖게 된다. 사진 2

다만 기술이 더 발전하면 유체역학적 원리를 이용한 노즐로 소용돌이를 일으켜 가스가 분사되는 거리를 조절할 수 있을 것이고, 여기에 출력까지 높이면 우주처럼 공기가 없는 곳에서 진짜 광선검으로 사용할 수 있을지도 모른다. 하지만 이와 같은 기능을 구현한다고 하더라도 플라스마 형태의 광선검끼리는 서로 부딪힐 수 없다는 것, 다시 말해 진정한 난투를 벌일 수 없다는 것은 자명한 사실이다. 혈투를 벌이려고 서로 맞붙어 광선검을 휘두르면 어느 쪽도 방어하지 못하고 큰 상처를 입게 될 것이다. 어떻게든 반드시 해결해야 할 문제다!

3 CCP란 Capacitively Coupled Plasma의 약자로 용량 결합 플라스마라고도 한다. 액정 화면이나 태양 전지와 같은 정밀 기기에 박막 실리콘을 씌울 때 주로 이용한다.

검신이 나왔다 들어갔다 하는데도 칼끼리 부딪힐 수 있게 하려면?

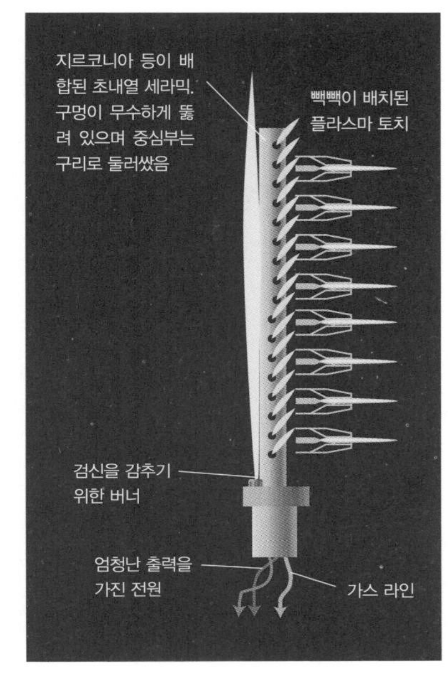

그림 2 광선검 제작을 위한 제1안

〈스타워즈〉에는 라이트세이버끼리 부왕부왕 지직지직 하고 소리를 내면서 난투를 벌이는 장면이 자주 등장한다. 무엇이든 손쉽게 베어버리는 플라스마 소드가 서로 부딪힐 때만 베지 못하고 튕겨져 나와야 한다는 건 너무 심한 요구 사항 아닌가?

아무튼 물성에 대한 세부적인 내용은 무시하고 일단은 광선검을 완성하기 위한 첫 번째 안을 대강 완성해봤다. 엑시머 excimer[4] 같은 레이저 관련 기술도 고려해봤지만 결국은 필자가 하고 싶은 대로 꾸며버리고 말았다. 그림 2

이해를 돕기 위해 그림에는 플라스마 토치를 크게 그려놓기는 했지만, 실제로는 토치 자체를 조금 더 작게 만들어서 빽빽하게 배치하고 토치가 보이지 않도록 지르코니아를 배합한 초내열 세라믹 통을 놓는 것이 바람직해 보인다. 세라믹 통 안쪽에 구리와 같은 금속 재료를 증착하면 고열

4 큰 에너지를 가진 원자와 분자가 일시적으로 엄청나게 큰 에너지를 가진 분자로 변한 것을 엑시머라고 하며 레이저에 사용된다.

의 가스를 분출하기만 해도 불꽃 반응 원리에 의해 다양한 빛을 낼 수 있을 것이다. 구리를 증착하면 청록색 불꽃이, 리튬이라면 빨간색 불꽃이 보일 것이다. 칼날에 해당하는 부분을 플라스마 토치로 구현하니 광선검 본연의 기능도 갖추게 된다.

그러나 이 구조에도 문제가 적지 않다. 우선 전원을 어디서 공급할 것인가가 문제다. 미래에 등장할 새로운 기술에 기대를 걸어본다고 하더라도 가스통 문제는 결코 피할 수 없다. 아무리 화학 기술이 발전한다고 해도 기체는 수백분의 1 정도로 압축하는 것이 한계다. 앞에서 설명한 스타일의 광선검은 가스를 공급할 통을 어딘가에는 반드시 달아야 한다.[5] 건담처럼 몸집이 엄청나게 큰 로봇에는 가스통을 탑재하는 게 전혀 문제될 것 없지만 사람이 들고 다녀야 하는 칼에 적용하기에는 한계가 있다.[6]

광선검이 멋지다고 생각하는 이유는 무엇인가? 바로 스위치를 켜면 순식간에 칼이 길게 늘어나는 모습 덕분에 다들 광선검의 매력에 빠지는 것이 아닐까? 그런데 이 구조로는 도저히 그런 모습을 구현할 수 없으니 고려 대상에서 제외할 수밖에 없다. 더구나 배기가스가 아르곤일 경우, 실내에서 싸울 때 시간이 흐를수록 공기 중 아르곤 농도가 점점 높아져 결국 코맹맹이 소리를 내게 될 것이다. 마치 뉴스에 나온 익명의 제보자가 변조된 목소리로 말하는 것처럼 말이다. 배기가스가 헬륨이라면 더 말할 것도 없다.

5 라이트세이버와 비슷한 크기의 광선검이 가스를 계속해서 방출해야 한다면 적어도 1분당 30L 정도의 가스가 필요할 것이다. 성인 남성의 허리 정도까지 오는 20kg짜리 프로판 가스통의 용량이 약 1만 L인데 이 정도의 양을 압축해서 탑재하면 광선검을 약 5시간 30분 정도 휘두를 수 있다.

6 양손으로 드는 대검인 클레이모어가 약 3kg 정도이고 20kg짜리 프로판 가스통을 꽉 채우면 40kg 정도 나간다. 한편 미 육군의 전투 매뉴얼 기준으로 행군 시 장비의 총중량은 35kg이며 전투 시에는 25kg 정도로 줄어든다. 가스통을 단 광선검은 보통 무거운 게 아니다.

드디어 실험실 수준의 성과가 결실을 맺다
이것이 바로 진짜 광선검이다!

지금까지 언급한 문제를 해결한 업그레이드 버전으로 두 번째 안을 구상해봤다.그림 3 기본적으로 제1안과 유사하지만 크게 다른 부분은 스타킹 모양의 소재를 검신에 적용한다는 점이다. 소재로는 탄소나노튜브가 적당해 보인다. 탄소나노튜브는 탄소가 공유 결합한 것으로 이론상으로는 두께가 0.1mm만 되어도 날아오는 총알을 가볍게 막아낼 수 있을 정도로 강력하다고 한다. 아직은 1~2cm 이상 길게 만드는 것은 어렵지만 향후 더욱 길게 뽑아낼 수 있게 된다면 스타킹처럼 생긴 초강력 그물을 만들 수 있을 것이다.

탄소나노튜브 안쪽은 우선 절연체로 코팅한 뒤 그 위를 금속으로 코팅한다.(어떤 금속이든 상관없다.) 그리고 다시 그 위에 금속 산화 피막을 덧씌운다. 또한 손잡이 부분에 강력한 팬을 설치해서 탄소나노튜브 안쪽으로 바람을 불어넣는다. 그러면 그물 전체가 양극 역할을 하기 때문에 여기로 플라스마를 분출하면, 비록 개별 플라스마는 그 힘이 약할지라도 이를 모두 합치면 플라스마 토치처럼 위력을 발휘할 수 있다. 이렇게 하면 모든 방향으로 플라스마 광선검을 휘두를 수 있는 형태를 갖출 것이다. 이뿐만 아니라 스타킹 모양의 검신 안쪽에 덧씌워진 산화 피막의 금속 재료를 변경할 때마다 광선의 색깔이 바뀌는 덤까지 얻을 수 있다!

이와 같은 형태로 만들었을 때의 장점은 무엇보다 스위치를 켬과 동시에 검신이 늘어나는 모습을 볼 수 있다는 사실이다. 팬으로 공기를 불어넣지 않으면 검신이 스타킹처럼 축 처진 상태지만, 스위치를 켜서 공기를 불어넣으면 검신이 늘어나서 일반적인 검의 모습을 띤다.

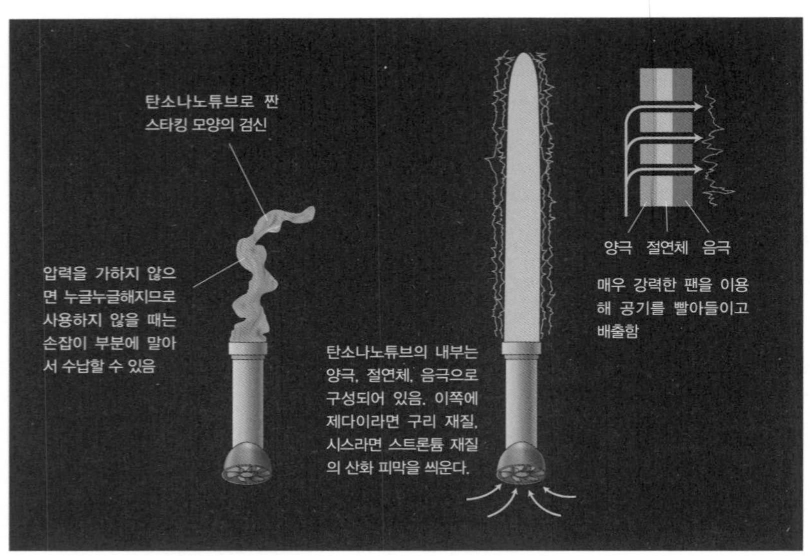
탄소나노튜브로 짠
스타킹 모양의 검신
압력을 가하지 않으
면 누글누글해지므로
사용하지 않을 때는
손잡이 부분에 말아
서 수납할 수 있음
탄소나노튜브의 내부는
양극, 절연체, 음극으로
구성되어 있음. 이쪽에
제다이라면 구리 재질,
시스라면 스트론튬 재질
의 산화 피막을 씌운다.
양극 절연체 음극
매우 강력한 팬을 이용
해 공기를 빨아들이고
배출함

그림 3 광선검 제작을 위한 두 번째 제안

다만 '절연체로 어떤 재료를 사용해야 하는가?'라는 매우 중요한 질문에 지금은 제대로 답할 수 없다는 이론적 결함이 있다. 하지만 이것 역시 미래에 등장할 기술로 언젠가는 해결할 수 있을 것이다.

검신은 언뜻 보면 풍선이나 깃발처럼 생겨서 '너무 흐느적거리는 것 아니냐?'고 반문할지도 모르지만, 초강력 팬으로 계속해서 공기를 불어넣으면 그 강도는 쇠파이프보다 강할 것이다. 이렇게 단단한 칼로 서로 맞붙으면 얼마든지 격렬한 전투를 벌일 수 있다.

그러나 가장 큰 문제가 아직 남아 있다. 플라스마는 30,000℃에 달하는 엄청난 열을 뿜어내기 때문에 어쩌면 탄소나노튜브조차도 견디지 못하고 몽땅 타버릴 수 있다. 이를 방지하려면 더욱 우수한 내열 소재 또는 산소 차단 소재로 표면을 코팅해야 하지만, 아쉽게도 이런 환경에서 쓸 만한 재료는 아직 존재하지 않는다. 결국 이 부분도 미래 기술에 기대를 걸어보는 수밖에 없다.

요컨대 제다이의 라이트세이버처럼 앞에서 언급한 세 가지 요건을 만족하는 광선검을 만들려면 ①탄소나노튜브로 만든 그물 ②초강력 팬(그리고 전원으로 사용할 초고성능 전지) ③초고성능 절연체 ④플라스마가 뿜는 엄청난 열을 견뎌낼 수 있는 내열 소재(또는 산소 차단 소재) 등 네 가지를 반드시 구현해야 한다. 저런! 세 가지 요건을 충족하려면 네 가지를 해결해야 하는군, 흠.

SF에 등장하는 최첨단 기술의 결정체

미래 병기를 소재로 한 애니메이션 〈코드 기어스 반역의 를르슈〉
신성 브리타니아 제국의 식민지인 일본을 무대로 주인공 를르슈가 레지스탕스 활동을 하는 모습을 묘사한 다크 판타지. 인간의 모습을 닮은 무기인 나이트메어 프레임, 코일건, 광선포 등 다양한 형태의 미래 병기가 등장한다.

그 밖의 작품
《어떤 과학의 초전자포》 〈기동전함 나데시코〉 〈아머드 코어〉

병기의 사전적 의미는 '전쟁에서 사용하는 무기의 총칭'이며 달리 표현하면 '상대를 죽이기 위한 무기'이다. 무시무시한 존재이면서도 남자들에게는 동경의 대상이 되기도 한다. 픽션 세계에서도 오래전부터 광선총을 비롯한 다양한 병기가 등장한 바 있다.

물론 작품 속에 등장하는 모든 병기가 상상력의 산물이며 완전히 비현실적으로 묘사되는 경우도 드물지는 않지만, 현재 또는 가까운 미래 세계를 배경으로 리얼리티를 추구한 작품에서는 어느 정도 과학적으로 구현 가능할 법한 병기도 자주 등장한다. 이번 장에서 다루고자 하는 병기는 후자에 해당한다.

돌연 각광을 받는 레일건 실제로 구현할 수 있을까?

'미래에서 온 것 같은' 병기 중 대표 선수가 EML이다. EML은 Electro Magnetic Launcher의 줄임말이며 우리말로는 전자포 정도로 옮길 수 있다. 전기력과 자력을 이용해 프로젝타일탄알을 발사하는 장치다. EML은 일종의 집합 명사로 종류가 다양하며 그중에서 가장 으뜸으로 꼽히는 것은 바로 레일건이다.그림 1

인기 있었던 모 라이트 노벨 시리즈에 등장한 것을 계기로 오타쿠들 사이에서 널리 알려진 레일건. 발사되는 소리가 매력적인 무기이지만 그 위력도 엄청나다. 2016년 초 '미 해군이 2년 이내로 배치할 예정'이라는 뉴스가 보도된 데 이어, 같은 해 8월에는 일본도 독자적으로 개발할 계획이라는 소식이 세상에 알려지자 오타쿠뿐만 아니라 일반인들도 본격적으로 관심을 보이고 있다.사진 1

레일 모양의 포신이 2~3개 정도 장착되어 있는 경우가 많지만, 실제로는 타격 강도를 높이려는 목적으로 일반적인 대포와 동일한 크기의 포신을 탑재한다.
배출되는 열이 어마어마하다. 실제 레일건도 배출되는 열 때문에 포신이 데미지를 입곤 한다.
배터리 부분은 아직까지 가야 할 길이 너무 멀다. 오늘날 과학기술로는 권총 정도의 에너지를 발산하는 데만도 거의 100kg 정도 나가는 배터리와 콘덴서를 달아야 한다.

그림 1 레일건의 모습

한편, 레일건의 최대 특징은 이름이 말해주는 것처럼 '레일궤도이 있다는 점'이다. 레일 사이에 끼워 넣은 탄환을 로렌츠 힘(전하를 띤 물체가 전자기장 안에서 받는 힘-옮긴이)이라고 하는, 플레밍의 왼손법칙에 의해 발생하는 엄청난 양의 에너지를 투입해 발사한다. 화약을 이용하는 병기는 아무리 성능을 개선해봤자 초속 2,000m가 한계인데 반해, 레일건은 이론적으로 초속 10,000m도 가능하다. 그 결과 10원짜리 동전을 탄알 삼아 레일건으로 발사하면 자동차 정도는 가볍게 날려버릴 수 있을 정도의 위력을 낸다.

사진 1 2014년 미군이 공개한 레일건의 프로토타입

지금까지는 레일건의 장점에만 초점을 맞췄지만, 여성이 들고 다니며 마음 놓고 발사하기에는 치명적인 단점이 존재한다. 그것은 바로 효율이 엄청나게 떨어지는 무기라는 점이다. 투입한 에너지의 단 몇 %만이 포탄의 운동 에너지로 바뀔 뿐이며, 현재 기술로 만들 수 있는 레일건이 사용하는 전력량을 감당하려면 1대당 발전소 1기가 필요하다.

'미 해군이 자랑하는 줌월트급 구축함은 발전소 2기에 해당하는 발전 능력을 보유하고 있으니 레일건도 얼마든지 운용할 수 있을 것'이라는 생각을 바탕으로 실증 연구가 이뤄지고 있다. 이는 반대로 생각하면 레일건은 적어도 대형 선박이 아니면 탑재할 수 없다는 것을 의미한다. 레일건은 화약 1kg 대신에 중유 1톤을 태워 포탄을 날리는 병기다. 전차에 탑재하는 것은 현실적으로 불가능한데, 하물며 보병이 들고 다니려면 라이트 노벨에 등장하는 주인공처럼 반드시 초능력을 가지고 있어야 할 것이다.[1]

1 미 해군 연구소의 로저 엘리스는 "레일건에 필요한 에너지를 큰 폭으로 낮췄다."라고 언급했다. 그러나 '2년 내에 실전 배치될 것'이라는 보도가 있은 후 불과 2개월 정도 지난 2016년 5월 미국 국방부 부장관 로버트 워크는 레일건에 대해 부정적인 견해를 밝히기도 했다.

레일건 말고도 여러 가지 EML 무기가 있다

앞에서 이야기했듯 지금까지 알아본 레일건은 EML 무기 중 한 가지다. 이제부터는 레일건보다는 성능 면에서 조금 떨어지지만 EML의 대표 주자로 손꼽히는 두 가지 무기를 소개해보려고 한다.

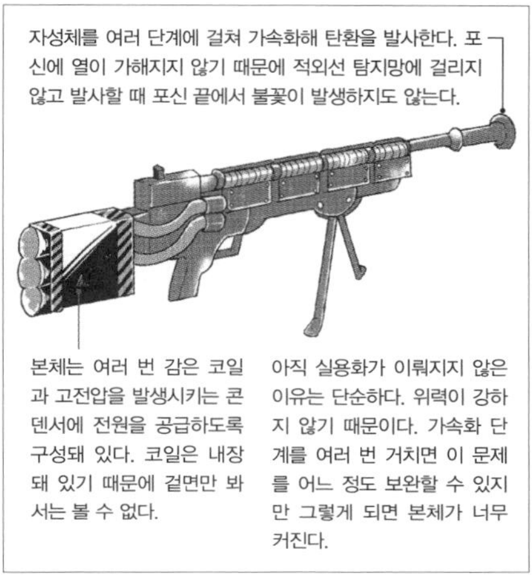

자성체를 여러 단계에 걸쳐 가속화해 탄환을 발사한다. 포신에 열이 가해지지 않기 때문에 적외선 탐지망에 걸리지 않고 발사할 때 포신 끝에서 불꽃이 발생하지도 않는다.

본체는 여러 번 감은 코일과 고전압을 발생시키는 콘덴서에 전원을 공급하도록 구성돼 있다. 코일은 내장돼 있기 때문에 겉면만 봐서는 볼 수 없다.

아직 실용화가 이뤄지지 않은 이유는 단순하다. 위력이 강하지 않기 때문이다. 가속화 단계를 여러 번 거치면 이 문제를 어느 정도 보완할 수 있지만 그렇게 되면 본체가 너무 커진다.

그림 2 코일건의 모습

코일건

레일건이 로렌츠 힘이라고 하는 이해하기 어려운 에너지를 이용해 탄환을 발사하는 데 반해, 코일건coil gun은 자력磁力 그 자체를 이용해 탄환을 발사한다.그림 2 가우스건이라는 별명으로 부르는 사람도 있다. 레일건과 달리 코일건은 탄환 자체에는 전기가 흐르지 않는다. 이 때문에 열이 불필요하게 발생하지 않고 화약이 폭발하는 방식도 아니기 때문에 발사할 때 소리와 빛이 거의 발생하지 않는다. 그야말로 암살용으로 안성맞춤인 미래 병기다.[2] 그럼에도 불구하고 실전에 투입되지 않고 있는 까닭은 우선 레일건과 마찬가지로 전원 문제 때문이다. 이와 더불어 자력으로 가속화하는 데

2 앞에서 소개한 〈코드 기어스〉 시리즈에서는 화약을 사용하지 않는 코일건이 등장한다. 그럼에도 코일건이 발사되는 장면에서는 총 끝에서 불꽃이 보이니, 뭔가 좀 이상하다.

에는 한계가 있기 때문에 병기로 활용하려면 여러 단계에 걸쳐 가속화하는 방식을 채택해야 한다. 이 두 가지 조건을 만족하려다 보면 포신은 점점 커질 수밖에 없다. 또한 탄환이 반드시 자성체이어야 하는 것도 문제다.

다만 에너지 효율은 매우 좋기 때문에 시스템 냉각과 가속 문제만 해결하면 소음기를 장착한 총처럼 조용하고, 수천 발을 발사해도 포신이 뜨거워지지 않는 좋은 무기를 완성할 수 있다. 이뿐만 아니라 포구에서 불꽃이 발생하지 않기 때문에 야간에 저격을 하더라도 자신의 위치가 발각될 위험이 없다. 암살자에게 쥐어주기에 딱 알맞은 무기다. 그림으로 코일건을 나타낼 때는 포신에 감겨 있는 코일이 겉으로 드러나지 않게 밀봉한 것 같은 부분을 몇 군데 그리고, 콘덴서처럼 보이는 전원부가 포신에 붙어 있도록 묘사하면 제법 코일건처럼 보일 것이다.

일렉트로서멀건의 위력은 콘덴서가 좌우한다. 콘덴서는 급격한 방전으로 인해 쉽게 열화되기 때문에 교환할 수 있는 형태여야 한다.

레일건보다 에너지 효율이 좋다. 화력은 화약을 이용하는 총과 비슷한데, 그렇다면 일렉트로서멀건을 사용해야 할 특별한 이유가 없지 않느냐고 반문할 수 있다.

플라스마가 폭발할 때 발생하는 에너지를 이용해 탄환을 발사한다. 일렉트로서멀건처럼 보이게 그림을 그리려면 포신의 이곳저곳을 탄탄하게 보강해 투박한 모양으로 잘 묘사하면 된다.

그림 3 일렉트로서멀건의 모습

일렉트로서멀건

SF 작품에 등장하는 무기 중에는 상당히 평범하게 생겼고 잘 알려지지 않은 것들이 많은데 일렉트로서멀건electrothermal gun이 대표적이다.그림 3 이 무기의 구조는 화약총과 거의 동일하다. 그리고 화약총의 부품을 가져다 쓸 수 있을 정도로 호환성이 우수하다.

다만 앞에서 소개한 다른 EML 병기처럼 전원 공급 측면에서 풀어야 할 숙제가 있는데, 이는 미래에 새로운 기술이 등장하면 생각보다 쉽게 해결될 수도 있다.

어쨌든 일렉트로서멀건의 작동 원리는 단순하고 명쾌하다. 화약은 사용하지 않고 가느다란 도선에 초고압의 전기를 흘려 플라스마 폭발을 유도하고 이때 발생한 에너지로 탄환을 강하게 밀어내는 방식인데, 결국에는 화약총과 별반 다를 게 없다.[3] 이 때문에 '전원 공급 문제를 안고 있으면서도 포구에서 불꽃까지 튄다니 도대체 화약총보다 나은 게 뭐야?'라는 식의 혹평을 사기 일쑤다.

상황이 이렇다 보니 연구 대상으로 고려조차 되지 않고 있다. 굳이 매력 포인트 한 가지를 뽑아보자면 이름이 멋있다는 정도? 인지도가 워낙 낮으니 지식을 뽐내는 차원에서 사람들에게 알려주면 의외로 반응이 좋을지도 모른다.

초속 10,000m라고! 초특급 파워에 우수한 에너지 효율까지 갖춘 라이트가스건

지금까지 살펴본 것처럼 EML은 미래 병기다운 모습을 갖추고 있지만 모두 전원 공급 문제가 골칫덩어리로 남아 있다. 오늘날은 환경을 중시하는 시대로, 특히 최근 들어 에너지 낭비는 절대 용서 받을 수 없는 행동으로

3 바로 이런 특징 때문에 부품을 호환해 쓸 수 있는 것이다.

간주되고 있다. 따라서 이제부터는 투입하는 에너지양은 늘리지 않고 이용 효율을 끌어올린 병기들을 소개해보려고 한다. 낭비는 없애고 파워는 끌어올린 무기를 만들고 싶다는 꿈. 그 꿈을 조금씩 현실로 만들어가는 사람들이 있다. 이러한 특징을 갖춘 차세대 슈퍼 무기에는 무엇이 있는지 살펴보자.

지금 소개할 라이트가스건이야말로 효율이 우수하면서도 울트라 슈퍼 파워를 자랑하는 병기다. 라이트가스란 수소나 헬륨처럼 가벼운 가스를 의미하며, 라이트가스건이란 이러한 가스를 이용한 '최첨단 공기 대포'다.그림 4 공기 대포인데도 이론상 최고 속도는 레일건과 동일한 초속 10,000m나 된다. 상세한 내용은 뒤에서 더 설명하겠지만, 실험실 밖에서도 초속 6,000m 정도는 기본적으로 나오니 위력 면에서는 총 중에 최강이라고 해도 과언이 아니다.

작동 원리를 간단히 설명하면, 화약을 폭발시켜 헬륨을 압축하고 고압의 헬륨으로 포탄을 밖으로 밀어내는 것이다. 참고로 연구실에서는 제일 가벼운 수소 가스를 사용하지만 수소는 폭발 위험성이 있기 때문에 실전에서는 안전한 헬륨을 사용한다.

구조상 화약을 사용하는 것은 기존 무기와 동일하지만 연소 가스가 발생하더라도 피스톤으로 밀폐되어 있기 때문에 밖으로 새어 나오지 않는다. 포구에서 나오는 것은 헬륨 가스밖에 없기 때문에 적의 눈에 잘 띄지 않는다. 헬륨 가스를 충전하는 부분이 상당히 크긴 하지만 그래도 전함 크기의 전원 장치가 필요한 초전자포에 비하면 새 발의 피다. 따라서 전차에 탑재하거나 보병이 들고 다니는 용도로 손쉽게 만들 수 있다.

그렇다면 왜 화약만 사용하는 총보다 헬륨을 사용하는 라이트가스건에서 쏜 탄환의 속도가 더 빠를까? 조금 어려운 이야기를 하면, 포탄을 밖

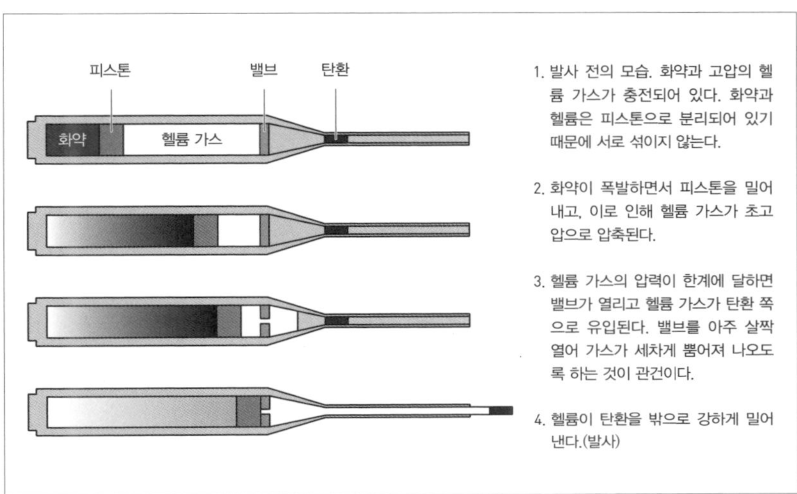

피스톤
밸브
탄환
화약
헬륨 가스
1. 발사 전의 모습. 화약과 고압의 헬륨 가스가 충전되어 있다. 화약과 헬륨은 피스톤으로 분리되어 있기 때문에 서로 섞이지 않는다.
2. 화약이 폭발하면서 피스톤을 밀어내고, 이로 인해 헬륨 가스가 초고압으로 압축된다.
3. 헬륨 가스의 압력이 한계에 달하면 밸브가 열리고 헬륨 가스가 탄환 쪽으로 유입된다. 밸브를 아주 살짝 열어 가스가 세차게 뿜어져 나오도록 하는 것이 관건이다.
4. 헬륨이 탄환을 밖으로 강하게 밀어낸다.(발사)

그림 4 라이트가스건의 탄환 발사 원리

으로 밀어내는 가스의 속도는 가스 온도를 평균 분자량으로 나눈 값의 제곱근에 비례해 커지기 때문이다. 탄소, 질소, 산소 등으로 이루어진 화약의 평균 분자량은 22 전후다. 분자량이 정해져 있는 이상, 속도를 더 높이려면 온도를 올리는 수밖에 없다. 그러나 포신을 이루는 금속은 내열 한계가 있기 때문에 초속 2,000m 이상으로는 속도를 올릴 수 없다. 물론 이는 이론상 그렇다는 것이고 현실 세계에서는 발사 속도가 가장 빠른 소총이라도 일반적으로 초속 1,200m 정도가 한계다.

이는 온도가 같더라도 분자량이 줄어들면 발사 속도가 빨라진다는 것을 의미하기도 한다. 화약은 탄소가 산소를 만나 연소하는 물질인 이상 평균 분자량이 22 미만으로 내려갈 수 없다. 그래서 등장한 것이 평균 분자량이 2인 헬륨이다. 즉, 화약을 연소해서 만든 에너지로 헬륨 가스를 압축한 뒤, 이 힘으로 탄환을 발사하면 되지 않겠느냐는 아이디어가 나오게 된 것이다.

일반적인 화약의 연소 온도는 1,325℃ 정도다. 이를 평균 분자량인 22로 나누면 약 60이다. 그러나 헬륨의 평균 분자량인 2로 나누면 663이다. 60의 제곱근은 7.745966692인 반면 663의 제곱근은 25.74878638로 3.324154028배 크다. 또한 화약과 헬륨은 열전도율과 열용량 측면에서도 크게 다르다. 계산식을 복잡하게 늘어놓아봤자 오히려 이해하기가 더 어려워지니 생략하겠지만, '열전도 방정식'이라는 수식을 이용해 계산하면 약 2.3333…배의 차이가 발생한다.

지금까지 설명한 두 가지를 모두 고려하면 3.324154028×2.3333…이니 결국 약 7.8배라는 수치가 도출된다. 앞에서 이야기한 대로 소총의 발사 속도가 최대 초속 1,200m이고 여기에 7.8배를 곱하면 초속 9,360m다. 이것이 바로 라이트가스건의 발사 속도가 '이론상으로 초속 10,000m 정도'라고 이야기하는 근거다.

레일건도 울고 갈 공기총 UTRON은 어떤 무기인가?

지금까지 이론적인 측면에 초점을 맞춰 라이트가스건을 설명했는데, 이는 원래 '운석이 충돌하는 현상'을 연구실에서 재현하려고 제작한 장치였다. 그러나 그 위력을 확인한 누군가가 해당 기술을 전쟁 무기로 활용할 방법을 모색하면서 오늘에 이르게 됐다. 라이트가스건 하나를 보고 사업을 시작한 사람도 있을 정도로 많은 이들의 기대를 모았다.

라이트가스건의 원리를 토대로 연구 개발을 거듭한 결과 UTRON이라는 무기가 탄생했다.사진 2 아직은 시험 제작 단계이지만 UTRON으로 45mm 탄환을 초속 6,000m로 발사하는 데 성공했다.

사진 2 현재 개발 중인 UTRON의 모습

꽤 매력적인 무기이지만 아쉽게도 단점이 존재한다. 라이트가스건은 탄환의 초속도(初速度. 발사 순간의 속도-옮긴이)가 일정하지 않다. 전쟁 무기인 이상 탄환의 초속도는 반드시 일정해야 한다. 아주 약간의 오차만 있어도 속도가 느리면 목표물을 크게 벗어나버리고, 속도가 빠르면 목표물에 도달하기도 전에 탄환이 땅이 박혀버리고 말 것이다. 상황이 이러해서는 탄도 계산을 할 수 없기 때문에 일정 수준 이상의 명중률을 담보할 수 없다. 목표물을 제대로 맞힐 수 없다면 무기라고 불릴 자격이 없다.

그렇다면 왜 초속도가 불안정한 것일까? 앞에서 설명한 것처럼 라이트가스건은 헬륨 가스의 압력이 한계에 도달하면 밸브가 개방되면서 탄환을 밖으로 밀어내는 구조다. 그런데 이때 압력이 너무 세기 때문에 보통 밸브는 사용할 수 없다. 따라서 PC의 콘덴서에 적용하는 폭발 방지 밸브와 마찬가지로 압력이 설정치 이상으로 높아지면 파열되며 내부 압력을 방출하는 파괴식 개발 밸브를 채용하고 있다.사진 3 현재까지 개발된 기술로는 밸브를 여는 데 필요한 압력을 일정하게 유지할 수 없기 때문에 결과적으로 초속도가 불안정해질 수밖에 없다. 라이트가스건을 실용화하기 위해서는 반드시 밸브의 성능을 개선해야 한다.

참고로 이 문제 또한 언젠가는 해결될 것이라는 전제하에 라이트가스건의 성능을 한층 더 끌어올리기 위한 연구도 진행되고 있다. '화약으로 피스톤을 밀어 헬륨을 압축시키는' 번거로운 과정을 거치는 이유는, 어떤 화약을 연소시키든 산소를 이용하므로 산소보다 분자량이 적은 가스가 발생할 수 없기 때문'이다.

사진 3 파괴식 개방 밸브(rupture disc)

처음부터 헬륨을 연소시키면 좋겠지만 헬륨은 핵융합을 하지 않는 한 태울 수 없다. 픽션이라면 '핵융합 에너지를 이용해서 포탄을 발사하는 핵융합포다!'라고 해버리면 그만이지만 실제로 포신 안에서 헬륨을 핵융합하는 것은 당연히 불가능하다.

이러한 이유로 등장한 것이 제17장에서 소개한 전자여기 폭약이다. 전자여기 폭약은 헬륨 덩어리이기 때문에 폭발하면 순수한 고온고압의 헬륨 가스를 발생시킨다. 이를 이용하면 포탄을 초속 10,000m라는 엄청난 속도로 날려버릴 수 있을 것이다. 그리고 탄두에도 전자여기 폭약을 장착하면 무시무시한 파괴력으로 어떤 적이든 박살 내버릴 것이다. 다만 포신을 어떤 소재로 만들어야 할지에 대해서는 아직 뚜렷한 방안이 없다.

분자 단위로 쪼개고 재구성하는 만능 기계

나노머신을 소재로 한 애니메이션 〈마이 오토메〉

선라이즈가 기획한 〈마이 히메〉 프로젝트의 두 번째 작품. 오직 선택받은 여성만 될 수 있는 경호원, 마이 오토메의 활약을 그렸다. 나노머신이 주입된 마이 오토메는 적의 위협이 있을 때마다 '머티리얼라이즈'라고 외치며 인간 병기로 변신한다.

그 밖의 작품

《총몽》《간츠》《인피니트 스트라토스》〈제노기어스〉

과거에는 갑주, 오늘날은 방탄조끼, 미래에는 로봇슈트. 인류는 오래전부터 전장에서 자신의 몸을 지켜줄 다양한 방어 도구를 개발해왔다.

한편 SF 세계에서는 '나노머신' 같은 도구가 종종 등장하며 앞서 이야기한 방어 도구와 찰떡궁합을 자랑한다! 다만 작동 원리는 모두에게 비밀이라는 것을 구실 삼아

사진 1 입고 있던 옷을 순식간에 전투복으로 바꿔버리는 나노머신
〈마이 오토메〉 제1화 ⓒ 선라이즈

구체적인 설명은 모두 생략한 채 나노머신이 신체의 각 부분을 강화해주는 모습을 자주 묘사한다. 예컨대 〈마이 오토메〉에서는 주인공이 '머티리얼라이즈'라고 외치면 입고 있던 옷이 순식간에 전투복으로 바뀐다. 사진 1 형태와 색깔을 자유자재로 바꾸며 엄청난 능력을 보여주는 나노머신 방어 도구. 이러한 꿈의 장비를 오늘날 기술로 과연 얼마나 구현할 수 있는지 하나하나 짚어보려고 한다.

나노란 도대체 무엇인가?
기초 지식부터 쌓아보자

나노머신이라는 용어가 등장한 지도 벌써 60년 가까이 흘렀지만[1] 오늘날 기술로는 도저히 구현할 수 없는 것이 현실이다.

본래 나노란 1mm의 천 분의 일에 해당하는 마이크로미터㎛를 다시 천으로 나눈 것이다. 가시광선의 파장은 나노미터nm 수준이기 때문에 이보다 작은 물체는 아무리 배율 높은 광학현미경을 이용하더라도 제대로 관찰할 수 없다. 최첨단 전자현미경을 이용하지 않고는 볼 수조차 없을 정도로 나노는 엄청나게 작은 단위다.

덧붙이자면 빛의 파장은 360~890nm 수준으로, 이 영역의 빛이 반사될 때 우리는 보인다고 인식한다.[2] 결국 나노머신이라고 이름 붙일 수 있

1 미국의 물리학자 리처드 파인만이 1959년에 최초로 언급했다고 알려져 있다.

2 이와 관련해서는 제23장에서 자세히 설명할 것이다.

으려면 크기가 1,000nm^3 미만이어야 한다. 하지만 크기가 1,000nm^3라고 하더라도 나노머신은 문자 그대로 '머신'이기 때문에 수천수만 개의 부품으로 구성된 장치다. 따라서 절대로 손쉽게 제작할 수 있는 물건이 아니며, 이보다는 현미경으로 관찰 가능한 크기의 머신이 등장하기를 기다리는 것이 순서상 맞는 것 같다. 즉, 짚신벌레(200~300μm)부터 적혈구(6~9μm) 크기 정도의 마이크로머신 말이다.[3]

하루라도 빨리 나노머신을 구현할 방법을 찾아보자

현재 세상에서 가장 작은 인공물로 손꼽이는 것이 바로 마이크로 투구벌레다.사진 2 뉴스에서도 다뤄진 적이 있어서 한 번쯤 본 사람도 있을 텐데 3D 프린팅과 비슷한 원리로 제작한 것이다.[4]

이뿐만 아니라 마이크로 사이즈의 기어와 터빈을 만들어 작동시키는데 성공하기도 했다. 이대로 별 문제없이 기술 진보가 이뤄진다면 죽기 전에 마이크로머신을 볼 수 있을지도 모르겠다.

3 앞에서도 이야기했듯이 SF 작품에서 나노머신이라는 용어가 대수롭지 않게 사용되고 있다. 상황에 맞게 나노머신과 마이크로머신을 구분해 사용하는 작품들은 두터운 마니아층을 보유한 인기작으로 자리매김하는 경향을 보인다. 《공각기동대》 시리즈가 대표적인데, 극중 주요 설정 중 하나인 '전뇌화'(電腦化) 과정에 마이크로머신을 동원하거나, 방사능을 제거하는 의료 활동에도 마이크로머신을 사용하는 모습이 그려진다.

4 정확히 말하면 마이크로 광조 형법, 즉 광경화수지의 표면에 레이저 빛을 쏘아서 마이크로 입체 구조를 형성하는 방법으로 제작했다.

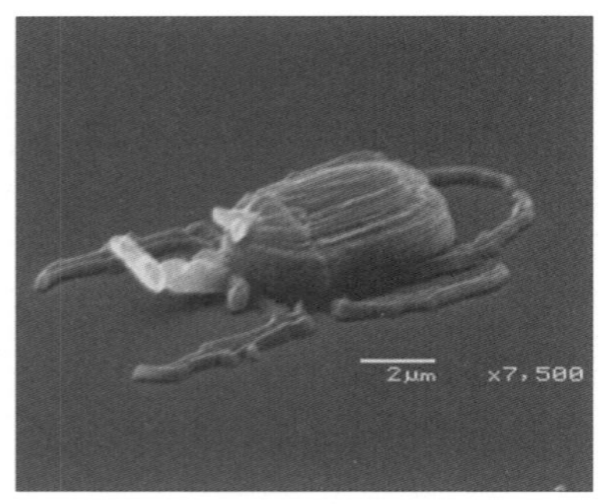

사진 2 약 10㎛ 크기의 투구벌레

K. Ikuta, T. Hasegawa, T. Adachi, and S. Maruo, Proc. of MEMS, 739-744(2000)

다만, 아직까지는 광경화수지(빛에너지를 받으면 굳는 합성 유기재료) 외에는 마땅한 재료를 찾지 못했고 나노 크기의 물체가 갖는 특유의 물리 현상을 극복할 수 있게 해줄 기술이 개발되지 않아 갈 길이 멀다. 이와 같은 여러 이슈를 해결하지 못하는 한 나노머신은커녕 마이크로머신을 만드는 것조차 언감생심이다.

이토록 작은 인공물을 만들려면 새로운 기술이 등장할 때까지 기다려야 하니 이제부터는 관점을 조금 달리해보자. 사실 생명체 중에는 나노머신이라고 불러도 될 만큼 작고 복잡한 형태의 단백질을 가지고 있는 경우가 있다. 그중에는 모터처럼 베어링이 들어간 회전 구조의 편모를 가지고 있는 것도 존재한다.

근래에 진행된 연구에서는 DNA가 단백질을 합성할 때 세포 내에서 유전 정보를 배달하는 분자가 있다는 사실이 밝혀진 바 있다. 심지어 '걸어서' 배달한다고 한다. 요컨대 나노 크기의 단백질이 세포 안쪽에 있는 통로(미소관)를 걸어 다니는 것이다. 이처럼 미세한 조직의 움직임 및 반응 패턴을 전부 이해하고 인위적으로 합성까지 할 수 있을 때, 비로소 나노머신을 만들어낼 수 있을 것이다.

원하는 대로 모양을 변화시킬 수 있는 기술을 총칭해 클레이트로닉스(clay와 electronics의 합성어로, 어떤 모양이든 원하는 대로 변할 수 있는 찰흙의 특성과 전자 소재의 나노 기술이 결합된 것을 의미함-옮긴이)[5]라고 한다.

다만 아직까지는 뱀 모양의 로봇이 줄줄이 연결됐다가 바퀴 모양으로 변하는 정도의 매우 기초적인 수준에 머물러 있는 것이 현실이다. 사진 3

사진 3 클레이트로닉스의 개념을 보여주는 로봇

만약 클레이트로닉스 기술이 비약적으로 발전해서 나노머신을 제작하고 그 움직임까지 통제할 수 있다면 '수많은 것들이 가능해질 것'이라고 해도 과언이 아니다. 삶은 달걀처럼 몰캉몰캉한 것이 순식간에 갑각류의 껍질처럼 딱딱하게 변화하는 단백질처럼 말이다.

나노머신 전체가 뇌세포처럼 연산을 할 수 있게 되면 지능을 갖게 될 것이고, 인공 근육 스피커처럼 성대 없이도 소리를 내면 결국 사람과 대화를 나눌 수 있을 것이다.[6] 또한 다양한 원소를 흡수한 뒤 상처 난 부분을 스스로 치유한다든지 자신과 같은 나노머신을 필요한 만큼 복제할 수 있게 된다면 진짜 '생명체'와 다를 게 없다.

현재 기술 수준을 고려했을 때 30~100μm 크기의 세포나 세균만 한 기계를 만드는 일은 아직 해결해야 할 과제가 많이 남아 있긴 해도 전혀 꿈도 못 꿀 일이 아니다. 앞에서 설명한 편모 모터와 세포내 미소 단백질 분자는 형태를 알아볼 수 있을 정도의 크기이며 기계적으로 동작하는 것

5 클레이트로닉스는 형상을 원하는 대로 바꿀 수 있는 기술을 의미하며 대상의 크기와는 관계가 없다. 따라서 나노머신과 마이크로머신뿐만 아니라 밀리머신과 센티머신에도 얼마든지 적용할 수 있는 개념이다.

6 인공지능에 대해서는 제15장을 참조.

들이다. 이처럼 매우 작은 단백질 기반의 모터로 초미니 자동차를 만들어 혈관을 타고 달리게 하는 데 성공한 사례도 있다. 이미 성공한 바 있다면 이제 남은 것은 효율과 복잡도를 높이는 일이다. 한 번 개발된 기술은 수요만 뒷받침된다면 세상의 수많은 천재들에 의해 고도화된다. 이는 지금까지의 인류 역사가 증명한다.

향후 수십 년 내로 사람 몸속에 있는 종양과 콜레스테롤을 제거하는 것은 물론, 회춘 호르몬의 분비를 촉진하고 근육 강화에 보탬을 줄 마이크로머신이 등장할 가능성이 크다. 단, 현재 기술을 바탕으로 상상할 수 있는 마이크로머신은 단백질에 기초하기 때문에 열에 약하다. 하지만 수십 년 뒤 금과 철 같은 금속이나 규소 같은 반도체를 재료로 나노머신을 만들면 로봇처럼 움직이게 할 수 있을지도 모른다. 이 정도까지 기술이 발전한다면 연필심으로 탄화수소를 만들거나 여기저기 굴러다니는 돌멩이로 금속 덩어리를 만드는 것도 얼마든지 가능하다. 다시 말해 소설에서나 봤을 '다양한 소재를 분자 단위로 쪼개서 필요한 물건으로 재구성'하는 일이 현실에서도 가능해질 것이다!

'그레이 구'처럼 나노머신이 인류를 파멸에 이르게 할 가능성이 있는가?

본래 기능을 상실하고 제멋대로 증식하다 죽음에 이르는 세포가 있다. 바로 암세포다. 암세포는 무서운 속도로 증식해 숙주의 목숨을 앗아가고 그 결과 영양 공급이 끊겨 암세포도 자멸하고 만다.[7]

아직은 상상 속에만 존재할 뿐인 나노머신이지만, 실제로 구현됐다고 했을 때 상정할 수 있는 최악의 시나리오는 자기 복제 중 오류가 발생하는 경우다. 암세포처럼 제멋대로 증식하는 오류가 발생하면 자칫 지구상의 모든 분자를 먹어치우려고 할 수도 있다. 그렇게 되면 지구는 순식간에 죽음의 별이 되고 말 것이다. 이것이 바로 SF 작품에서 이야기하는 그레이 구grey goo다. 나노머신에서 발생한 오류자기 인식 실패 때문에 인류가 파멸에 이른다는 설정은 상당히 설득력 있다. 나노머신이 갖춰야 할 가장 중요한 속성은 자기 인식에 실패하지 않는 능력, 즉 면역력일지도 모른다. 앞서 말했듯 자기 증식이 가능한 나노머신은 현재 기술로 구현하지 못한다. 따라서 인류가 대비해야 하는 여러 재앙 시나리오 중 하나로 그레이 구를 염두에 둬야 하는지는 아직 찬반양론이 대립하고 있다.

7 영양분만 계속 공급된다면 거의 영원히 살 수 있다.

4부

기묘한 설정 기묘한 과학

의외로 잘 알려지지 않은 과학의 기본

에너지를 소재로 다룬 만화 《드래곤볼》

전 세계에서 3억 부 이상 판매된 초대형 베스트셀러로, '기'(氣)라고 불리는 에너지를 수치화한 것은 작품 내에서 스카우터라는 측정기가 등장하면서부터다. 손오공의 전투력은 초기에는 334였지만 180,000까지 상승했다. 작품 후반부에는 전투력 인플레이션이 심해져 스카우터로 측정할 수 없을 지경에 이른다.

그 밖의 작품

〈전설거신 이데온〉 〈천원돌파 그렌라간〉 〈교향시편 유레카 세븐〉

픽션 세계에서 에너지는 다양한 모습으로 묘사된다. 앞에서 언급한《드래곤볼》에서는 스토리의 밑바탕을 이루는 소재로 쓰였다.사진 1 또한 게임에서도 에너지가 그래픽으로 표시되는데, 주로 상태 화면에서 현재 남아 있는 에너지가 얼마인지를 게이지로 보여주거나 HP 또는 MP 등의 지표로 나타낸다.(HP는 Health Point의 약자로 '체력'을, MP는 Mana Point의 약자로 마법력을 나타냄-옮긴이) 현실 세계도 크게 다르지 않다. 예컨대 배터리가 얼마나 남았는지를 상태 창으로 확인할 수 있고, 자동차 운전석의 연료 게이지로도 에너지 잔량을 알 수 있다.

에너지라는 단어를 픽션과 현실에서 자주 접하기는 해도 추상적이고 관념적으로만 이해하고 넘어가기 쉽다.[1] 제대로 이해하려면 무게, 강도, 위력 등 다양한 관점에서 따져봐야 하는데, 알고 있어서 나쁠 건 없다.

사진 1 에너지를 온몸으로 방출하는 드래곤볼의 주인공들 《드래곤볼 완전판》 제23권 7쪽(도리야마 아키라, 2003년)

운동 에너지와 위치 에너지

강도가 서로 같은 쇠 파이프와 나무 방망이로 누군가를 때린다고 가정하자. 이 중에서 더 치명적인 상처를 입힐 수 있는 것은 쇠 파이프다. 왜 그럴까? 그 이유는 단순하다. 질량이 다르기 때문이다.

제14장에서도 설명한 것처럼 운동 에너지는 '$E=\frac{1}{2}mv^2$'이라는 식으로 계산할 수 있다. m은 질량, v는 속도를 의미하며 결과 값의 단위는 줄J이다. 이 식을 통해 알 수 있듯이 철은 나무보다 무겁기 때문에 동일한 속도로 휘둘러도 위력이 더 클 수밖에 없다.

이렇듯 운동 에너지는 물체의 질량에 비례하는 반면 속력은 v^2라고 표기되어 있는 것처럼 제곱에 비례한다. 즉, 예능 프로그램에 자주 등장하

1 에너지를 무형의 것으로만 간주하면 필요한 에너지가 얼마나 되는지 산출할 수 없다. 이 때문에 단위를 부여했는데 대표적인 것이 바로 줄(J)이다. 1줄은 0.24칼로리에 해당한다. 한편 와트는 일한 양을 의미하며 1줄은 '와트×초(second)'와 같다. 결과적으로 출력이 500W인 전자레인지를 10분 동안 사용할 때 소모되는 에너지양은 500×600=300,000줄이다. 이를 칼로리로 환산하면 약 70kcal이며 이는 물 1L를 70℃로 데울 수 있는 정도의 에너지다.

그림 1 높이에 따라 에너지의 크기도 달라진다.

는 금 쟁반은 사람의 머리를 툭 때리는 정도의 재미 요소이지만 빠른 속도로 떨어질 경우 물건을 부술 정도의 파괴력을 갖는다.

만화나 소설을 보다 보면 덩치가 작은 캐릭터가 엄청나게 큰 상대를 쓰러뜨리는 장면이 심심치 않게 등장한다. 대부분 주인공이 엄청난 속도로 주먹을 날렸다는 표현으로 상황을 묘사하곤 하는데 이는 과학적 관점에서 생각해보면 백 점짜리 설명이다. 당연한 이야기이지만 경량급 선수라고 하더라도 상대에게 빠른 속도로 주먹을 휘두르면 웬만한 중량급 선수보다 큰 위력을 발휘할 수 있다.

또한 물체가 놓여 있는 높이도 에너지의 크기에 영향을 준다.(위치 에너지) 물체가 천장 높이에서 떨어질 때와 훨씬 더 높은 곳에서 떨어질 때의 에너지 크기는 천지 차이다.그림 1

무게, 속도, 높이 등 세상 모든 것이 에너지다

지금까지 에너지가 무엇인지에 대해서 구체적으로 설명했지만 아직 이해하지 못한 이들도 있을 것이다. 이런 사람들을 위해 이제부터는 에너지의 본질에 대해서 이야기해보려고 한다.

에너지란 무엇인가? 이공계 교과서 스타일로 표현하자면 '단위 시간 동안 한 일의 양 또는 일할 수 있는 능력'을 가리킨다. 도대체 무슨 소린지 잘 모르겠다는 사람들을 위해 지극히 단순하게 표현하면 '무엇인가를 하는 데 필요한 힘'이라고도 할 수 있다.

예컨대 전기 모터는 전기라는 에너지를 이용해 모터를 돌려 운동 에너지로 변환한다. 그렇다. 이처럼 에너지는 사용 목적이 분명할 때 비로소 개념이 성립한다. '욕조의 물을 뜨겁게 데우고 싶다'는 뚜렷한 목적하에서는 가스 불, 전기, 등유, 장작 중 어떤 것을 사용하든 물 160L를 10℃에서 40℃까지 데우는 데 필요한 에너지양은 동일하다. 물 1kg의 온도를 1℃ 올리는 데 필요한 열량은 1kcal이므로 160kcal×30℃=4,800kcal 정도의 에너지가 필요한 것이다.

결국 만화 주인공처럼 몸에서 기氣를 방출할 수 있는 사람이 손을 욕조에 담그고 물 160L를 10℃에서 40℃까지 데우려면 반드시 4,800kcal 상당의 에너지를 사용해야 한다. 인간의 체지방은 1g당 약 9kcal이며 만화처럼 교환 효율이 100%라고 가정하더라도 4,800을 9로 나누면 533g 정도다. 500mL 페트병 1개 정도 크기의 지방 덩어리가 타서 없어지는 셈이다. 4,800kcal는 성인 남성이 대략 이틀간 소비하는 열량이기 때문에 이 정도의 에너지가 갑자기 몸에서 빠져나가면 허기를 심하게 느낄 것이다.[2]

에너지는 다양한 형태로 존재하며 그중 대표적인 여섯 가지는 서로 연관돼 있다. 에너지는 사용하는 목적에 맞게 형태를 바꿀 수 있다. 현대

2 성인 남성의 체지방률은 평균 18% 정도인 것으로 알려져 있다. (일본) 20세 남성의 평균 체중은 약 66kg이니 지방은 12kg 정도일 것으로 판단된다. 물 18,000L를 10℃에서 40℃ 정도까지 데우려다 보면 지방이 고갈되어 사망에 이를 수도 있다.

문명이 전기와 화석 연료에 지나치게 의존하고 있다는 사실은 이미 잘 알려져 있다. 전기는 대부분 화력 발전을 통해 생산되며 화력 발전기의 에너지원은 화석 연료다. 그리고 화석 연료는 먼 옛날 동식물의 사체가 땅속에 묻힌 뒤 지층의 압력과 특수한 박테리아의 작용에 의해 기름 형태로 응축된 것이다. 다시 말해 아주 오래전에 지표면에 닿은 태양 에너지가 형태를 바꿔 지금 우리 눈앞에 놓여 있는 것이다. 이제 조금은 '상호 관계'라는 말의 의미를 알 것 같은가? 그림 2

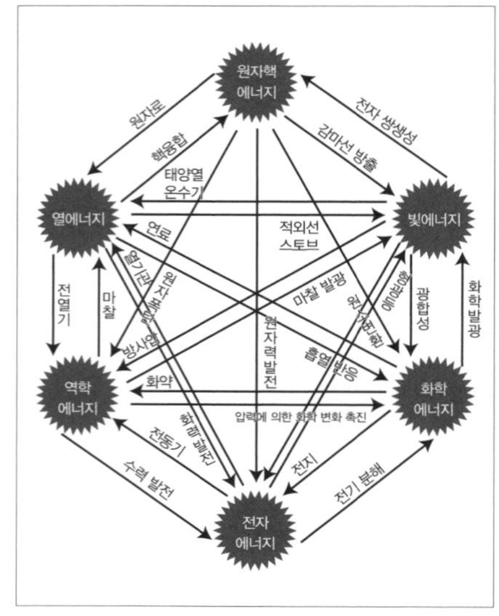

그림 2 에너지의 종류와 상호 관계

태양 에너지는 지구상 모든 에너지 순환의 시발점이라고 해도 과언이 아니다. 지표면에 단 몇 초간 내리쬐는 태양광 전부를 모아서 전기로 변환할 수 있다고 가정했을 때, 그 양은 인류가 태초부터 지금까지 생산했던 전기 에너지의 총량을 훨씬 웃돌 만큼 엄청나다. 이만큼 막대한 양의 에너지를 공급받을 수 있었기 때문에 식물이 자라고 대기가 순환하며 날씨의 변화가 생겨 오늘날처럼 지구가 생명이 숨 쉬는 행성이 될 수 있었다.

아인슈타인은 "지구상의 모든 것이 에너지다."라는 말을 남겼다. 여러분 앞에 놓여 있는 이 책도, 입고 있는 옷도, 옆에서 굴러다니는 감자칩도, 여러분 자신도 모두 에너지 그 자체라고 볼 수 있다. 결국 $E=mc^2$인 것이다.(E는 에너지, m은 질량, c는 광속을 뜻한다.)

1g의 물체 안에 들어 있는 에너지의 양은 무려 90테라줄이나 된다. 이는 히로시마와 나가사키에 떨어진 원자폭탄에 필적하는 실로 엄청난 양이다. 다만 이는 어디까지나 이론상의 이야기다. 예를 들어 현재 일본에서 존폐 논란이 뜨거운 원자력 발전의 경우, 매우 효율적이라고는 하지만 연료봉에 들어 있는 우라늄이 세슘과 옥소로 분리될 때 에너지로 변환되는 것은 전체 무게의 0.1% 정도밖에 안 된다. 에너지로 변환되지 않는 대부분은 방사성 세슘과 방사성 옥소로 잔류한다.그림 3

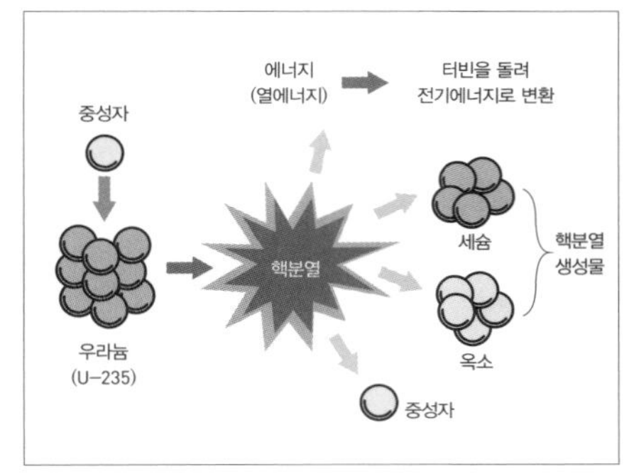

그림 3 핵분열 이미지

핵분열이란 물질이 분열한 뒤 완전히 다른 물질로 바뀌어버리는 말도 안 되는 현상이다. 이해를 돕기 위해 아주 쉽게 비유하자면, 네모난 초콜릿을 반으로 나눴더니 엄청난 열이 발생하면서 철과 소금으로 변해버린 것이나 마찬가지다. 인류는 전기를 만드는 데 이러한 현상을 활용해온 것이다.

여기까지 읽고 나서 어떤 사람은 '이건 체지방 500g으로 목욕물을 데우는 것과는 레벨이 완전히 다른 이야기 아니냐.'라고 반문할지도 모른다. 이는 '지방을 태워서 칼로리로 변환'하는 경우이고, 지방을 직접 에너지로 변환할 수 있다면 500g이 아니라 발톱에 낀 때 정도의 양으로도 훨씬 더 많은 양의 목욕물을 데울 수 있다.

'열'의 정체가 무엇인지 간단히 알아보자

에너지 대부분은 열을 발생시킨다. 열 자체도 줄로 환산할 수 있는 에너지의 한 가지 형태다. 그렇다면 열의 근원에 대해서 살펴보자. '열'이란 과연 무엇인가? 말로 표현하자면 열이란 '분자의 운동·진동·회전'이다. 왠지 어렵게 보일 수도 있지만 실제로는 매우 단순하다. 그림 4는 물이 머그잔에 담겨 있는 모습이다. 이것이 에너지와 무슨 관계가 있을까? 열이란 분자가 활발하게 움직이는 정도, 즉 이동 속도와 회전 속도다. 차게 식히면 사람과 마찬가지로 움직임이 둔해진다.

잘 생각해보면 이는 너무나도 당연한 이야기다. 물을 80℃까지 데우면 10℃일 때보다 훨씬 더 빠른 속도로 증발되어 결국 컵에 담긴 물의 양이 줄어든다. 어항 물이 겨울보다 여름에 더 빨리 줄어드는 것처럼 말이다. 물은 반드시 온도가 일정 수준 이상 올라가야 증발하는 것은 아니다. 또한 공기 중으로 날아간 이산화탄소가 물 분자 사이의 간극으로 들어가면 핀볼처럼 잠시 그곳에 머문다. 이는 물에 '용해'되는 현상으로, 높은 압력이 가해질수록 많은 양의 이산화탄소가 물 분자 사이에 녹아들어 탄산수로 변한다. 온도가 높더라도 압력만 유지되면 김이 빠지지 않는다. 한때 인기를 모았던 따뜻한 탄산음료는 바로 이런 원리를 이용한 제품이다.[3]

열을 가하면 분자의 움직임이 활발해지면서 분자 간의 충돌이 더 자주 발생해 그만큼 화학 반응이 더 잘 일어나는 것이다. 화학 반응이란 물

3 2013년 겨울, 일본에서 코카콜라와 기린베버리지는 각각 '따뜻한 진저에일'과 '기린의 거품 따뜻 달콤 애플&호프'라는 따뜻한 탄산음료를 출시했다. 그러나 2017년 현재 이 둘 모두 판매가 중단된 상태다. 기술 장벽은 넘었지만 아무래도 미각 장벽은 돌파하지 못한 것 같다.

과 같은 용매 안에 들어 있는 동일한 물질끼리 부딪쳐 반응을 일으키는 것을 의미한다. 상온에서는 반응이 잘 일어나지 않기 때문에 열이나 압력을 가하는 것이다.

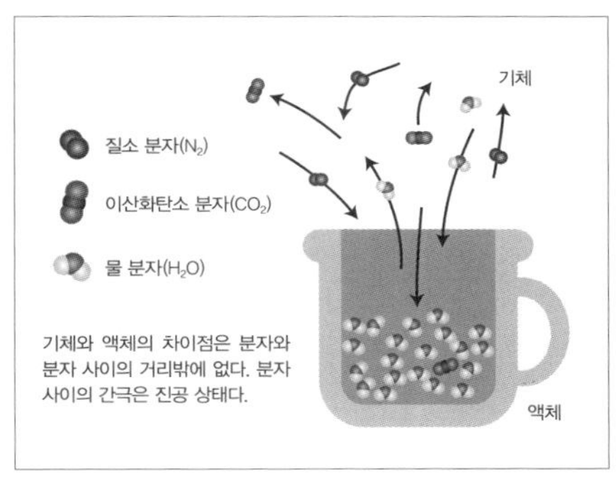

그림 4 기체와 액체의 차이는 무엇인가?

가열의 반대는 냉각이다. 모든 분자가, 그리고 분자를 구성하는 모든 원자가 더는 진동하지 않고 멈추는 온도가 0K 켈빈, 즉 영하 273.15℃이다. 그렇다. 소위 절대영도라고 부르는 상태다. 절대영도란 문자 그대로 '절대로 이 밑으로 온도가 떨어질 수 없다'는 것을 의미하지만, 미래에 언젠가는 이것이 진리가 아님이 밝혀질지도 모른다. 절대영도는 어디까지나 지구의 물리법칙상에서만 통하는 개념이다.[4] 실은 2013년 뮌헨 대학에서 '절대영도보다 온도가 낮은' 양자 기체를 만드는 데 성공했다. 어쩌면 드넓은 우주 공간 어딘가에는 코퀴토스[5]라고 불러야 할 만큼 모든 게 얼어붙은 세상이 존재할지도 모른다. 어떤가? 설명이 조금이라도 도움이 됐는가? 부디 이번 장에서 얻은 지식을 여러분의 에너지로 삼아 앞으로 나아가기 바란다!

4 만화 《세인트 세이야》를 비롯한 여러 작품에서 '절대영도를 초월한 차가운 기운'을 소재로 삼은 바 있는데 이는 주변 환경에 따라서 얼마든 실재할 수 있는 현상이니 콧방귀 뀌지는 말기를.

5 본래 그리스 로마 신화에 나오는 '저승의 강' 중 하나다. 그러나 14세기 초에 집필된 단테의 《신곡》에서는 코퀴토스가 마왕이 봉인돼 있는 얼음 지옥을 의미했고, 오늘날 픽션 작품들도 그 영향을 받아 얼음 세계 또는 얼음 괴물의 이름으로 사용하고 있다.

반드시 눈에 보이는 것만이 실체는 아니다

보이지 않는 힘을 소재로 한 만화 《헌터×헌터》

평범한 사람은 전혀 인지하지 못하는 '염능력'(念能力)을 가진 등장인물의 혈투를 그린 작품이다. 염능력은 그것을 사용하는 사람의 개성에 따라 천차만별인데, 자기 자신에게 자발적으로 일정한 대가를 치를수록 강력한 존재로 거듭날 수 있다. 이러한 대가를 작품 내에서는 '제약과 각오'라고 부른다.

그 밖의 작품

《죠죠의 기묘한 모험》《칠석의 나라》《코드 기어스》

판타지 세계에는 '보이지 않는 힘'이 단골 메뉴로 등장한다. 앞에서 소개한《헌터×헌터》의 염능력을 주인공인 곤 프릭스는 물론 다른 등장인물들도 처음에는 감지하지 못했다.

사진 1 〈스타워즈〉 시리즈에 등장하는 포스도 마찬가지다. 물건을 공중에 띄우거나 사람의 목을 조르는 등 활용 방법은 생각보다 단순하지만, 어쨌든 사이코키네시스(psychokinesis.

사진 1 보통은 눈에 보이지 않는 염능력

《헌터×헌터》 제6권 136쪽(토가시 요시히로, 1999년)

손을 대지 않고 물체를 움직이는 능력을 일컬으며 염동력이라고도 함-옮긴이)의 일종인 포스는 '보이지 않는 힘'이다. 픽션에 자주 등장하는 방어막이나 생각만으로 불을 일으킬 수 있는 초능력인 파이로키네시스(pyrokinesis. 발화력-옮긴이)도 마찬가지다. 보이지 않는 힘이란 도대체 무엇인지 차근차근 살펴보려고 한다. 의외로 일상생활과 밀접하게 관련된 이야기를 많이 할 것이다.

'보인다'고 해서 반드시 믿을 만한 것은 아니다

보인다고 해서 반드시 신빙성 높은 정보라고 단정 지을 수는 없다. 보인다는 것은 '물체가 반사한 빛을 눈으로 받아들인 뒤 이를 뇌가 이미지화해 인식하는 것'을 의미한다.

잘 알려져 있지 않은 이야기이지만 인간의 눈에 비친 세계와 동물이 인식하는 세계는 서로 완전히 다르다. 예컨대 인간이 가시광선을 통해 인식할 수 있는 빛의 파장은 380~780nm 전후로, 전체 전자기파 영역 중 극히 일부분이다.그림 1 결국 이 정도의 전자기파가 반사된 것만을 인식해 '보인다'고 판단하는 것이다.

참고로 380~780nm 전후라는 것은 대략적인 수치로, 사람마다 차이가 있으며 특히 색맹인 사람 중에는 350nm 정도까지 인식할 수 있는 경우도 있다. 다시 말해 녹색과 적색을 구분하지는 못해도 가시광선뿐만 아니라 자외선까지 인식할 수 있는 것이다.

동물들이 인식할 수 있는 영역은 또 다르다. 예를 들어 개와 고양이는

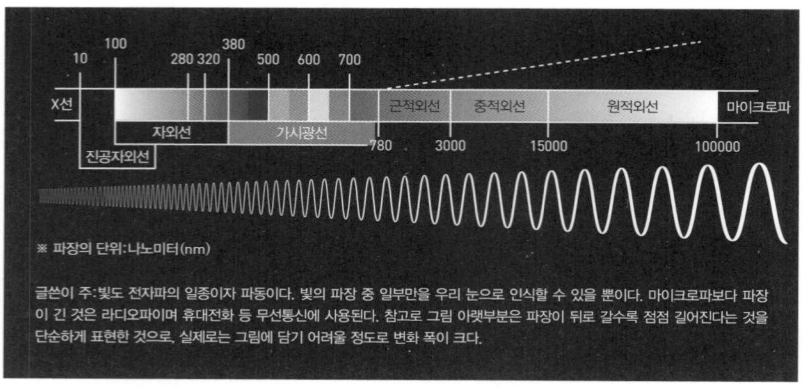

그림 1 빛과 파장의 관계

색을 거의 분간하지 못한다.[1] 그러나 고도의 명암 식별 능력을 가지고 있다. '색깔을 잘 인식하지 못한다니 불쌍하다'고 이야기하는 사람들을 보면서 개와 고양이는 어쩌면 '어둠 속에서 이리저리 부딪치기 일쑤고 움직이는 물체를 시야에서 쉽게 놓치는 인간들의 모습이 안타깝기 그지없다.'라고 생각할지도 모른다. 한편 맹금류는 초고해상도의 시력을 자랑한다. 인간의 시력을 기준으로 환산하면 20~30에 육박할 정도다. 심지어 색채를 분간하는 능력도 인간보다 뛰어나다. 우리보다 세상을 선명하게 바라보고 있는 것이다. 참고로 디지털카메라의 눈에 해당하는 CMOS도 당연히 인간의 눈과 다르다. CMOS는 특히 적외선 파장을 식별하는 능력이 우수한데, 예를 들어 리모콘의 적외선 발신부를 디지털카메라에 달린 화면을 통해

1 사람은 적색·녹색·청색(RGB) 등 세 가지 색을 조합해서 세상을 인식하지만 개는 황색과 청색만, 고양이는 녹색과 적색만 식별할 수 있다고 한다.

보면 일반적으로는 볼 수 없었던 빛을 확인할 수 있다.사진 2

본론에서 조금 벗어난 것 같지만 그래도 하던 이야기를 조금 더 해보자. 지금까지 동물마다 시각 능력이 제각기 다르다는 것을 설명했다. 또한 물체가 너무 작으면 빛이 반사되지 않기 때문에 눈으로 보는 것 자체가 애초에 불가능하다. 조금 더 구체적으로 설명하면, 가시광선의 파장 중 가장 짧은 380nm보다 더 작으면 빛을 반사하지 못하기 때문에 아무리 광학현미경으로 확대해도 관찰할 수 없다.[2]

사진 2 디지털카메라에 달린 액정 화면을 통해 평소에는 보지 못했던 빛을 볼 수 있다.

그리고 눈에 보이고 보이지 않고를 따질 때에는 '두뇌의 계산 오류'도 결코 간과할 수 없다. 두뇌의 계산 오류로 인해 이른바 환상과 환영을 볼 수도 있는데, 이는 단순한 착각 때문만이 아니라 머릿속에서 정보가 처리되는 과정에서 발생한 오류 때문에 종종 발생하는 현상이다. 우리가 바라보는 세상은 이 정도로 불확실하기 때문에 '눈으로 직접 본 것 외에는 믿을 수 없다.'라고 생각하는 사람일수록 잘못된 정보에 속아 넘어갈 가능성이 높다.

자, 원래의 논점으로 다시 돌아왔다. 지금까지 이야기한 것처럼 보이

2 가령 인플루엔자 바이러스의 크기는 대략 100nm로, 광학현미경을 이용하는 한 아무리 고성능 제품을 사용하더라도 관찰할 수 없다. 이 정도 크기의 물체를 보려면 전자현미경이 필수다. 전자현미경으로는 0.2nm 크기의 물체까지 관찰할 수 있다.

는 게 전부가 아니고, 봤다고 해도 그것이 결코 확실한 것도 아니다. 반대로 말하면 '보이지 않는 힘'이 여러분이 생각했던 것보다 훨씬 더 다양한 형태로 존재한다는 의미다.

보이지 않는 힘의 대표적인 예는 바로 방사선이다. 방사선에 들어 있는 엑스선과 감마선은 전자파의 일종으로, 자외선의 앞의 앞에 위치한 빛이다. 방사선도 강도를 높이면 물체를 가열하는 데 이용할 수 있다. 그러나 본래 물체를 쉽게 투과하는 특성을 가지고 있기 때문에 강도를 높여 열을 발생시킨다는 것은 난센스다.

방사선에 노출되면 암이 유발될 수 있고 장시간 쬘 경우 물질이 취화된다.(부드럽고 연한 물질이 약해지거나 부스러지는 현상-옮긴이) 또한 중성자선은 금속 물체조차 무르게 만들어버린다. 이처럼 보이지 않는 힘도 한데 모이면 엄청난 파괴력을 가진다.[3] 이를 사람이 쬘 경우 당연히 죽음에 이를 수밖에 없다.

보이지 않는 힘으로 사물에 열을 가하고 싶다면 적외선보다 파장이 긴 전자파를 활용해야 한다. 적외선보다 파장이 긴 것은 무선파마이크로파이며 벽을 관통한다. 마이크로파는 지향성이 우수해서 표적을 향해 쏘면 해당 부위만 엄청나게 뜨거워진다. 실제로 이러한 특성을 기반으로 군사 무기를 개발하기도 했다.[4] 전기 요금과 안전성을 무시하면 마이크로파를 이

3 중성자선이 통과하기만 해도 금속 자체에 균열이 생긴다. 이와 같은 현상을 두고 중성자조사취화라고 일컫는다.

4 마이크로파를 발사하는 무기가 실제로 개발됐다. 미군과 군수업체인 레이시온이 공동 개발한 액티브 디나이얼 시스템(Active Denial System)이 그것으로, 마이크로파를 맞으면 피부 온도가 올라가 결국 극심한 고통을 호소하게 된다. 고통만 안길 뿐 크나큰 상처를 입히지는 않기 때문에 인도적 무기라고 불리고 있는 한편, 고문 도구로 이용될 가능성을 우려하는 목소리도 점점 커지고 있다.

용해 눈에 보이지 않는 뜨거운 벽을 만들 수도 있다. 한때 마이크로파의 원리를 이용해서 '비행기를 격추하는 무기'를 개발하려는 움직임도 있었지만 실현 불가능한 아이디어라고 결론 내렸다고 한다.

만화 《총몽》을 비롯한 픽션에 종종 등장하는 플라스마 볼은 대부분 마이크로파의 간섭에 의해 발생한 것이다. 따라서 마이크로파를 발사하는 장치의 위치를 옮기면 플라스마 볼도 이동시킬 수 있다. 또한 마이크로파는 콘크리트로 지어진 건축물도 쉽게 통과하기 때문에 건축물 내에서 갑자기 섭씨 수천 도에 이르는 플라스마 볼이 생겨나게 할 수도 있다. 따라서 오컬트 영화나 드라마에서 종종 다뤄지는 '인체 발화'는 아예 현실성 없는 시나리오가 아니다. 다만 오늘날 과학 기술로는 안정된 플라스마 볼을 완성하기가 매우 어렵기 때문에 아직까지는 꿈같은 이야기라고 할 수밖에 없다.

우리 주변에 늘 존재하는 보이지 않는 힘 그것은 바로 '소리'

당연한 이야기이지만 소리는 눈에 보이지 않는다. 고주파와 저주파는 소리이기는 하지만 사람이 지각할 수는 없다. 이 역시 보이지 않는 힘이라고 할 수 있다.

음향을 이용한 무기 중에서는 1.6km 전방까지 소리를 전달할 수 있는 지향성 하이파워 스피커인 LRAD가 유명하다.[5]

LRAD는 고성능 스피커를 이용해서 시끄러운 소리를 송신하는 장치일 뿐 상대를 직접 공격하지는 못한다. 이와 달리 소리로 상대방에게 타격

사진 3 이스라엘군의 비밀 병기 더 스크림

을 입힐 수 있는 무기도 이미 실용화됐는데 바로 이스라엘이 개발한 더 스크림the scream이다.

제14장 '귀신' 편에서 소개한 파라메트릭 스피커 기술을 응용한 더 스크림은 강력한 고주파를 멀리 떨어진 장소까지 보낼 수 있다. 고주파가 사람의 피부에 닿으면 극심한 통증을 유발한다. 또한 극히 낮은 음역대의 주파수(2~7Hz)를 100데시벨 수준으로 무작위 송신하면 그 영향권 내에 있는 사람은 불안감을 느끼고 두통과 오한, 환영에 시달린다는 사실을 밝혀낸 연구도 있다.[6]

보이지 않는 힘의 결정판은 바로 공기 고화!

마지막으로, 보이지 않는 공기를 힘으로 활용하는 '공기 고화'固化가 무엇인지 살펴보자. 문자 그대로 공기를 고체로 만드는 기술인데, 실제로 구현

5 LRAD는 Long Range Acoustic Device의 약자로, 실제로 다양한 상황에서 활용되고 있다. 일본의 포경 조사선(고래잡이배—옮긴이)이 국제 해양환경단체 시셰퍼드의 접근을 저지할 때도 사용했다.
6 이에 대한 상세 내용은 제14장 '귀신' 편을 참고하기 바란다.

하려면 현대 기술 수준으로는 아직 갈 길이 멀다. 공기 중의 원자를 자유롭게 연결해서 인장 강도가 매우 센 폴리머를 만들어야 하는 만큼 엄청난 기술이 뒷받침되어야 한다.

현실성이 전혀 없는 이야기처럼 들릴지는 몰라도 이론적으로 공기 중에 대량으로 존재하는 질소를 이용해서 폴리머를 만드는 것이 가능하다고 한다. 다만 1700℃, 110만 기압의 환경에서 극히 짧은 시간 동안에만 폴리머 상태를 유지하는 것이 문제다.

아예 방법이 없는 것은 아니다. 양이온 5개짜리 질소 원자와 아지드화이온이라고 불리는 음이온 3개짜리 질소 원자가 존재하는데, 이 두 가지 원자를 서로 반응시키면 질소만으로 이뤄진 화합물을 만들어낼 수 있을지도 모른다. 둘 다 불안정한 물질이라서 지금까지 단 한 번도 성공하지 못했지만 말이다.

공기 고화 원리를 충분히 설명하려면 먼저 이 원리의 기반이 되는 최신 이론과 연구 결과를 소개하는 데 많은 분량과 시간을 할애해야 하기 때문에, 이번에는 이 정도에서 설명을 마칠까 한다. 참고로 질소 화합물에는 엄청난 양의 에너지가 담겨 있기 때문에 폭탄으로 이용할 수 있지 않을까 하고 기대를 모았던 시절도 있었다. 질소의 원소 기호는 N이다. 그러고 보니 〈신세기 에반게리온〉에 나오는 N2 폭탄도 어쩌면 질소 화합물일지 모르겠다. 물론 사도에게는 전혀 효과가 없었지만 말이다.

인간보다 월등히 뛰어난 시력을 가진 갯가재

눈으로 볼 수 있는 영역이 사람의 10배에 이르는 생물이 있다. 바다에 사는 갯가재가 주인공이다. 우리가 빛의 3원색을 바탕으로 사물의 색깔을 인지할 수 있는 까닭은 적색, 녹색, 청색을 인식하는 총 세 가지 유형의 원추세포가 눈의 망막에 있기 때문이다. 갯가재는 원추세포의 종류가 무려 열두 가지인데, 세 가지 원추세포만으로도 1,600만 컬러 이상을 인지할 수 있다고 하니 원추세포가 열두 가지라면 얼마나 많은 색을 구분할 수 있을지 상상조차 하기 어렵다.

이뿐만 아니라 가시광선 영역만을 볼 수 있는 사람과 달리 갯가재는 자외선부터 원적외선 영역까지 볼 수 있을 뿐 아니라 어쩌면 마이크로파까지 볼 수 있을지 모른다는 이야기도 있다.

또한 갯가재는 사람과 달리 오른쪽 편광과 왼쪽 편광을 구별한다. 결국 갯가재가 사람보다 이 세상을 훨씬 더 리얼하게 바라보고 있는 것이다. 갯가재의 지능 수준으로는 시각 정보 중 필요한 것만 기계적으로 선별해서 받아들이겠지만, 만약 사람의 눈이 이 정도의 해상도를 가졌다면 현기증이 날 정도로 엄청난 양의 정보가 유입돼 뇌에 과부하가 걸릴지도 모른다.

한편 12원색까지는 아니더라도 일반인보다 하나 더 많은 4원색을 인지하는, 다시 말해 총 네 종류의 원추세포를 가지고 있는 사람들이 있다. 그중 대부분이 여성이라는 연구 결과도 있는데, 아마도 색을 취급하는 예술가들 중에 이런 사람들이 많지 않을까 하는 예상도 한다.

제24장 공격과 방어

모순은 그 자체로 성립 가능한 이야기일까?

공격과 방어를 소재로 한 만화 《북두의 권》

격투물인 만큼 당연히 공격과 방어를 소재로 한다. 본 작품은 북두신권을 비롯한 다양한 권법을 구사하는 주인공들끼리 벌이는 처절한 싸움을 그린다. 한편 TV 애니메이션에는 남두열차포처럼 원작에는 등장하지 않으며 권법과 상당한 거리가 있는 기술도 등장한다.

그 밖의 작품

《요괴소년 호야》《기생수》〈페이트 스테이 나이트〉〈스트리트 파이터〉 시리즈

'楚人有鬻盾與矛者'(초인유육순여모자. '초나라 사람 중에 방패와 창을 파는 사람이 있었는데.'라는 뜻-옮긴이)로 시작하는 한문을 혹시 기억하는가? 이는 바로 중학교 때 배우는 고사성어 중 하나인 '모순'矛盾에 대한 이야기다.

대부분 그 뜻을 알고 있을 테지만 그래도 아주 간단히 설명하면 이렇다. "이 방패는 어떠한 공격도 막아낼 수 있습니다!" "이 창은 무엇이든 뚫어버릴 수 있습니다!"라고 외치는 상인에게 어느 날 주변 사람들이 "그렇다면 당신의 창으로 당신의 방패를 뚫으려 하면 어떻게 되는 건가요?"라고 묻자 아무 대답도 하지 못했다는 이야기다.

공격하는 쪽이 강한가? 아니면 방어하는 쪽이 강한가? SF 작품에서

자주 보는 장면들을 예로 들어 살펴보자. 적의 공격을 막아내는 방어막은 너무나 자주 등장하고, 미사일 공격에 미동조차 하지 않는 장갑을 두르고 도시를 송두리째 파괴하는 거대 로봇도 단골 메뉴다. 한편, 고층 빌딩과 커다란 댐을 단칼에 두 동강 내버리는 레이저빔과 사람을 순식간에 산산조각 내버리는 쇠사슬도 심심치 않게 등장한다. 작품 중에는 모순에 대한 해답을 제시하는 것도 있었다.사진 1

사진 1 30~40대 만화 팬이라면 알고 있을 모순에 대한 해답 《세인트 세이야》 문고판, 제1권 263쪽(구루마다 마사미, 2001년)

그러나 '공격과 방어 중에서 어느 쪽이 더 강한가?'라는 승부 가리기는 사실 공평한 게임이 아니다. 방어는 수동적 행위인 반면 공격은 능동적 행위이기 때문이다. 당연한 이야기이지만 에너지의 흐름은 일방통행이다. 기본적으로 공격하는 쪽은 가위바위보를 할 때 남보다 늦게 내는 사람처럼 유리하다. 즉, 상대방이 어떤 방패를 드는지를 보고 이를 공략하기에 가장 적합한 창을 선택할 수 있다.

심지어 공격하는 쪽은 에너지를 중간중간 보충하며 상대방을 조금씩 무력화해나갈 수 있지만, 방어하는 쪽은 언제 공격이 들어올지 모르니 마음 놓고 쉴 수 없다. "낙숫물이 돌을 뚫는다."라는 속담이 있듯이 물방울조차도 시간과 떨어지는 횟수만 충분하다면 딱딱한 돌에 구멍을 낼 수 있다. 이처럼 공격하는 쪽이 일방적으로 유리한 상황에서 '정정당당하게 승부를 겨루자!'라고 이야기하는 것이야말로 모순이라고 할 수밖에 없다.

'모순'은 본래 기원전 3세기경에 집필된 《한비자》에 수록된 고사성어다.[1] 당시에는 무기와 방어구 모두 '사람 손으로 제작되고' '사람 손으로 사용되는' 시대였던 만큼 모순이라는 말이 성립할 수 있었다. 그러나 과학 기술이 눈부시게 발전한 오늘날, 우리가 살고 있는 세상은 기계 장치와 화학 에너지가 사람의 힘을 대신하고 있다. 이러한 시대에 제작되는 방어구는 '최강의 방패'라고 이름 붙여본들 기껏해야 공장에서 찍어낸 제품일 뿐이다. 최강이라고 부를 수 있는 것도 없거니와 그렇다고 최악인 것도 없는, 평범함 그 자체다. 이는 인류 문명이 지금까지 창이 방패를 이기는 방향으로 진보해왔기에 어쩔 수 없이 벌어진 현상이다. 이렇게 계속해서 결론처럼 들리는 이야기를 늘어놓는 까닭이 무엇인지 여러분이라면 이미 간파했을 것이다. 자, 이제부터는 오직 이 책에서만 접할 수 있는 이야기를 들려주겠다.

현존하는 최강의 창과 방패는 무엇인가?

방어하는 쪽이 공격하는 쪽에게 승리를 거둔다는 것은 태세가 정비될 때

1 한비자는 중국 전국 시대에 활동한 사상가 '한비'가 집필한 책이다. 그는 '엄격한 법으로 국가를 통치해야 한다'고 주장하는 법가의 대표 주자였다. 한비자에는 모순 외에도 역린(逆鱗. 임금의 노여움을 이르는 말-옮긴이), 유유낙낙(唯唯諾諾. 명령하는 대로 순종함-옮긴이) 등 오늘날에도 자주 사용하는 표현이 다수 수록되어 있다.

까지 참고 버텨내는 것을 의미한다. 공격하는 쪽 입장에서는 상대에게 공격을 퍼부었는데도 치명상을 입히지 못하면 패배한 것과 마찬가지다. 지극히 단순한 규칙이다.

오늘날 인류가 보유한 최강의 창은 원자폭탄, 수소폭탄, 레일건[2] 등이다. 이에 반해 최강의 방패에 해당하는 것은 사실 인류가 과학의 힘을 빌려 개발한 그 어떤 신소재도 아닌 지구의 가장 바깥쪽을 둘러싼 부분, 즉 지각地殼 그 자체다.

땅속 수십 미터 아래에 건설한 터널에 들어가 있으면 땅 위에서 엄청난 공격을 퍼부어도 '응? 방금 땅이 좀 흔들린 건가?'라고 생각할 정도로 거의 감지하지 못한다.그림 1 땅속 벙커를 목표물로 삼는 벙커버스터[3]라는 미사일이 있기는 하지만 이것 또한 깊이가 일정 수준 이상이면 아무 소용없다.

다양한 소재가 뒤섞여 있어 압도적인 질량을 자랑하는 토양은 엄청난 방어력을 갖고 있다. 지하 100m 밑에 건설된 기지에 숨어 있으면 지표면에 원자폭탄과 수소폭탄이 떨어져도 별다른 피해를 보지 않을 정도다. 실제로 아주 오래전부터 정부의 주요 기관 중 가장 중요한 지휘부를 지하 깊숙한 곳에 설치하는 것이 당연시되어왔다.[4]

2 레일건에 관한 상세한 내용은 제20장 '미래 병기' 편을 참조하자.

3 지중관통미사일이라고도 부른다. 고고도에서 폭탄을 투하해서 막대한 위치 에너지를 확보하고, 이를 바탕으로 땅속 깊은 곳까지 파고든 후 폭발한다. 제2차 세계대전 당시 매우 견고했던 독일의 U보트 기지를 공격할 목적으로 개발됐다.

4 일본은 제2차 세계대전에서 패색이 짙었던 1944년, 나가노현의 마쓰시로 지역에 지하 벙커를 건설해 이곳으로 천황의 거처와 군통수부를 이전하려는 계획이 입안되었다. 그러나 이전하기 전에 전쟁에서 패했기 때문에 실제로 사용되지는 않았으며, 현재는 그 일부가 대중에게 공개되었다.

한편 채굴 기술도 엄청나게 발전했는데, 예컨대 남아프리카공화국에 있는 금 광산의 터널 깊이는 무려 지하 4,000m에 달한다!

그림 1 최강의 방패, 그것은 바로 지각이다.

다만 지하라고 해서 완벽하게 안전한 것은 아니다. 우선 농성전에 들어간 후, 적이 온갖 감염병과 오염물질을 무기로 삼아 지하 공간을 향해 공격을 퍼부을 경우 버텨내기가 매우 어렵다. 생화학 무기를 절대 개발해서는 안 된다고 미국이 귀가 따갑도록 이야기하는 이유는 전쟁이 발발했을 때 그들의 마지막 보루가 될 지하 공간마저도 생화학 무기를 이용하면 쉽게 무력화할 수 있기 때문일지 모른다. 또한 벙커의 입구가 봉쇄되면 모든 게 끝장나버리고 만다는 매우 단순한 약점도 존재한다.

SF 작품에 등장하는 방어막을 실제로 구현할 수 있을까?

현실만 놓고 보면 '땅속에 숨어 있는 사람'이 제일 세다. 하지만 이렇게 결론 내려버리면 재미가 없으니 이제부터는 SF 세계로 시선을 돌려보자. 공격과 관련해서는 이미 여러 가지 이야기를 했으니 이번에는 방어 수단에 초점을 맞춰 살펴본다.

사례 1: 얇은 천으로 날아오는 총알을 막아낸다

SF 작품에는 얇은 천 조각 한 장으로 날아오는 총알을 거뜬히 막아내는 모습이 자주 등장한다. TV 애니메이션 〈블랙 라군〉의 등장인물인 로베르타가 사용하는 산총(우산처럼 펼쳐서 상대방의 공격을 막아낼 수 있는 총-옮긴이)도 그중 하나다.그림 2

그림 2 몸에 딱 달라붙는 옷을 입은 것처럼 보여도 총알을 모조리 튕겨내는 히어로

이미 방탄조끼라는 게 있으니 별것 아닌 것처럼 보이겠지만 실제로는 엄청난 수준의 기술이 요구된다.

방탄조끼를 입으면 총알은 막아낼 수 있어도 충격에 의한 골절까지는 피하지 못하는 경우가 많다. 치명상을 입지 않게 해줄 정도의 방어력만 있는 것이다. 또한 관통력이 우수한 소총 공격 앞에서는 방탄조끼도 무용지물이다. 소총의 실탄 앞부분에 있는 작은 점에는 화약에 의한 운동 에너지와 탄두 무게에 의한 위치 에너지가 이중 삼중으로 쏠리기 때문에 이 정도의 힘 앞에서 인간의 몸은 물컹한 두부와 다를 게 없다. 두부를 두꺼운 종이로 감싸봤자 공기총을 난사하면 형체를 알아볼 수 없을 정도로 박살 나버릴 것이다.

방탄조끼의 안전성을 높이려면 케블라 섬유(kevlar. 철보다 5배 이상 강하면서도 무게는 가벼운 특수 섬유-옮긴이)를 두껍게 까는 수밖에 없다. 조끼가 두꺼워질수록 묵직해져 기동성이 떨어진다. 방어력이 업그레이드되더라도 기동성이 크게 악화되면 전혀 의미가 없다.

근래 픽션 세계에 등장한 '액체 아머'라는 방어 도구는 방탄조끼보다 얇으면서도 강력하다. 액체 아머란 비 뉴턴 유체(Non-Newton Fluid. 힘을 가하면 그것에 비례해 유체 형태가 변한다는 뉴턴의 점성 법칙을 따르지 않는 유체-옮긴이)의 원리를 이용한 소재로, 녹말을 물에 진하게 탄 것 같은 모습이다.

그림 3 액체 아머 이론을 뒷받침하는 다일레이턴시 현상

수영장에 비 뉴턴 유체를 가득 채운 뒤 그 위를 천천히 걸으면 유체 속으로 빠져버리지만, 빠른 속도로 걸으면 빠지지 않는다. 그림 3 액체 아머는 비 뉴턴 유체가 보여주는 다일레이턴시 현상(dilatancy. 입자가 강력한 외력을 받으면 액체를 흡수해 부풀어 굳는 현상-옮긴이)을 응용해서 총알을 막아내는 것이다.

비 뉴턴 유체로 적신 천에 충격이 가해지면 그것을 관통하려던 에너지는 딱딱해진 뉴턴 유체에 가로막혀 옆으로 이동한다. 결국 충격이 어느 한 점에 쏠리지 않고 전체로 분산돼버린다.

이러한 기술은 아직 개발 중이며 상용화까지는 아직 갈 길이 멀다. 다만 앞으로 더 강하고 반응성 좋은 비 뉴턴 유체를 형성하는 결정체가 발견된다면, 우산 원단처럼 얇은 천으로도 날아오는 총알을 거뜬히 막아낼지 모른다.

사례 2: 엄청나게 딱딱한 생물

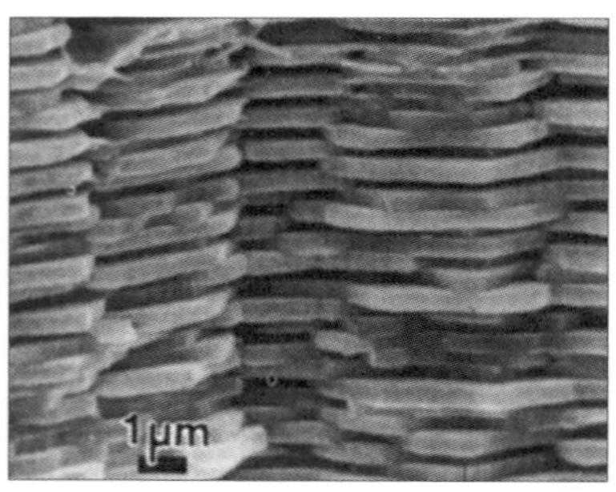

사진 2 엄청난 경도를 자랑하는 전복의 패각 구조

〈스타십 트루퍼스〉와 같은 SF 작품에 등장하는 거대 생물들은 대부분 엄청난 방어력을 갖추고 있다. 오늘날 인류가 보유한 무기는 기본적으로 같은 인류를 겨냥한 것들이다. 이것이 과연 지구를 침략한 곤충 모양의 외계 생물을 물리치는 데에도 효과가 있을지는 의문이다.

생물의 방어 체계를 설명하자면 얘기할 만한 꺼리가 많다. 대표적으로는 패각(貝殼. 연체동물의 외투막에서 분비된 석회질이 단단하게 굳어서 형성된 껍데기-옮긴이)을 들 수 있다. 패각은 대부분 1~3μm 두께의 탄산칼슘 결정들이 고무처럼 생긴 키틴(Chitin. 갑각류 등딱지의 세포막에 있는 다당류 중 한 가지-옮긴이)을 매개로 서로 연결되고 겹겹이 쌓인 구조다. 탄산칼슘 결정은 내구성뿐만 아니라 내충격성을 갖춘 복합 소재이며, 현재 연구 중인 '섬유 강화 세라믹'이라는 신소재도 이 구조를 본뜬 것이다. 패각 중에서도 전복, 떡조개와 같은 권패(卷貝. 소라나 우렁이와 같이 껍데기가 하나인 조개류-옮긴이)의 껍데기가 유독 강한 것으로 알려져 있다. 사진 2

한편 노랑쐐기나방이 입으로 뽑아내는 실은 엄청나게 가느다란 반면 인장 강도는 철보다 강하다. 이뿐만 아니라 이 실로 만든 누에고치는 단열성이 우수하고 통풍도 잘되기 때문에 미래 신소재로서 많은 관심을 받고 있다.

사례 3: 전자 방어막

사진 3 RPG가 마치 방어막에 부딪쳐 떨어지는 것처럼 공중분해된다.

마지막으로 픽션 세계에 등장하는 방패 중 가장 강력한 '방어막'을 언급해보자. 현대 무기 중 방어막과 가장 비슷한 것은 이스라엘군이 개발한 대對 RPG 능동 방어 시스템으로, RPG가 날아오는 것을 감지하는 즉시 요격 로켓을 발사해 격추한다.사진 3

구조상으로는 우리가 머릿속에 떠올리는 방어막과는 상당히 다르고 구닥다리 아날로그 시스템처럼 보이기도 한다. 결코 틀린 말은 아니지만 요격 로켓을 발사하기 때문에 상대방이 여러 차례 공격하더라도 끄떡없이 버틸 수 있는 것이 가장 큰 장점이다.

TV 애니메이션 〈신비한 바다의 나디아〉에 등장하는 뉴 노틸러스호가 레드 노아와 공중전을 벌일 때 보여준 것처럼 방어막 중 어느 한 곳을 집중적으로 공략한다고 해서 쉽게 뚫리진 않는다. 날아오는 RPG를 전부 막아내면서 적진에 미사일과 총탄을 퍼붓는 공격 헬기는 사실상 사기 캐릭터나 다름없다. 물론 요격 로켓의 수가 제한돼 있는 게 문제이긴 하지만 말이다.

과연 게임 속에서만 벌어지는 현상일까?

상태 이상을 소재로 다룬 게임 〈드래곤 퀘스트〉 시리즈

일본 게임 업계에서 RPG 게임의 개념을 정립한 불후의 명작. 게임을 디자인한 호리이 유지의 독특한 언어 센스 덕분에 그만큼 차별화된 게임 시리즈로 인식돼왔다. 누적 판매량은 시리즈 전체를 통틀어 6,400만 장 이상이다.(2014년 공식 발표)

그 밖의 작품

〈파이널 판타지〉 시리즈, 〈마더〉 시리즈, 〈여신 전생〉 시리즈

다른 나라는 어떤지 몰라도 일본에서 가장 인기 있는 게임 장르는 뭐니 뭐니 해도 RPG다.[1] 검과 마법의 세계에서 펼치는 대모험! 생각만 해도 가슴 뛰지 않는가? 이번 장에서는 RPG를 좋아하는 사람이라면 너무나도 친숙한 '상태 이상'이라는 개념을 과학적으로 알아본다.

적에게서 독극물 공격을 받으면 보라색 빛깔을 내면서 체력이 조금씩

1 〈드래곤 퀘스트〉 시리즈처럼 '싸우다' '방어하다' 등의 명령어를 선택하는 친숙한 방식의 RPG를 JRPG라고 분류하기도 한다. 전 세계적으로는 심리스(seamLess) RPG라든지 오픈 월드 RPG라는 장르가 폭넓게 인기를 얻고 있다.

떨어진다든지 그림 1 잠에 빠지거나 마비되고, 즉사하는 등의 상태 이상이 무엇 때문에 발생하는지를 구체적으로 살펴보자.

그림 1 RPG에서 흔히 경험하는 중독 상태

상태 이상은 현실 세계에서도 꽤 자주 일어난다!

RPG 게임에서 상태 이상에 빠지면 어떤 현상이 벌어지는지를 간단히 정리하면 다음과 같다. 차례대로 구체적인 내용을 살펴보자.

중독 : 싸울 차례가 되거나 이동할 때마다 조금씩 체력이 저하됨
졸림 : 문자 그대로 잠들어버림
마비 : 몸이 움직이지 않음. 상태는 게임에 따라 다양하게 나타남
혼란 : 적과 동료를 구분하지 못하는 등 정신을 차리지 못함

중독

독에 취한 상태를 과학적으로 '중독'이라고 한다. 중독은 대략 ①지연성 중독 ②만성 중독 ③급성 중독 등 세 가지로 구분할 수 있다. 지연성 중독이란 문자 그대로 독성이 질병 형태로 천천히 나타나는 것을 의미한다. 아스베스토스석면가 대표적인 예다.

만성 중독이란 알코올과 담배 등에 들어 있는 독성이 서서히 축적되

다가 일정 수준을 넘어서면 구체적인 증상으로 나타나는 것을 의미한다. 게임에서는 적에게 독 공격을 받으면 곧바로 증상이 나타나기 때문에 급성 중독에 해당한다.

그렇다면 게임에서 '중독'이란 구체적으로 어떤 상태를 의미할까? 앞에서 설명한 것처럼 중독 상태가 되면 일정 시간이 경과할 때마다(자신이 공격할 차례가 될 때마다) 그리고 이동하면서 한 발짝씩 움직일 때마다 체력이 소모된다. 다시 말해 무엇을 하든지, 아니면 가만히 있어도 체력이 뚝뚝 떨어질 만큼 '아픈' 상태인 것이다. 다시 말해 움직이지 않아도 통증이 전신으로 퍼지고 점점 데미지로 축적되는 것, 그것이 바로 중독 상태다.[2]

무엇을 하더라도 통증을 동반하는 독성 물질은 종류가 의외로 다양하다. 여기서는 통증을 유발하는 물질이라는 의미에서 '발증 물질'이라고 부르고자 한다.

수많은 발증 물질 중에 자연계에서 흔히 볼 수 있는 것은 '세로토닌'과 '히스타민'이다.[3] 둘 다 모든 생물의 몸속에 존재하는 물질이기는 하지만, 직접 생성하지 않은 것을 대량으로 주입하면 염증이 발생하고 맹렬한 통증도 동반된다. 또한 '브라디키닌'과 '칼리딘'이라는 펩티드(적은 아미노산이 연결된 것을 펩티드라고 하고, 많은 아미노산이 연결된 것을 단백질이라고 부름-옮긴이)도 벌침이나 뱀독에 많이 포함되어 있는 성분으로 잘 알려져있다.

2 다만 오래전에 출시된 게임 중에는 움직이지 않으면 데미지를 입지 않는 것도 꽤 있다. 또한 전투 시에도 발증 물질로 인한 데미지가 발생하지 않는 경우도 있는데, 이는 아마도 주인공이 적과 싸워 이기려고 고통을 참아내는 상황을 의미하는 것이리라. 참으로 감동적이다.

3 세로토닌은 마음을 안정시키는 신경 전달 물질로 행복 호르몬이라고 부르기도 한다. 히스타민 또한 신경 전달 물질이며 알레르기 증상의 원인으로 작용하지만 보통은 불활성 상태로 존재한다.

이러한 것들은 염증보다는 순수하게 통증 그 자체를 유발한다. 피부에 빠르게 침투되는 액체(카프르산과 같은 고급 지방산 및 초산, 포름산과 같은 유기산 등)와 이러한 성분을 섞은 뒤 몸에 끼얹으면 온몸에 통증이 번져서 무엇을 하더라도 극심한 고통에 시달리게 된다. 참고로 독을 뱉는 방식으로 상대를 공격하는 생물은 자연계에 상당히 많이 존재한다. 특히 독을 뱉는 코브라가 유명하다.**그림 2** 상대를 빤히 쳐다보다가 눈을 향해 독을 발사하는데 명중률이 상당히 높다. 또한 독을 뱉는 동물 중에는 능수능란한 녀석도 있어서 사정거리가 수 미터에 달하고, 상황에 따라 독을 일직선으로 뱉거나 흩뿌리기도 한다.

그림 2 독으로 공격하는 코브라

한편 음식물의 형태로 몸에 들어가 온몸에 통증을 일으키는 독도 있다. 독깔대기버섯과 같은 독버섯에 함유되어 있는 아크로멜릭산, 클리티딘, 스티졸로빈산 등은 마치 손과 발에 부젓가락(화로에 꽂아두었다가 불덩이를 집을 때 사용하는 쇠젓가락-옮긴이)을 찔러 넣은 것 같은 극심한 고통을 무려 한 달 이상 계속해서 안겨준다.

졸림 / 마비

힘이 쭉 빠져 좀처럼 움직일 수 없게 된다는 의미에서 졸림과 마비는 서로 유사한 개념이다. 따라서 여기서는 이 두 가지를 동시에 설명하려고 한다.[4]

상대를 잠재우는 최면 가스는 실제로도 존재한다. 이는 마비를 일으키는 가스이지만 의료 목적이 아니라 무기로 사용할 때에는 합성 모르핀

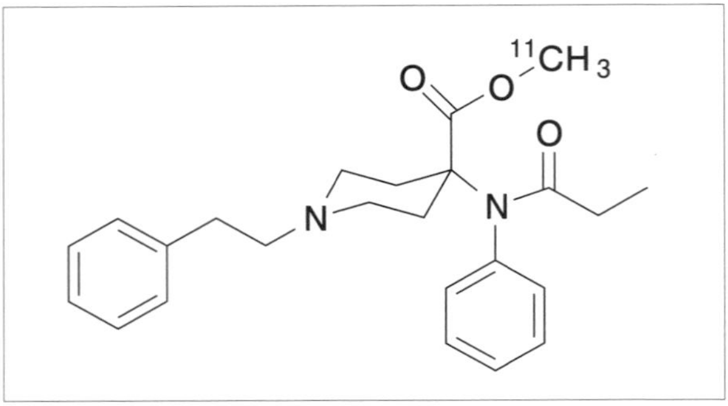

그림 3 카펜타닐의 화학식

에 준하는 성분을 활용한다. 펜타닐도 원래는 의료용 마약이지만 효과는 모르핀의 수십 배에 달한다. 한 번 들이마시면 머릿속에서는 황홀경이 펼쳐진다. 2002년 10월 모스크바에서 발생한 극장 인질극 사건에서 러시아 경찰이 테러리스트들에게 사용하기도 했다. 다만 이때 사용했던 것은 펜타닐 5배산, 다시 말해 겨우 5배만 희석한 말도 안 될 만큼 진한 용액이었다. 그 결과 테러리스트만 일망타진한 게 아니라 인질을 포함한 120명 이상을 저세상으로 보내고 말았다.

참고로 펜타닐은 여러 등급으로 나뉘고 그중에서 가장 센 것을 카펜타닐이라고 부른다.[그림 3] 효과가 무려 모르핀의 4,000배에 달한다. 무게로 환산하면 카펜타닐 1kg은 모르핀 4톤에 해당하는 셈이다.

계속해서 마비에 대해서 알아보자. 자연계에는 적이나 먹잇감을 마비

4 실제로 〈드래곤 퀘스트〉 시리즈에서 졸린 상태가 되거나 마비가 되면 일정 시간 동안 움직일 수가 없다. 둘 사이의 차이는 데미지를 입으면 상태 이상이 해제되는지 여부다. 시리즈 초기 작품에서는 마비된 경우 플레이어가 상태를 직접 해제하지 않는 한 절대로 풀리지 않았다.

시키는 생물체가 다수 존재한다. 특히 먹잇감을 마비시킨 뒤 죽이지도 살리지도 않은 상태, 이른바 가사假死 상태로 보존하는 경우가 많다. 살아 있는 먹이를 옴짝달싹하지 못하게 해놓고 유충의 먹잇감으로 던져주는 다소 잔인한 방식으로 마비 기술을 활용하기도 한다. 마비를 일으키는 성분 중 구조와 기능이 밝혀진 것으로는 알파 라트로톡신이 있다.

검은과부거미의 독에 들어 있는 성분으로, 신경 전달 물질을 과도하게 방출시켜 운동 능력을 잃게 만드는 성질을 갖고 있다. 다만 고갈된 신경 전달 물질을 보충하면 다시금 움직일 수 있다. 시간이 지나면 자연스레 마비 상태에서 풀려날 수 있다는 의미에서 이상적인 '마비 독'이다.

혼란

순식간에 상대를 혼란에 빠뜨리고 싶다면 환각성 마비를 이용하는 게 가장 나을 것이다. 환각제 중에서 가장 대표적인 것은 LSD 리세르그산 디에틸아미드이며, 화학 무기로 사용하는 물질 중에는 BZ 가스가 유명하다. BZ 가스의 주성분은 3-키누크리디닐 벤질레이트이며 피독되면 균형 감각을 잃은 뒤, 점차 상황 인식 능력을 상실한다. 그리고 종국에는 깨어 있는 건지 아니면 자고 있는 건지 알 수 없을 정도로 비몽사몽에 빠진다. 여기에 이성마저 잃게 만드는 약물을 섞으면 누구나 안갯속을 헤매는 전사로 전락하고 말 것이다.[5]

LSD와 BZ 가스는 식물과 곰팡이에서 추출한 물질을 참고해 만든 것

5 예컨대 펜사이클리딘을 복용하면 공격적인 성향으로 돌변하며 통증을 느끼는 감각이 마비된다. 사람을 때리든 벽을 치든, 반대로 상대방에게서 몇 대를 맞든 전혀 아픔을 느끼지 않는다.

이다. 자연에는 환각성 물질을 함유하고 있는 선인장[6] 뿐만 아니라 동물의 감각을 교란해 혼란에 빠뜨리는 독성 물질이 곳곳에 넘쳐난다.

즉사 공격이란 무엇일까?

상태 이상과는 조금 맥락이 다르긴 하지만, RPG 게임에 자주 등장하는 즉사卽死 공격에 대해서도 알아보자. 상대방을 그 자리에서 죽일 만한 무기로는 신경 독이라는 게 있다. 대부분 심장을 아주 천천히 뛰게 하거나 매우 빨리 뛰게 하다가 결국 멈추게 해서 죽이는 독이다. 사람이 만든 물질 중에서는 사린으로 대표되는 유기인계 독성 물질이 가장 유명하지만 자연계에서 가장 강력한 것은 '파스키쿨린'이다.

파스키쿨린은 일본의 유명 동물학자인 센고쿠 선생조차도 맨발로 도망치게 할 만큼 무시무시한 독뱀인 검은맘바의 독에 들어 있는 특수 성분이다. 상당히 강력한 신경 독이며 즉사하는 속도는 신경가스에 필적한다.

또한 검은맘바는 파스키쿨린 외에도 통증을 유발하는 물질이며 엄청난 부식성을 가진 독까지 몽땅 머금고 있다. '뭐 이런 게 다 있어?'라는 말이 절로 튀어나올 정도다. 더구나 시속 40km라는 엄청난 속도와 뱀 특유의 예상할 수 없는 움직임으로 덤불 속을 이동한다. 한 번만 물어도 생사를 오갈 정도인데 눈으로는 헤아릴 수 없을 만큼 빠른 속도로 여러 번 물

6 미국 남서부에서부터 멕시코 중부에 이르는 지역에서 자라는 페이요테(작고 가시가 없는 선인장의 일종-옮긴이)가 유명하다. 강력한 환각 작용을 일으키는 알칼로이드가 함유되어 있으며, 미국 원주민들 사이에서 '신령의 약'으로 여겨져 제사를 지낼 때 사용됐다.

어서 치사량의 수십 배에 달하는 독을 주입해버린다. 정말 이 세상에 존재하는 생명체가 맞는지 의심이 들 정도다. 뱀 연구가들 사이에서도 최강이자 최악으로 통한다고 한다.

그림 4 아프고 창피한 '중독 증상'을 일으키는 이루칸지입방해파리

한편, 혐기성 세균이 생성하는 보툴리눔 독소와 파상풍 독소는 샤프심 끝에 살짝 묻혀도 아무도 알아채지 못할 정도의 초미량(0.0003μg/kg)만으로도 죽음에 이르게 할 수 있다. 인공 유기 화합물 중에는 이보다 독한 물질이 존재하지 않는다.[7]

특이한 증상을 일으키는 독성 물질

마지막으로 특이한 부작용을 일으키는 독성 물질에 대해 살펴보자. 곰팡이 독소인 제랄레논은 신경 마비와 구토를 일으킬 뿐만 아니라, 여성 호르몬의 일종인 에스트로겐과 비슷한 성질이 있어 몸에 부작용을 일으킨다. 가축이 피독되면 유선 비대나 자궁 비대 같은 증상이 나타난다는 연구 결과도 있다.

7 인위적으로 만든 독 중에 가장 강한 것은 폴로늄이다. 7pg이라는 극히 적은 양만으로도 목숨을 앗아갈 만큼 독하다. 피코는 1조 분의 1을 의미하므로 7pg을 그램으로 표현하면 0.000000000007g이다.

호주의 따뜻한 바다에서 서식하는 이루칸지입방해파리도 맹독을 가지고 있다. 구체적으로 어떤 성분이 함유되어 있는지 아직 불명확하기 때문에 화학 구조 역시 베일에 싸여 있지만, 피독되면 혈압이 엄청나게 오르고 발기 상태가 오랫동안 유지되는 것으로 알려져 있다. 다시 말해 이루칸지입방해파리에 물린 남자는 엄청난 통증을 느끼는 것과 동시에 중요한 부분이 장시간 발기되는 현상을 경험할 것이다. 그림 4 통증과 창피함이 동시에 밀려오는 바람에 몸과 마음이 만신창이가 될 게 뻔하다. 최고 수준의 상태 이상인 것은 분명하지만 RPG 게임에서 재현될 가능성은 전혀 없다.[8]

8 괴작 게임의 전설로 통하는 〈러브 퀘스트〉(인터미디어가 1995년에 제작한 슈퍼 패미콤 게임)의 속편이 출시된다면 또 모를 일이다.

입수하는 것도 사용하는 것도 남몰래 하기엔 어렵다

독극물을 소재로 다룬 만화 《명탐정 코난》

1996년 연재를 시작한 이후 수많은 인물이 사망한 미스터리 만화. 한 열혈 팬이 세어보니 단행본 90권이 출간된 시점까지 희생자는 1,200명이 넘었고 그중에서 독살당한 사람도 상당수였다고 한다. 20년 넘게 연재됐지만 작품 안에서는 불과 6개월도 흐르지 않았다는 사실 또한 가히 충격적이다.

그 밖의 작품

《소년 탐정 김전일》《마인 탐정 네우로》《미식 탐정 아게치》

남자 : 휴… 여보, 미안한데 차 한 잔 줄 수 있어?

여자 : 네, 여보. 뜨거우니 조심하세요.

남자 : 고마워. 당신이 끓여주는 차는 늘 향긋해서 좋…윽! 뭐…뭐지, 서, 설마 당신이 이 안에 독…을?

(풀썩)

여자 : 드디어 죽었군. 이제 이 남자 재산은 다 내 거야! 아~ 오랫동안 이 인간 비위 맞추고 사느라 참 고생 많았지. 오호호호~♪

이런 식의 촌극은 화요 서스펜스[1]가 종영된 지 10년도 더 된 오늘날까지도 미스터리 드라마에서 아주 흔하게 볼 수 있다. 그런데 차를 몇 모금 마셨을 뿐인데도 즉사하는 독극물이 과연 실제로 존재할까?

아이코는 오늘도
빨간색 립스틱을
발랐네.
캐서린 : 립스틱에 청산가리가 발라져 있는데
그걸 모르고 바른 게 아닐까?

사진 1 1989년에 출시된 패미콤 게임에도 등장한 맹독 립스틱 〈교토 꽃의 밀실 살인 사건〉 © 타이토

예전에는 립스틱에 넣어서 입술에 대기만 해도 곧바로 사람을 죽음에 이르게 하는 위험한 독까지 등장한 바 있다.사진1 앞서 다룬 RPG 세계라면 몰라도 현실 세계에 이 정도 위력을 지녔으면서도 아무 맛도 없고 냄새도 없는 독이 진짜로 존재할까?

오늘날은 구글로 검색하면 궁금한 건 뭐든지 곧바로 찾을 수 있는 시대다. 고상한 테마도 치밀한 속임수도, 가성비 좋은 독극물이 등장하는 순간 모두 진부한 것이 되어버린다.[2] 지금까지 미스터리 작품에 등장했던 독극물을 하나하나 찬찬히 살펴보자.

1 정확한 이름은 〈화요 서스펜스 극장〉이다. 일본텔레비전(일본 간토 지역의 민영 방송사-옮긴이)이 1981년부터 2005년까지 장장 25년에 걸쳐 방영한 두 시간짜리 드라마다. 오프닝 테마곡이 아주 유명해서 요즘도 종종 들을 기회가 있다.

2 요즘 미스터리 작품은 예전에 비해 훨씬 더 사실적으로 묘사돼 있다. 최근 작품 중에는 "아주 오래전 소설에는 독이 발라져 있는 립스틱으로 사람을 죽였다는 황당한 이야기가 수록돼 있었지."라는 대사가 등장하는 것도 있다.

독살한 범인은 손쉽게 찾아낼 수 있다?
준비 없는 도전은 절대 금물

행인 100명을 붙잡고 '독극물 하면 떠오르는 게 무엇이냐?'고 물었더니 90명 이상이 '청산가리'라고 대답했다고 한다. 우선 청산가리가 무엇인지 알아보자.

청산가리의 정식 명칭은 '사이안화포타슘'KCN이다.(옛 명칭은 시안화칼륨) 시약으로 비교적 널리 활용되고 있지만 일반인이 손에 넣기란 꽤 어려울 것이다. 일본에서 시안화포타슘은 '악용 방지 대상 화학물질'로 지정돼 있기 때문이다. 법률로 정한 것은 아니고 제약 회사가 자발적으로 세운 규제에 따른 것이다. 과거에도 여러 독극물을 악용 방지 대상 화학물질로 지정한 바 있다.[3]

해당 약품을 구입하는 사람은 판매자에게 안전한 사용 방법과 관련 안내를 받아야 하고, 설명을 이해했다는 확인서를 제출해야 한다. 그리고 만약 어떤 문제가 발생해서 경찰이 판매자에게 구입자 명단을 요청하면 즉시 제출해야 한다. 그리고 악용한 흔적이 발견되면 출처가 어디인지 추궁하고 더 사용하지 못하도록 즉각 저지한다.

이런 이유로 평범한 사람이 엄격한 절차를 우회해서, 심지어 익명으로 청산가리를 손에 넣는다는 것은 현실에서는 불가능한 일이다. 사실성을 추구하는 요즘 미스터리 작품에서 다루기에는 적절하지 않은 소재인 것이다.

3 유화나트륨, 불화암모늄, 유화비소 등

청산가리는 구하기 어려울 뿐만 아니라 성분상 누군가를 독살하기에 적합한 물질도 아니다. 이는 청산가리뿐만 아니라 사이안화물 전체가 다 그렇다. 우선 성분 자체가 '불안정'해서 독성이 너무 쉽게 사라져버린다. 우연히 손에 넣었다고 하더라도 적절히 관리하지 않으면 아무 쓸모없는 가루가 된다.

放射光の利用や研究成果に関する質問

(7-1) 和歌山毒物カレー事件の砒素分析はどのビームラインで、どの様に行われたかのでしょうか？

和歌山地方検察庁を通じた最初の測定は、高エネルギー非弾性散乱ビームラインBL08Wで行われました。和歌山地裁から依頼された2回目の測定は、BL08Wと磁性材料ビームライン（当時の名称は生体分析ビームライン）BL39XUを使って行われました。

いずれの測定も、放射光を使った蛍光X線分析という方法で行われました。物質にX線を照射すると元素固有のX線が発生するので、そのX線の種類（エネルギーまたは波長）と量を測定することにより、物質に含まれる元素の種類と量を知ることができます（蛍光X線分析法）。しかも、微量に含まれる元素を検出できることがこの方法の特徴です。

和歌山毒物カレー事件の場合は、亜砒酸に含まれる特定の不純物元素の量を比較して亜砒酸の異同識別をしました。また、この方法により、素材の産地を特定することもできます。

SPring-8のX線を使うと今まで出来なかった重元素の分析ができるのですが、この特徴が亜砒酸 の異同識別を可能にしました。というのは、アンチモン（Sb）やビスマス（Bi）のような重元素不純物を検出する必要があったからです。

高エネルギー非弾性散乱ビームライン
BL08Wの実験ハッチ

(7-2) 実用化の例はありますか？ SPring-8で実生活に役立つ実用化の例は何ですか？

사진 2 SPring-8 웹사이트에 게재된 독극물 카레 사건 관련 기사 http://www.spring8.or.jp/ja/about_us/whats_sp8/faq/

또한 사람을 확실하게 죽이려면 한 숟가락 가득 퍼 먹여야 하는데, 이러면 청산가리가 들어간 음식 맛은 급격히 변해버리기 때문에 몰래 일을 처리할 수 없다.[4]

독극물은 범인에게 상당한 위험이 따르는 범죄 도구다. 어떤 독극물이 사용됐는지 확인되는 순간 '구입한 사람은 누구인가?' '해당 독극물을 잘 다룰 만한 사람은 누구인가?' 등의 질문을 토대로 수사망을 점점 좁혀 나가기 때문이다.

일단 용의자로 지목되면 벗어날 길이 없다. 예컨대 '독극물아비산 카레 사건'(1998년 일본 와카야마현에서 열린 마을 축제에서 한 주부가 주민들에게 아비산을 넣은 카레를 접대해 4명을 살해하고 수십 명을 식중독에 걸리게 한 사

4 청산가리는 염기성이라서 아몬드와 비슷한 냄새가 나고 금속처럼 맛이 쓰다. 따라서 음식이든 음료수든 청산가리를 섞으면 뭔가 이상하다는 게 금방 느껴진다.

건-옮긴이) 당시에는 카레에 들어간 아비산이 용의자의 집에 있던 것인지 아닌지를 SPring-8이라는 초고성능 분석 장치를 이용해 판별했다. 사진 2

예컨대 순도 99%의 아비산이 있다고 해보자. 순도 99%라는 것은 나머지 1%가 불순물이라는 이야기다. 여러 가지 불순물의 배합비는 원재료나 제조 공정에 따라 달라지며, 분석기를 이용하면 배합비를 정확하게 알아낼 수 있다. 따라서 제조 로트(Lot. 원자재의 묶음 단위-옮긴이) 번호를 추적하면 누가 독극물을 손에 넣었는지 알 수 있고, 재판 증거로도 활용할 수 있다. 이렇게 놀라운 기능을 탑재한 분석 장치를 속일 수 있는 방법은 딱히 없다.

경구 투여·주사·흡입 최고의 독살 방법

지금까지 알아본 것처럼 독극물을 주제로 하는 사실주의 드라마의 큰 줄거리는 '독극물 확인 → 범인 확인'이라는 것을 알 수 있다. 그럼 이제 미스터리 작품에서 '상대방에게 어떤 방식으로 독극물을 투여하는 것이 사실적인지'를 알아보자.

독살하려면 ①입으로 삼키게 하거나 ②주사를 놓거나 ③들이마시게 해야 한다. 항문으로 집어넣는 방법도 있지만 피해자를 더 비참하게 하는 방법이라 여기서는 일단 제외하려고 한다.

가장 먼저 입으로 삼키게 하는 방법부터 알아보자. 아비산과 청산가리 같은 전통적인(?) 독극물뿐만 아니라 폴로늄[5] 같은 최신 독극물도 경구 투여 방식으로 사용할 수 있다. 그러나 입으로 넣으려면 억지로 마시게 하거나 음식에 섞는 것 외에는 별다른 선택지가 없고, 새로운 아이디어가 나올 가능성도 별로 없어서 극적 재미는 상당히 떨어진다.[6]

주사는 독소를 체내에 찔러 넣는 방식으로, 흔적을 남기지 않는다든지 사고사한 것으로 위장하고 싶을 때 사용하면 좋은 방법이다. 주사 방식에 적합한 독극물로는 세균 독소 같은 고분자 독소를 들 수 있다. 고분자 독소는 경구 투여 시에는 해롭지 않지만 혈액에 직접 투여하면 강력한 독으로 작용한다. 이런 특징을 스토리에 잘 녹여 넣으면 꽤 탄탄한 미스터리 작품이 탄생할 것 같다.

마지막으로 들이마시는 방법을 알아보자. 흔히 떠올리는 방식 중에는 '클로로포름을 적신 수건으로 입을 막아서 기절시키는 것'이 가장 유명하다. 독가스까지 고려한다면 선택지는 셀 수 없을 만큼 많다. 독가스는 피해자가 알아차리기 전에 재빨리 죽일 수 있는 몇 안 되는 방법 중 하나다. 뱀독을 흡입시키는 것도 범인 입장에서는 좋은 방법이다. 독이 폐로 들어가긴 하지만 뱀에 물려 죽은 것처럼 위장할 수 있기 때문이다. 다양한 트릭에 활용할 수 있는 아주 좋은 소재다.

참고로, 클로로포름은 매우 위험한 물질이며 이것으로 상대방을 기절만 시키려면 일정 농도 이상의 산소와 혼합해야 한다. 또한 휘발성이 낮아

5 초강력 방사선 물질이다. 인체 외부에 있을 때는 괜찮지만 체내에 들어가면 매우 해롭다. 이런 특이한 성질을 가지고 있어서 암살용 무기로 주목(?) 받고 있다. 2004년 사망한 팔레스타인 자치 정부 초대 대통령인 야세르 아라파트도 폴로늄으로 암살됐다는 소문이 있다.

6 앞에서 예로 든 《명탐정 코난》에서는 국어사전의 페이지를 넘기려고 손가락에 침을 바르다가 종이에 묻어 있던 독이 입속에 들어가 사망한 사건이 발생한다. 인터넷에 '코난 독살'이라는 키워드로 검색해 보면 그동안 작품에 실로 다양한 독살 방법이 등장했다는 것을 알 수 있다. 이렇게 보면 새로운 아이디어가 나올 가능성이 없다는 생각이 너무 섣부른 것 같기도 하다.

서 수건에 적신 것을 코로 들이마시게 하기란 매우 어렵다. 흡입할 수 있게 하려면 농도가 짙은 클로로포름을 묻혀야 하는데 너무 진하면 기도가 마비되어 죽을 수도 있다. 결국 클로로포름을 이용해서 상대방을 죽이지 않고 기절만 시키기란 너무나도 어렵다.[7]

이런 것까지 독으로 사용할 수 있다고? 생활 밀착형 독극물

어떤 식의 독살이 미스터리 작품에 삽입하기에 적합할지 한번 생각해보자. 너무 황당무계한 내용은 무조건 걸러내야 할 테니 말이다.

립스틱을 바르는 순간 즉사하게 만들려면 유기인계의 맹독성 물질인 사린 정도로는 부족하다. 이보다 몇 단계 더 강력한 독극물이 필요하다. VX 가스와 러시아의 노비촉 가스 같은 초특급 맹독 물질이라면 써볼 만하겠지만 일반인이나 평범한 범죄 조직은 도저히 구할 수 없다.

운 좋게 손에 넣더라도 너무 독해서 립스틱에 다 묻히지도 못한 채 죽고 말 것이다. 실수로 뚜껑을 닫지 않으면 휘발돼 공기 중에 날아다닐 테고, 그런 물질조차 독가스로 작용한다. 뜨거운 음료에 조금 넣다가 수증기와 함께 증발된 독극물을 실수로 들이쉬어도 그 자리에서 죽고 말 것이다. 이 정도면 미스터리라기보다는 거의 코미디에 가깝다.

7 영화에서처럼 '명치 때리기'나 '목 내려치기'로 상대를 기절시키는 것도 실제로는 상당한 무리가 따른다. 특히 경추 부위에는 중요한 신경다발 다수가 지나가기 때문에 잘못 때리면 하반신을 아예 못쓰게 되는 등 여러 위독한 증상을 일으킨다.

독살을 소재로 삼은 미스터리에서는 '독극물이 자연에서 유래한 것인지 아닌지' '사고사인지 아닌지'가 포인트다. 예컨대 바꽃**투구꽃**과 독버섯에 의한 중독을 인위적으로 모사할 수만 있다면 계획 살인도 사고사처럼 위장할 수 있다. 의외로 우리 일상 곳곳에는 다양한 독극물이 존재한다.**표 1** 가령 쌀에 피는 곰팡이라든지 누렇게 변한 쌀에서 발견되는 루테오스키린과 시트리닌을 오랜 기간 먹게 하면 간장과 신장을 망가뜨려 교묘하게 죽일 수 있다.**그림 1**

또한 채종유(채소의 씨앗에서 추출한 기름)에 포함된 에루신산은 심장병이 있는 사람에게는 매우 해롭다.(시중에서 판매하는 유채유는 에루신산이 적은 품종 개량형) 따라서 이러한 특징을 잘 활용해 계략을 짜다 보면 여러 방면의 지식도 풍부해지고 깊이도 더할 수 있을 것이다.

최근에는 독성이 있는 조선나팔꽃과 가지를 접붙여 독이 든 가지를 만들어내는 첨단 수법이 소설 작품에서 종종 소개되고 있다. 이는 놀랍게도 실제 발생한 사건을 토대로 한다. 2006년 5월, 오키나와에서 한 주부가 가지가 들어간 미트소스 스파게티를 만들어 먹은 뒤 휘청거리다 의식을 잃어버린 사건이 발생했다. 요리할 때 사용한 가지는 조선나팔꽃과 가지를 접붙여 수확한 것이었다. 가지에서는 조선나팔꽃에 들어 있는 히

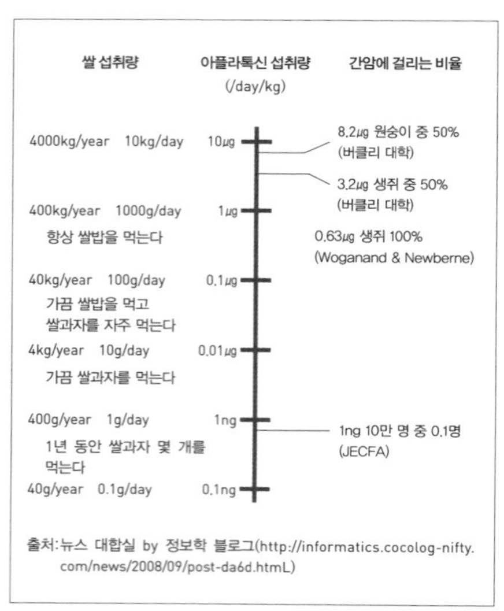

출처:뉴스 대합실 by 정보학 블로그(http://informatics.cocolog-nifty.com/news/2008/09/post-da6d.htmL)

그림 1 아플라톡신과 발병 사이의 관계

명칭	치사량	설명
버섯독 (α-아마니틴)	0.1mg/kg×10 (건조 독황토버섯 5g)	구하기 쉽고 사고로 위장하기 쉽다는 점에서 버섯은 좋은 재료다. 독황토버섯에 함유된 α-아마니틴은 건조 상태에서도 안정적이고 맛도 크게 변하지 않기 때문에 앞으로 미스터리 작품에서 활용될 가능성이 크다.
곰팡이독 (아플라톡신 계열)	상황에 따라 다름	생각보다 잘 알려지지는 않았지만, 곰팡이 핀 쌀은 웬만한 독물보다 살상 능력이 훨씬 뛰어나다. 여름철에 상온에서 보관한 쌀은 노랗게 변하고 곰팡이가 핀다. 일반적으로 황변미라고 부르는데, 누군가에게 이런 쌀을 1~6개월 정도 의도적으로 먹이면 점차 병들어갈 것이다.
리신	0.05mg/kg×10 (아주까리 10~30알)	세균 독소 다음으로 독성이 강하다. 실제로 암살에 이용되기도 한다. 단, 리신은 단백질이기 때문에 경구 투여 시에는 독성이 크게 약해진다. 예전에는 독화살이나 독총탄으로 사용됐지만, 에어로졸(미스트)화해서 분무하면 주사 못지않은 살상력을 지닐 수 있다. 문제는 에어졸화하기가 어렵다는 점이다. 분리 자체는 부엌에서도 할 수 있기(실제로는 힘들지만) 때문에 미스터리 작품에 가져다 쓰기에도 좋은 소재다.
코리아리아	0.1mg/kg×10 (열매 10알 정도)	환상의 독초라고 불릴 만큼 멸종 위기에 놓여 있다. 코리아리아의 꽃에서 채취한 꿀만 써도 중독을 일으킬 정도로 독성이 강하다. 특히 열매에 많은 양의 독이 함유되어 있어 성인이라고 해도 10알 정도 먹으면 사망할 수 있다. 독 자체에는 아무 맛도 없고 열매도 이상한 맛은 아니기 때문에(맛이 없다) 미스터리에서 사용하기에 좋다. 구하기가 매우 어렵고 증상이 바로 나타나기 때문에 들키기 쉽다는 단점이 있지만, 이 정도는 가볍게 눈감아줄 수 있을 정도로 독하다.
독선인장 (유포르비아)	맹독이지만 치사량은 불명확함	'선인장 중에는 맹독을 가진 것도 있다'고 소개한 바 있지만, 엄밀하게 이야기하면 선인장이 아니라 협죽도의 일종이다. 심장에 유해한 성분이 있으며, 아프리카에서는 유포르비아 비로사의 수액을 졸인 것을 가지고 독화살을 만든다. 다만 경구 투여 시에는 독성이 그다지 강하지 않다.
MDPD	불명확함	최근 미국에서 몰래 생산돼 문제가 된 약물이다. 주의력 결핍 과다 행동장애와 기면증의 치료제로 사용되는 메틸페니데이트에 환각 성분을 더한 것으로, 뇌에서 구체적으로 어떤 작용을 하는지 전혀 예측할 수 없는 공포의 약물이다. 이 약물을 복용한 자들이 좀비처럼 행동하면서 사람과 개를 잡아먹는 사건이 벌어진 적이 있다. 치사량도 아직 불명확하다.
카펜타닐	0.01mg/kg×10	2002년 모스크바에서 극장 인질극이 벌어졌을 때 러시아군은 카펜타닐을 주성분으로 하는 화학 무기(Kolokol-1)를 사용했다. 마비 효과는 모르핀의 수천 배에 달하며 가스 형태로도 사용할 수 있다. 애니메이션에 종종 등장하기도 하는데, 잠깐 스치거나 조금만 들이마셔도 바로 쓰러질 만큼 독성이 강하다. 농도를 조절해 살상 무기로도 사용한다. 너무나도 위험한 물질이라 이를 범죄에 악용하려고 했던 사람이 오히려 당할 수도 있지만, 이 부분을 창작의 힘으로 잘 커버하면 얼마든지 미스터리 작품에서도 활용할 수 있을 것이다.

표 1 향후 미스터리에서 활약할 것으로 기대되는 독극물들

오시아민과 스코폴라민이라는 독성 물질이 검출됐다.

물론 이는 누군가가 의도한 것이 아니라 단순 사고였다. 하지만 독초와 접붙이면 일반적인 야채나 과일도 얼마든지 독을 품을 수 있음을 보여준 이 사건 덕분에 독살 분야에서 새로운 영역이 개척됐다.

접목이라는 아날로그 방식 외에도 유전자 조작 같은 기법을 활용할 수도 있다. 이런 기법은 앞으로 미스터리 작품의 소재로 자주 등장할 것이다. 다만 전문 기술자가 진짜 범인일 경우, 완전 범죄가 돼버린다. 이때 주인공은 누가 범인인지 심증만 있을 뿐 실제로는 아무것도 밝혀내지 못할 가능성도 있다.

명탐정이 활약하는 시대는 이미 끝났다?

과학수사를 소재로 한 드라마 〈CSI : 과학 수사대〉

2000년 미국 CBS에서 첫 방송을 시작한 초대형 히트작. 그 후 2015년까지 무려 15년간 방영됐다. 미국은 물론이고 전 세계 각지에서 선풍적인 인기를 끌었으며 폭발적인 인기에 힘입어 다양한 스핀오프 시리즈도 제작됐다.

그 밖의 작품

〈국과수 그녀〉《트레이스 국과수 법의학연구원의 추상》《감식하는 여자 아키야마 씨》

앞에서는 미스터리 작품에 곧잘 등장하는 독극물에 대해서 설명했다. 오랜 출판 불황에도 불구하고 미스터리 소설이나 만화는 꾸준히 인기를 얻고 있는데, 작중 하이라이트는 당연 수수께끼를 푸는 장면이라고 할 수 있다. 온갖 변명으로 발뺌하기 바쁜 범인을 날카로운 논리로 공격해 결국에는 자백을 받아내고야 마는 명탐정의 모습은 정말 멋있다!

다만 여러 작품에서는 수없이 많은 명탐정[1]이 등장하지만 현실 세계에서 명탐정을 만나보기는 어렵다. 탐정들은 증거물을 제 맘대로 만지거나 들고 다니는 등 법에 저촉되는 행위를 하기 때문에 오히려 위법적인 존재로 여겨지곤 한다. 이번 장에서는 첨단 과학이 범죄 수사에서 어떻게 활용되고 있기에 수많은 셜록 홈즈들이 점점 설 자리를 잃고 있는지 알아보고자 한다.

현대 과학 앞에서 명탐정이 설 자리는 없다!

"범인은 이 안에 있다!" 그렇다. 《소년 탐정 김전일》의 결정적인 장면에서 항상 등장하는 명대사다.사진1 너무 낡아빠진 표현 같기도 하고 아닌 것 같기도 하다. 아무튼 명탐정이 이런 말을 할 정도면 범인 입장에서는 이미 게임 오버다. 여기에 과학 수사 기법까지 가미되면 범인에게서 자백을 받아내기란 퍼펙트 지옹[2]이 아기 팔을 비트는 것만큼 쉬울 것이다. 과학 기술을 총동원하면 증거가 될 만한 것들을 엄청나게 찾아낼 수 있기 때문이다.

'지문' 분석이 대표적이다. 범인이 지문을 지우려고 손수건으로 박박 문지르는 모습을 드라마에서 본 적 있을 것이다. 그러나 아무리 그렇게 해봤자 소용없다. 지문 검출 기술이 상당한 수준으로 발전했기 때문이다. 지문 외에도 사람이 손을 댄 흔적에서 누가 범죄를 저질렀는지 알 수 있는 다양한 정보를 추출할 수 있다. 살인 현장에 떨어져 있던 털 한 올만으로

1 참고로 세계 최초의 명탐정은 미국의 작가 에드거 앨런 포가 그려낸 C. 오귀스트 뒤팽이다. 1841년에 발표된 《모르그 가의 살인 사건》 외에도 세 작품에 등장한다.

2 지옹은 《기동전사 건담》에 등장하는 로봇으로, 처음에는 다리가 없는 미완성 상태로 등장했다. 작품에는 등장하지 않지만 그 후 다리가 부착됐는데 이를 퍼펙트 지옹이라고 부른다. 높이가 38m에 육박하는 퍼펙트 지옹이 아기의 팔을 비틀기란 실제로는 너무나도 어려운 일이다.

범인을 찾아낸 사례도 있다.

또한 과학 수사의 대상은 지문과 체모 같은 범인의 신체 일부에만 국한되지 않는다. 예를 들어 털이 복슬복슬한 애완동물을 키웠다면, 범인의 몸에 붙어 있던 털이 어느 방향으로 떨어져 있는지를 보고 도주 경로를 파악할 수 있다. 몸에 털이 붙어 있는 채로 피해자와 엎치락뒤치락하기까지 했다면 범인을 더욱 확실하게 지목할 수 있다. 요컨대 재판에 제출할 만한 증거는 아니더라도, 범인의 자백을 쉽게 받아내고 체포하는 데 도움을 줄 정도의 과학 수사 기법이 다수 존재한다.[3]

사진 1 추리 만화 붐을 이끈 《소년 탐정 김전일》의 명대사 《소년 탐정 김전일》 제1권 181쪽(글: 가나리 요지부로, 그림: 사토 후미야, 1993년)

이것만큼은 반드시 확인하자!
과학 수사의 3대 요소

현대 과학 수사의 핵심 요소가 무엇인지 살펴보자. 지금까지 설명한 내용과 중복되는 부분도 있지만 핵심 요소는 다음과 같은 세 가지다.

3 일본에서는 형사 사건의 경우, 범인 체포 후 다양한 방법을 이용해 자백을 받아내는 이른바 자백편중주의를 채택해왔기 때문에 증거가 충분하지 않아도 체포할 수만 있으면 문제되지 않는다. 그런데 정말 문제되지 않는 걸까?

1. 지문 감식

2. DNA 감정

3. 상황 증명

3대 핵심 요소에는 들어가지 못하지만 성문聲紋, 필적, 미세 증거(눈에 보이지 않을 정도로 작은 증거물을 총칭하는 말로, 과학 수사대는 사건 현장의 토양, 먼지 등의 미세 증거가 무엇과 접촉하였는지를 중심으로 분석한다.- 옮긴이), 법의곤충학[4], 법미생물학 등도 있다. 이는 제각기 발전해나가면서 3대 핵심 요소를 강력하게 보조하고 있다. 모두 수사 과정에서 발견한 무언가를 재판에서 충분한 증거 능력을 발휘할 수 있게 해주는 기법들이다. 그럼 본격적으로 하나하나 자세히 알아보자.

지문 감식

형사 사건을 주제로 한 드라마에서는 "이 지문을 감식반에 의뢰하도록 해."라는 대사가 자주 등장한다. 그런 뒤에는 불과 몇 분 만에 "지문이 범인과 일치한답니다!"라고 누군가 보고하곤 한다. 실제로는 절대로 불가능한 일이다. 지문을 채취하고 이를 데이터화한 뒤, 과거 범죄 이력이 있는 수많은 사람들의 지문 또는 용의자의 지문과 비교를 해봐야 한다. 아무리 서둘러도 최소 3일이 걸리고 보통은 일주일 정도 걸린다.

경찰이 지문 감식에 공을 들이는 이유는 한가하기 때문이 아니라 재

4 구더기처럼 사체를 먹는 벌레의 크기와 서식지 등을 토대로 사망 추정 시각과 장소를 파악하는 법의학의 한 분야.

판 과정에서 엄청난 증거 능력을 갖기 때문이다. 대신 실수는 절대로 용납되지 않는다. "음, 대강 일치하는 것 같네요. 아마 일치할 거예요."라는 말만 듣고 무고한 사람을 체포했다가는 관할 경찰서의 서장부터 말단 직원까지 징계를 받고 경력에 엄청난 흠집이 잡히고 말 것이다. 상명하복 사회에서 실수는 결코 용납되지 않는다.

꼭 이런 이유가 아니더라도 경찰에 체포된다는 것은 한 사람의 인생이 걸린 문제인 만큼 지문을 감식할 때는 시간이 걸리더라도 신중하게 해야 한다. 다만 아직까지는 아날로그 데이터와 디지털 데이터를 모두 참고하기 때문에 시간이 꽤 걸릴 수밖에 없지만, 향후 100% 디지털 감식으로 전환되고 나면 실제로 단 몇 분 만에 감식을 끝낼 수 있을지도 모른다.

지문을 채취하는 기술 또한 하이테크라도 해도 과언이 아닐 정도로 엄청난 진보를 이뤘다. 이대로 가다가는 머지않아 명탐정들의 일자리를 빼앗는 주범이 될 것이다.

오늘날 기술로는 표면 상태가 어떻든 손쉽게 지문을 채취할 수 있다. 20년 전만 하더라도 반드시 표면이 매끈해야 했지만, 이후 광학 디지털 기기가 개발된 덕분에 울퉁불퉁한 곳에서도 문제없이 채취할 수 있다. 자외선과 적외선 또는 특정 파장으로 발광하는 약품 1, 2-IND 을 지문이 묻어 있을 것 같은 곳에 뿌린 후 광스캐너로 스캔하면 황토벽이나 콘크리트벽처럼 울퉁불퉁한 표면에서도 쉽게 지문을 채취할 수 있다. 사진 2

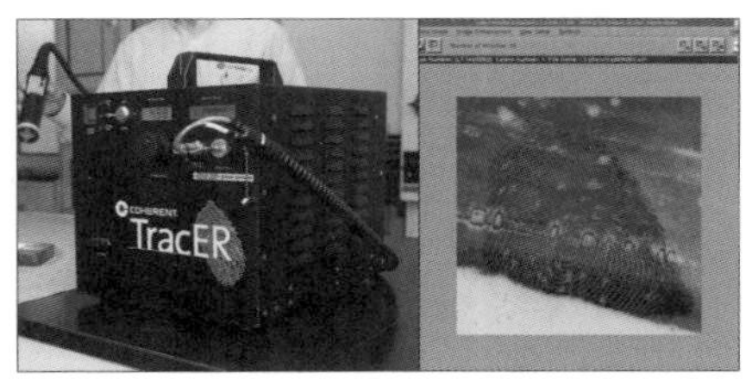

사진 2 레이저를 이용해 지문을 채취하는 미국 코히어런트(Coherent)사의 지문 스캐너

최근에는 사람 몸에서도 지문을 채취할 수 있을 만큼

눈부신 발전을 이뤘다.**사진 3** 사람의 몸에서 지문을 채취한다는 것은 피지皮脂 위에 있는 또 다른 피지를 채취하는 것을 의미한다. 이는 피지가 산화한 정도를 바탕으로 새로운 피지와 오래된 피지를 구별해 염색할 수 있는 기술이 개발됐기 때문에 가능해졌다.[5] 실제로 목이 졸려 살해당한 피해자의 목에서 지문을 검출해 범인을 찾아낸 사례도 있다고 한다.

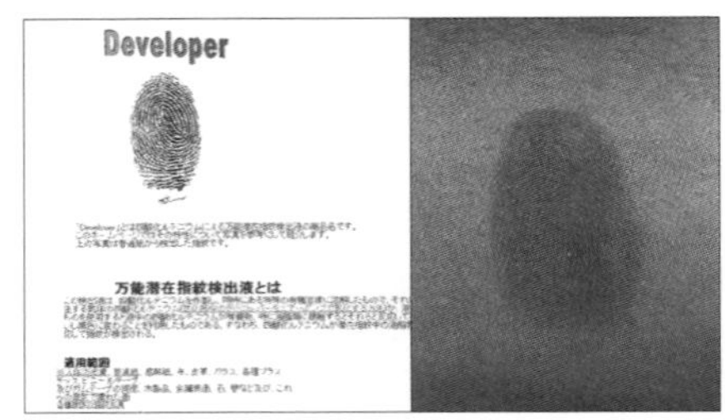

사진 3 사람 피부에서 지문을 검출하는 기술은 일본에서 시작됐다. http://www2.ttcn.ne.jp/~develop/

DNA 감정

지문과 마찬가지로, 아니 그보다 더 유일무이한 요소가 바로 DNA다. DNA가 일치한다는 사실 자체가 압도적인 증거 능력을 가지며, 용의자에게 이것저것 확인할 필요도 없이 유죄 판결을 이끌어낼 수 있다.

혈액과 정액은 물론 비듬과 (음모를 포함한) 모발, 타액에서도 DNA를 채취할 수 있다. 그러나 실제로는 DNA를 상세히 분석할 수 있는 사람은 그다지 많지 않다. 비록 DNA가 '매우 정확한 증거'로 여겨지기는 해도 분석 결과의 정확도는 사실상 감정하는 사람의 실력에 크게 좌우된다.

1990년 아시카가 사건(일본 도키기현 아시카가시에서 발생한 여아 살인

5 이 기술은 FBI와 MI6(영국의 비밀정보부-옮긴이)도 도입해 현장 감식에 활용하고 있다. 앞에서 소개했던 〈CSI:과학 수사대〉에서도 종종 등장한다.

사건-옮긴이)이 발생했을 때 스가야 도시카즈 씨가 체포되어 실형을 선고받은 까닭은 DNA 감정 결과 때문이었다. 그러나 감정 과정에 심각한 오류가 있었음이 뒤늦게 밝혀졌고, 결국 범죄 사건과는 아무런 관계도 없는 무고한 사람이 온갖 고초를 겪은 셈이 됐다.

최근에는 데이터 신뢰성이 높아졌지만 오히려 이것이 독으로 작용하고 있다. 감정할 때 사용하는 제품에 오류가 있었는데도 결과 값을 지나치게 신뢰한 나머지 멀쩡한 사람을 순식간에 죄인으로 전락시킨 경우도 있었다. 앞에서 이야기한 도시카즈 씨는 아시카가 사건으로 인해 뒤집어썼던 누명을 2009년이 되어서야 벗을 수 있었는데, 공교롭게도 같은 해 DNA 감정과 관련된 또 하나의 사건이 발생했다.(301쪽 참조) DNA 자체가 아무리 정확한 정보원이라고 해도 감정하는 사람의 전문성이 떨어지고 장비가 오류투성이라면 아무 소용이 없다. 아시카가 사건을 담당했던 사람은 DNA를 분석하기는 했지만 실은 아무것도 파악하지 못한 것이나 다름없다.

상황 증명

지문과 DNA가 미시적인 증거라면 상황 증명은 거시적인 증거다. 범죄 현장과 관련 있는 다양한 현장 증거를 과학의 힘으로 분석하는 것이다.

혈흔이 발견되면 흩뿌려진 형태를 살펴보고 '어떻게 찌르거나 벤 것인지'를 알아낸다. 칼로 찌른 형태를 보고는 '신장' '신체 능력' '근육량' 등과 같은 범인의 특징을 속속들이 파악한다. 즉, 범죄 현장에 남겨진 상황을 '과학적으로 철저히 분석하는 것'이다. 이는 과학 수사의 정수다. 여기에는 억측에 불과한 추리가 끼어들 틈이 없다.

목을 맨 사체가 발견되었을 때 시체 상태를 보고 자살인지 타살인지 판별하는 방법은 제4장 '죽음의 개념'에서 다뤘는데, 이와 같이 사체를 찍은 사진으로 사건의 진상을 분석하는 기법은 널리 확산되고 있다. 이러한 기법을 활용하면 사체를 해부해보지 않고도 사인을 상세하게 분석할 수 있다.

다만 정밀한 과학 수사는 비용 부담이 따르기 때문에 큰 사건이 아니고서는 진행하기 어렵다. 그러나 탐정은 크지 않은 사건에만 관여하기 때문에(관여할 수밖에 없기 때문에?) 이제는 명탐정이라고 불리기 어렵게 됐다.

현대 과학 기술을 최대한 활용하면 거의 모든 사건에서 범인이 누군지 지목할 수 있을 것이다. 오히려 픽션에 등장하는 범인들이 수사망을 요리조리 잘 피해 다니고 경찰을 손쉽게 기만하는 것 같다. 수사 기법이 더욱 진보하든 그렇지 않든 애초에 나쁜 짓을 하지 않는 게 언제나 가장 훌륭한 전략이다.

유럽을 온통 떠들썩하게 만든 하일브론의 유령

2007년 독일에서 발생한 살인 사건 현장에서 DNA가 채취됐고, 해당 사건을 수사하던 도중 발생한 또 다른 살인 사건에서도 동일한 DNA가 채취됐다. 그 후에도 다른 여러 사건에서도 동일 인물의 것으로 추정되는 DNA가 확인됐고, 심지어 독일 밖의 다른 국가에서도 마찬가지였다. 사람들은 '연쇄 살인 사건'이 발생했다고 크게 동요했지만 해당 DNA는 살인 사건 현장에서뿐만 아니라 절도, 마약 거래, 무기 매매 등 그 외의 다양한 범죄 현장에서도 발견됐다.

1993년부터 2008년까지 40차례 발생한 범죄 사건 모두에 연루된 한 사람이 있는 것처럼 보였다. 그리고 놀랍게도 DNA의 주인은 여성이었다. '하일브론의 유령'이라는 별칭까지 붙은 이 여성에게는 현상금 30만 유로(약 3억 3천만 원)가 걸렸다. 그러나 2009년, 독일 경찰은 '하일브론의 유령'이 남긴 DNA는 사실 DNA 채취용 면봉을 실수로 건드린 여성의 것으로 판명됐다고 발표했다. 이 여성은 면봉 납품 업체에서 일하는 직원으로, 면봉 자체에 포함되어 있는 DNA 고정 시약이 그녀가 건드렸을 때 이미 굳어버렸기 때문에 해당 업체에서 납품하는 면봉을 사용하면 어떤 DNA 샘플을 채취하더라도 그녀의 DNA가 검출될 수밖에 없었다고 한다. 수많은 사람들의 간담을 서늘하게 했던 하일브론의 유령은 하루아침에 연기처럼 사라져버렸다.

진실을 가려내기란 어느 정도로 어려운 걸까?

거짓말을 소재로 다룬 만화 《도박 묵시록 카이지》

주인공인 카이지가 다양한 종류의 도박에 도전한다. '한정 가위바위보' 'E카드' 등 서로 속고 속이는 게임이 다수 등장한다. '와글와글' 등 인상적인 효과음이 사용된 것도 이 작품의 특징이다.

그 밖의 작품

《라이어 게임》《도박마-거짓말 사냥꾼 바쿠》《검은 사기》《원 아웃》《단간론파》

거짓말. 미스터리와 서스펜스뿐만 아니라 많은 인물이 등장하는 게임, 만화, 영화, 드라마에서 거짓말은 이야기가 흥미롭게 흘러갈 수 있게 해주는 감초 역할을 하는 경우가 많다. '거짓말은 재미와 오락 그 자체'라고 해도 과언이 아니다.

그림 1 겉모양만 번드르르할 뿐인 거짓말 탐지기

거짓말 탐지기의 정확도는 어느 정도일까? 현대 기술의 한계

오래전부터 거짓말 연구는 진행돼왔다. 연구 성과 중에서 우리에게 가장 잘 알려져 있는 것은 바로 거짓말 탐지기폴리그래프일 것이다.그림 1 이는 혈압 측정기와 손가락 끝에서 나는 땀을 검지하는 검류계갈바노미터, 가슴에 두르고 호흡 상태를 기록하는 장치인 뉴모그래프 등 세 가지 장치를 결합한 것으로, 거짓말을 하는 사람의 신체 상태가 평소와 얼마나 다른지를 확인해서 거짓 유무를 판별하는 데 사용한다.도표 1

거짓말 탐지기의 생김새는 꽤 그럴듯하다. 그럴듯한 생김새와 정량적인 수치가 도출된다는 사실이 상대방을 안절부절못하게 만들지만, 과학적 신뢰성 측면에서 보자면 거의 고철 덩어리나 마찬가지다. 본래 이런 장치 앞에 앉으면 긴장할 수밖에 없고, 거짓말을 하든 진실을 말하든 관계없이 호흡과 맥박이 평소보다 빨라지고 땀도 줄줄 흐르기 마련이다.[1]

실제로 사용해보면 그래프가 심하게 요동치는 것을 확인할 수 있다. 거짓말 탐지기는 거짓말을 직접 가려내기보다는 "거짓말 탐지기를 연결하니 당신이 말하는 내용 중에서 무엇이 진실인지 이제 좀 알겠네요."라고 말하며 상대방을 겁박할 목적으로 사용하는 기계라는 점을 기억하자.

오래전부터 사용해온 거짓말 탐지기와는 별개로, 최신 컴퓨터 분석 기술을 접목한 탐지기도 있다. 최근 미국에서는 기존 거짓말 탐지기보다

1 혈압 측정 시 긴장감 때문에 평소보다 혈압이 높게 나오는 '백의(白衣) 고혈압' 현상을 쉽게 경험할 수 있다. 건강 검진 차원에서 측정할 때도 이런데, 하물며 거짓말 탐지기 앞에 앉으면 당사자는 얼마나 긴장을 할까? 오히려 맥박이 정상으로 나오는 게 이상하다.

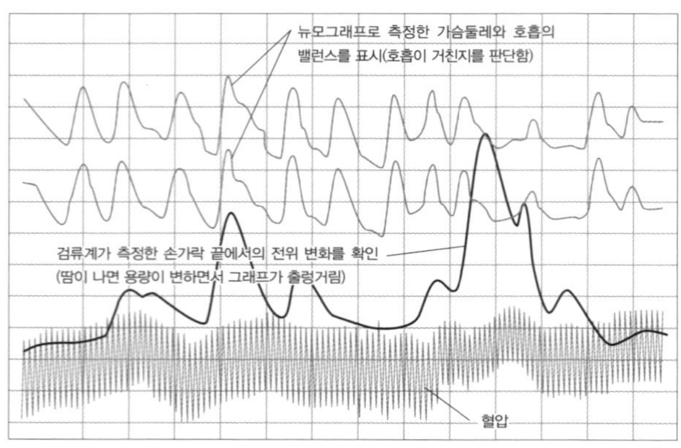

도표 1 거짓말 탐지기로 검출되는 내용

음성이 인식되는 컴퓨터 기반의 탐지기를 더 많이 사용하고 있다. 작동 원리는 복잡하지만, 사람이 거짓말을 할 때 목소리 톤이 조금 변한다는 사실을 기반으로 진실과 거짓을 분간해낸다. 거짓말 탐지기를 가동하고 있다는 사실을 당사자가 인식하지 못하기 때문에 기존 방식보다 더욱 정확한 데이터를 얻을 수 있다는 것이 가장 큰 장점이다. 그러나 이 장치는 사기꾼처럼 '거짓말을 업으로 삼는 사람들'에게는 거의 효과가 없다는 사실이 밝혀진 바 있다. 이 또한 만능은 아닌 것이다.

기존 거짓말 탐지기는 정확도 측면에서는 솔직히 말해 아직 갈 길이 멀다. 이 때문에 얼굴 근육의 움직임을 분석하는 디지털 기술이 등장했다. 사람의 표정을 바탕으로 거짓말을 가려내는 것이기 때문에 최첨단 영상 분석 기술이 필요하다. 아직까지는 실험 단계라 확실히 말할 수는 없지만, 이를 바탕으로 향후에는 사기꾼의 정신병적 거짓말과 반사회적 인격 장애로 인한 거짓말(허언증-옮긴이)까지도 식별해낼 수 있으리라고 기대를 모으고 있다.

진실과 거짓이 뒤범벅돼 있는 거짓말 식별 방법

결론부터 이야기하자면 아쉽게도 사람이든 기계든 거짓말을 100% 가려낼 수는 없다. 하지만 인간 특유의 관찰력을 바탕으로 80% 이상 맞추는 것은 가능하다고 한다. 소위 독심술이나 심리 트릭이라고 하는 기술들은 바로 이러한 관찰력을 토대로 하며, 누구라도 훈련을 해서 어느 정도 자기 것으로 만들 수 있다.

한 사람의 '제1차 언어'와 '난버벌 액션'non-verbal action을 관찰하면 거짓을 판별해내는 데 매우 큰 도움이 된다. 제1차 언어란 일반적인 어휘 체계에 포함돼 있지 않은 어휘를 말하며 난버벌 액션이란 비언어적 행동을 가리킨다. 예를 들어, 돌연 얼굴 쪽으로 벌레가 날아오면 만화나 애니메이션의 등장인물들은 보통 "앗! 벌레가!"라고 말하며 벌레가 있는 곳으로 정확히 손을 뻗어 쫓아낸다. 그러나 현실에서는 이런 경우 "에잇!"이라고 외마디 소리를 내며 벌레가 날아오는 방향과는 완전히 다른 쪽으로 손을 마구 휘두르는데, 이때는 자신의 심정을 모조리 드러내는 솔직한 표정을 짓는다. 놀란 표정을 보여주는 건 아주 잠시뿐이다.

이때 '에잇!'이라는 표현이 바로 제1차 언어에 해당한다. 놀랐을 때 입 밖으로 내뱉는 그 사람 특유의 표현이다. 무엇인가가 날아와 얼굴에 붙었을 때 자연스럽게 튀어나오는 표현이기 때문에 갓난아기가 맘마, 지지하며 옹알거리는 것과 크게 다를 것이 없다. 즉, 언어보다 앞서는 '자신의 내면을 드러내는 표현'이라고 할 수 있다. 이러한 제1차 언어라는 바탕이 자리를 잡은 후에 비로소 모국어를 배우고 구사할 수 있다.

계속해서 손을 휘젓는 행동에 대해서 생각해보자. 벌레가 있는 곳으로 정확히 손을 뻗어 쫓아낸다는 것은 대상이 벌레라는 것을 미리 인식한 뒤 좌표까지 파악했다는 것을 의미한다. 다시 말해 냉정함을 유지하지 못하면 도저히 할 수 없는 행동이며, 현실 세계에서 이렇게 행동할 수 있다는 것은 그만큼 마음의 여유가 있다는 것을 의미한다. '연기'가 아니고는 보여주기 어려운 모습이다.

얼굴의 표정 변화는 한순간에 이뤄진다. 예능 프로그램 같은 곳에서 '눈의 움직임을 보면 지금 거짓말을 하고 있는지 알아볼 수 있다'고 자신만만하게 이야기하는 사람들이 있다.[2] 그러나 이는 약 20년 전쯤에 한 심리학자가 책에 적은 내용이 시초가 되어 여기저기에 퍼진 이야기이며 과학적인 신빙성이 전혀 없다. 다만 거짓말을 하고 있다는 것을 몸동작으로 확인할 수 있다는 점에는 의심할 여지가 없고, 행동을 관찰해 거짓을 판별해내는 기술은 미국 FBI를 중심으로 연구돼왔다는 것도 사실이다.

해당 연구는 심리학보다는 생물학에 근거를 두고 있으며, 인간이 감출 수 없는 미묘하고 본능적인 행동을 일련의 패턴으로 파악하는 것이 주요 목적이다. 지금까지 연구된 내용을 개략적으로 살펴보자. 그림 2

① 표정

거짓말과 얼굴 표정은 한 세트다. 미국의 심리학자이자 문화인류학자인 폴 에크만은 이와 관련한 연구로 잘 알려진 인물로, 사람의 '진의'를 파악

2 가장 흔히 하는 이야기 중 하나는 '시선이 오른쪽 위를 향하면 틀림없이 거짓말을 하고 있는 것'이라는 설명이다. 이는 아이 액세싱 큐(Eye accessing cue)라는 실천 심리학의 기술 중 하나로, 실제로는 단순히 '오른쪽 위를 봤기 때문에 거짓말'이라고 결론짓지 않는다. '이것만으로 거짓말을 가려낼 수 있다'고 이야기하는 사람이야말로 거짓말쟁이다.

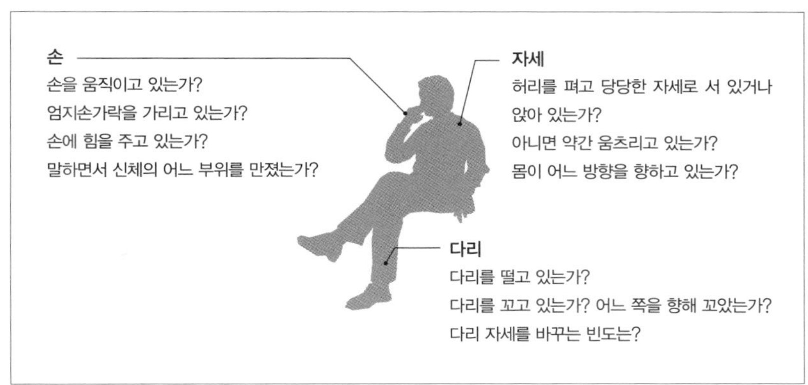

그림 2 한 사람의 심리를 파악하는 데 활용하는 관찰 포인트

하려는 연구를 진행했다. 그 과정에서 '얼굴 표정'은 속마음을 알 수 있게 해주는 중요한 인자라는 사실을 깨달았다. 어떤 감정을 느끼느냐에 따라 표정은 확연하게 달라지며, 표정에 영향을 주는 기본 감정은 미국인이든 아마존에 사는 원주민이든 다르지 않다.

표정에 영향을 주는 기본 감정으로는 분노, 공포, 놀람, 슬픔, 기쁨, 혐오, 경멸 등 일곱 가지가 있으며 이를 조합한 복합적인 감정이 결국 얼굴에 드러나는 것이다. 예를 들어 화가 난 경우에는 미간을 찌푸리는 경우가 대부분이다. 아무리 포커페이스를 유지하려고 마음먹어도 일순간 미간이 찌푸려지는 것은 어쩔 수 없다. 다만 억지로 지은 표정에서 본심이 드러나는 것은 50분의 1초 정도의 아주 짧은 순간이기 때문에 진의를 파악하기란 결코 쉽지 않다. 진의를 명확하게 파악하려면 반드시 전문 훈련을 받아야 한다. 더욱이 동양인은 서양인에 비해 이목구비가 뚜렷하지 않기 때문에 그만큼 표정을 분석하기가 더 어려울 것이다.

또한 표정 근육을 일시적으로 마비시켜 주름을 펴주는 보톡스 시술을 하거나 반사 신경을 둔화시키는 항불안제를 복용한 사람이라면 표정을 분석하기 어렵다는 한계점도 있다. 이런 경우에는 뒷모습의 움직임이나 말투를 바탕으로 분석할 수도 있는데, 우선 상대방이 보톡스 시술을 받았는지부터 판단해야 한다.

② 손의 움직임

IT 관계자들은 인터뷰할 때 손을 돌리며 이야기하는 경향이 있다. 주로 기분이 편안할 때 나오는 동작으로, 손을 돌리는 것 외에도 다양한 몸짓이 자연스레 나온다. 반면에 거짓말을 하면 어딘가 부자연스러운 동작을 반복하거나 얼굴이나 목을 손으로 비비곤 한다. 다만 이는 어디까지나 일반론에 불과하며, 거짓말을 하지 않았더라도 개인의 습관이나 성격에서 비롯된 행동일 수 있는 만큼 '○○했으니까 거짓말한 게 분명해.'라고 단정 지어서는 안 된다.

③ 다리

다리가 향하고 있는 방향을 보면 상대방을 향한 호의, 악의, 적의 등을 확인할 수 있다고 한다. 예컨대 '상대방이 앉아 있는 쪽으로 다리를 꼬았다면 그만큼 호의를 가지고 있다는 뜻'이고 '이리 꼬았다 저리 꼬는 것을 반복할수록 지루하다는 뜻'이라고 한다. 참고로 이리저리 여러 번 꼬더라도 '상대방이 꼬는 타이밍에 맞춰 자세를 바꿀 경우 호의가 있는 것'으로 해석하기도 한다.

④ 전체 동작

'몸은 어느 방향을 향하고 있는가?' '어깨를 움츠리고 있는가?' '구부정하게 서 있는가?' '손을 주머니에 넣은 채로 서 있는가?' '고개를 갸웃거리고 있는가?' 등 거짓말을 하고 있는지를 판단할 수 있는 포인트는 여러 가지가 있다.

⑤ 질문하며 거짓말 가려내기

당연한 이야기이지만 이것이 가장 중요한 부분이다. 가볍고 일상적인 대화는 거짓말을 가려내는 데 긴요하다. 이를 이용해 상대방의 긴장을 풀어주면서도 쉽게 대답할 수 있을 만한 질문을 던져야 한다. 그러다가 점차 머릿속에 무엇인가를 떠올리지 않으면 대답할 수 없는 질문이지만 진짜 물어보고 싶은 것과는 동떨어진 질문을 한다. 그런 다음에는 확인하고 싶었던 내용을 살짝살짝 집어넣으며 앞에서 이야기했던 ①~④의 행동을 차례대로 관찰해야 한다.

이런 대화를 하면서 상대방이 거짓말을 할 때 평상시와 얼마나 다른 모습을 보이는지 알아볼 수 있다. 상대방을 서서히 생각의 감옥으로 밀어 넣고 심리적으로 흔드는 것이야말로 고도의 심문 기술이라고 할 수 있다.

또한 과거로 조금씩 거슬러 올라가며 질문을 던지는 것도 효과적이다. 시간 순서대로 거짓 기억을 떠올리는 일은 아무 문제가 없다. 그런데 시간 순서가 뒤죽박죽인 채로 거짓말을 하려면 뇌에 엄청난 부담을 준다. 일상적인 대화를 하다가 갑자기 이런 질문을 끼워 넣으면 거짓말을 한 사람은 뭔가 부자연스러운 반응을 보일 것이다.

베테랑 형사가 '뭔가 냄새가 나는데?'라고 생각할 수 있는 것은 미심쩍은 행동을 포착하는 데 도가 텄기 때문이다. "배우지 말고 익혀라."라는 말이 있듯이 거짓말 탐지 능력은 반복된 경험을 통해 체득해야만 하는 것이다. 일반인이 이런 기술을 습득하는 것은 상당히 어렵기도 하지만, 이를 꼭 완벽히 익혀야만 하는 것인지에 대해서는 조금 생각해볼 필요가 있다. 너무 많은 패턴을 학습하고 나면 친구, 연인, 가족 모두 진실을 이야기하고 있는데도 거짓말을 하고 있다고 착각할 수도 있기 때문이다. '모르는 것이 약'이라고 했던가? 옛말 중에 틀린 것이 하나도 없다.

만약에 진짜로 일이 터지면 어떻게 되는 것일까?

생물 재해를 소재로 한 게임 〈바이오해저드〉

제약 회사인 엄브렐러의 생물 무기 연구소에서 유출된 T-바이러스가 도시 전역에 확산되면서 벌어지는 에피소드를 그린 작품. 플레이스테이션 버전으로 나온 첫 작품의 판매량은 발매 첫 주 14만 장이라는 나쁘지 않은 성적을 거뒀고, 이후 입소문을 타며 결국 100만 장을 돌파했다.

그 밖의 작품

《블러디 먼데이》《맨홀》《Final Phase》〈아웃브레이크〉

서브컬처 유저들은 대부분은 '바이오해저드'라고 하면 캡콤이 만든 게임을 머릿속에 떠올릴 것이다. 하지만 바이오해저드란 원래 생물학적으로 위험한 재해, 다시 말해 생물의 생존을 위협하는 해로운 병원균이나 동식물을 일컫는 말이다. 그 외에도 환경에 미치는 영향까지 고려하면 유전자 변형 생물도 바이오해저드의 범주에 포함된다. 이런 의미에서 캡콤은 게임 이름[1]을 정말 잘 지은 셈이다.사진1

〈바이오해저드〉가 1996년에 처음 출시됐으니 사람으로 따지면 벌써 스무 살이 넘었다. 넘버링 타이틀을 제외하고 외전, 리메이크 버전처럼 파생된 작품만 따져도 그 수가 어마어마하다. 게다가 할리우드 영화로 제작

돼 전 세계에 널리 알려졌으며, 히트작이 늘 경험하는 표절 작품과 모방 작품도 수두룩했다.[2]

이제는 '바이오해저드'라는 장르를 형성했다고 해도 과언이 아니다. 다만 게임의 퀄리티는 작품마다 천차만별이며 헛웃음 터지게 만드는 것들도 상당수다. 이번에는 '사실적으로 보이는' 바이오해저드 작품을 만들려면 알고 있어야 할 기본 내용을 소개해보려고 한다.

사진 1 〈바이오해저드 2〉에서는 바이러스가 마을 곳곳에 퍼진다. 〈바이오해저드 2〉 © CAPCOM

주목해야 할 키워드
생물안전등급, BSL

공포 영화에서는 종종 위험 수준을 수치화한 지표가 등장한다. 실제로도 이러한 분류법이 사용되고 있다. 가장 대표적인 것이 총 4단계로 구분하

1 해외에서는 'Biohazard'가 이미 상표 등록이 끝난 상황이었기 때문에 어쩔 수 없이 〈Resident Evil〉이라는 이름으로 출시했다.

2 〈바이오해저드〉도 따지고 보면 〈어둠 속에 나 홀로〉라는 게임을 표절 모방한 작품이라는 사실은 일부 게임 마니아들 사이에서 유명하다.

는 생물안전등급Bio-Safety Level, 약자로 BSL이다.[3] BSL의 세부 규정까지 상세하게 설명하기에는 꽤 많은 페이지를 할애해야 하니 여기서는 간략하게 정리하려고 한다.[4]

BSL1은 학교 교과서에도 등장하는 레벨이다. 사람과 동식물에 질병을 유발할 가능성이 낮은 미생물, 예컨대 독성이 없는 대장균이 이에 해당한다. BSL2는 동식물에 질병을 유발하는 병원체에 해당하는 등급으로, 효과가 있는 치료법이 확립돼 있다. BSL3는 사람끼리 옮길 가능성이 있지만 치료법이 있는 경우다. 치료하기 어렵고 확산될 가능성이 높은 것이 BSL4에 해당한다. 쉽게 말해서 현대 의료 기술로 간단히 해결할 수 없는 위험한 병원체 전반을 가리킨다.

일부 옥수수와 쌀에 질병을 일으키는 병원균은 사람에게는 무해하지만 농업에 치명타를 입히는 경우가 있다. 이는 틀림없이 BSL2 등급이다. 집 앞뜰에 심은 식물을 병들게 한 세균을 배양하면 순식간에 BSL2, 때로는 BSL3로 발전하는 경우도 적지 않다.

참고로 BSL3까지 대응할 수 있는 대학 실험실은 상당히 많다. 하지만 BSL4의 경우 일본에는 국립감병증연구소와 이화학연구소 중 하나인 쓰쿠바연구소, 두 곳밖에 없다.[5] 더구나 지역 주민들의 이유를 알 수 없는 심한 반대 때문에 그마저도 제대로 가동되지 못했다. 쓰쿠바연구소는 실제

3 BSL은 한때 방어 등급(Protection Level)이라는 멋진 이름으로 불린 적도 있지만 다른 용어와 혼동되는 문제가 있어서 명칭이 변경됐다.

4 상세한 내용까지 알고 싶다면 한국바이오협회가 발행한 《실험실 생물안전 매뉴얼》을 참고한다.

5 나가사키대학에도 BSL4 시설을 두려는 시도가 있었지만 2017년 현재까지 지역 주민들을 전혀 설득하지 못했다.

로 BSL3용 실험실만 가동하고 있고, 국립감염증연구소는 1981년에 설립됐지만 30년 이상 허송세월을 보내다 2015년 8월이 되어서야 겨우 가동을 시작했다.[6]

세계적으로는 독일의 로베르트코흐연구소RKI, 영국의 생물 무기 연구소인 국방과학기술연구소DSTL, 제2차 세계대전 중에 일본군의 생물 무기 연구소를 빼앗아 만든 미국의 포트디트릭연구소 등이 BSL4용 실험실을 보유한 곳으로 잘 알려져 있다. 모두가 국가가 운영하는 연구소이며, 일반 제약 회사가 BSL4 실험실을 설치해 연구하고 있다는 이야기를 들어본 적이 없다. 굳이 돈을 들여 운영할 필요가 없기 때문이다.

혹시 미국 록펠러 그룹처럼 엄청난 부를 축적한 기업 중에 BSL4 이상의 위험 요소를 연구하는 제약 회사를 보유한 곳이 있을 수도 있다. 다만 유전자 변형 기술을 개발하려면 다양한 기업이나 연구기관과 반드시 협력해야 한다. 〈바이오해저드〉에 등장하는 악덕 제약 회사 '엄브렐러'처럼 결국 누구에게 혜택이 돌아갈지도 확실하게 알 수 없는 연구를 기업이 극비리에 진행한다는 것은 사실상 매우 어려운 일이다.

따라서 조금 더 사실적인 픽션을 완성하려면 국가 정부와 손잡고 일하는 거대한 다국적 제약 기업을 등장시키는 게 바람직하다. 이렇게 하면 거대 권력과 결탁한 악의 세력을 묘사하기에도 좋다.

한편 연구소에서 초강력 바이러스를 몰래 빼내는 장면이 픽션에 상당히 자주 등장한다. 하지만 실제로는 시설 전반에 걸쳐 감시 시스템이 가동

6 가동이 승인된 까닭은 2014년 서아프리카에서 에볼라 출혈열이 발발해 미국과 영국에까지 영향을 미쳤기 때문이다.

되고 있기 때문에 개인이 잠입한다는 것 자체가 애초에 불가능하다. 그런 의미에서 보면 매우 독한 바이러스를 깨지기 쉬운 유리병에 넣어 이리저리 굴리는 엄브렐러는 위기관리 측면에서 최악의 회사다. 이런 회사는 갑자기 무너져버린다고 해도 전혀 이상할 게 없다.

작품 속에서는 결코 드러나지 않는 진실
현실 세계의 연구실은 볼품이 없다?

생물학적 공포심을 유발하는 작품에서 빼놓을 수 없는 요소가 바로 실험실이다. 연구소에는 앞에서 정리한 BSL별로 실험실이 있는데, 그중에서도 BSL3와 BSL4는 특별관리 대상이다. 특히 BSL4 등급이라면 최고 수준의 엄중한 관리가 반드시 필요하다.그림 1 최악의 경우 실험실 안에 사람이 있어도 실내를 온통 소독약으로 꽉 채운 후 밀폐하는 경우도 있다.

BSL3 등급 이상의 시설에서는 완전 방호복을 입어야 한다. 여기서 중요한 것은 방독면을 착용하지 않는다는 사실이다. 방독면은 해당 장소 안

① 작업자는 완전 방호복을 착용한다. 완전 방호복에는 외부 공기가 공급된다.
② 실내 공기를 밖으로 내보낼 때에는 철저하게 필터링한다.
③ 보관함은 필수다.
④ 출입구에는 BSL 등급을 표기한다. 음압식(陰壓式)으로 된 완전 소독 구간이 갖춰져 있는 이중 구조를 채택한다.
⑤ 바닥과 벽은 소독이나 오염 제거를 하기 쉬운 구조로 시공한다.
⑥ 오수는 일단 탱크에 저장한 뒤 121℃의 고온으로 20분 이상 가열해 균을 제거한 뒤 배출한다.

그림 1 BSL4 수준의 실험실 모습

에 있는 공기를 필터링하는 것이기 때문에 100% 신뢰할 수가 없다. 완전 방호복은 안전한 외부 공기로 온몸을 감싸는 작업복이다. 방호복 뒷부분에는 전화기 줄처럼 주름진 선이 하나 달려 있는데 이것을 이용해 실험실 밖 공기를 작업자에게 공급한다.

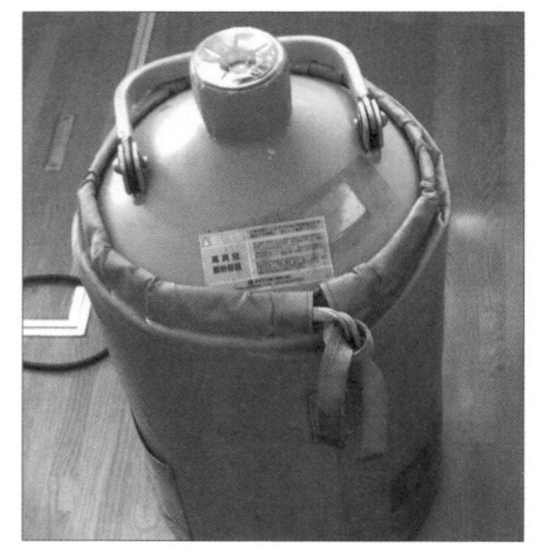

사진 2 바이러스를 다른 장소로 옮길 때 사용하는 액체질소

실험실 내부는 바깥보다 기압이 낮게 설정돼 있기 때문에 방호복을 착용하고 들어가면 비행기에 들고 탄 감자칩 봉지처럼 빵빵하게 부풀어 오른다. 이 터질 것 같은 방호복은 생김새가 너무 우스꽝스러워서 영화에서는 거의 등장하지 않는다. 하지만 사실적인 작품을 완성하려면 볼품없이 생겼고, 입으면 거동이 불편하기까지 한 방호복을 등장시킬 필요가 있다. 실제로 움직임이 불편한 작업복 때문에 실험실 분위기가 어수선해져서 결국 주사 바늘에 찔리는 사고가 발생했을 정도다.

아무튼 BSL4 수준의 실험실을 묘사할 때는 예사롭지 않은 관리 구역이라는 점을 강조하거나 입구를 완전히 봉쇄하는 모습을 연출하면 더욱 사실적으로 보일 것이다.

바이오해저드를 영화화한 〈레지던트 이블〉에서는 동일한 T-바이러스가 어떤 장면에서는 냉동된 상태로 나오고, 또 어떤 장면에서는 상온에 방치되기도 했다. 상온에서도 문제없이 보관할 수 있다면 냉동할 필요가 없지 않느냐고 생각하는 사람도 있겠지만, 바이러스를 옮길 때는 냉동하는 것이 일반적이며, 대부분 완전히 밀폐한 샘플을 액체질소가 들어있는 용기 안에 고정한 뒤 운반한다.사진 2 기본적으로 바이러스는 생물의 몸 바깥에서는 매우 약한 존재이기 때문에 액체질소로 완전히 냉동해 보관하는 것이 기본 원칙이다.[7]

생물 무기를 이용한 테러가 실제로 발생한다면?

마지막으로 바이오 테러나 아웃브레이크 같은 일들이 실제로 발생하면 피해를 최소화하기 위해 어떤 시설이 무슨 일을 하는지 살펴보도록 하자.

- 갑자기 감염자가 크게 증가했다.
- 해외에 나갔다가 귀국한 사람이 원인 모를 병원균을 가지고 들어왔다.
- 좀비가 기승을 부리고 있다.

이러한 상황이 발생하면 소방서와 경찰서가 먼저 대응한다. 과거 일본 지하철역에서 사린 가스를 살포한 사건이 발생했을 때에도 소방관과 경찰관이 대응했다. 이러한 현장에서는 가장 먼저 치료해야 할 사람을 가

7 노로 바이러스처럼 건조 분말 상태로 만들어도 그 위력이 몇 주 동안이나 사그라지지 않는 강력한 녀석들도 가끔 있다.

려내는데, 피해자의 상태에 따라 '이미 늦음' '긴급' '뒤로 미룸' 등으로 태그를 붙여 우선순위를 명확히 정한다. 환자들은 각기 병원으로 이송된다.

치료를 담당하는 병원은 담당 의사가 보고한 환자 상태를 소방대책본부에 전달한다. 소방대책본부는 질병 전문가가 아니기 때문에 수집된 정보를 모아서 질병 원인을 조사하고 분석하는 중독정보센터에 전달한다. 대개 중독정보센터가 중심이 되어 현장을 지휘하고 사건을 조사한다.

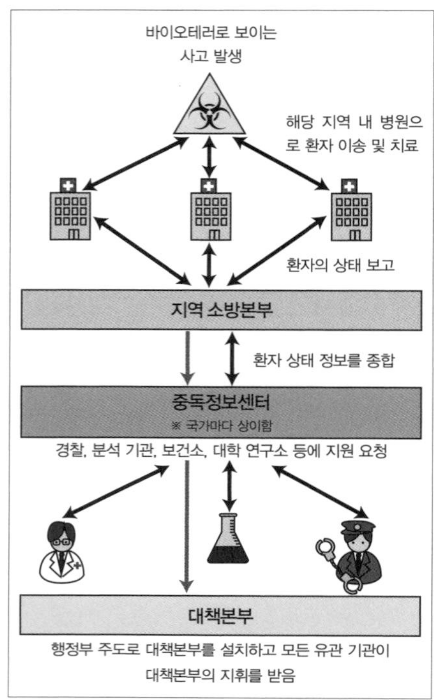

그림 2 바이오해저드 발생 시 대응 흐름도

또한 사건 규모가 클 경우에는 행정부의 지시로 '대책본부'를 설치하고 사건이 해결될 때까지 지방 경찰을 비롯한 모든 유관 기관을 지휘한다.그림 2

이러한 내용을 근거로 어느 정도 스토리를 구성할 수 있다. 주인공이 경찰이라면 이미 사건이 커질 대로 커져서 어쩔 수 없는 상황을 묘사하면 되고, 주인공이 의사라면 병원으로 계속 이송되는 환자와의 투쟁을 그리면 된다. 사건을 처리하는 데 깊이 관여하는 각 분야의 전문가만 등장할 수 있는 장면뿐이기 때문에 탐정 같은 일반인을 출연시키기에는 상당한 무리가 따른다. 그럼에도 불구하고 일반인을 어떻게든 스토리에 끼워 넣고 싶다면 아이디어를 총동원해야 할 것이다.(한국도 테러 발생 시 비슷한 대응 전략을 전개하는데, 예를 들어 화학 테러가 발생하면 119소방상황실에서 화학물질안전원, 지방환경청, 현장수습조정관으로 명령이 전달되고 관리되는 대응 절차가 있다.)

외계인은 문어처럼 생겼을까? 아니면 사람과 비슷한 모습일까?

외계인을 소재로 한 만화 《은하철도 999》

주인공 호시노 데쓰로(한국명 철이)는 기계인간으로 개조해준다는 행성으로 가기 위해 수수께끼의 여성 메텔과 함께 999호에 올라타 여행을 떠난다. 원작 '안드로메다 편'이 완결된 후 15년이 흐른 1996년에는 속편인 '이터널 편'을 새로 연재했다. 현재까지 여행이 끝날 기미는 보이지 않는다.(2019년 현재, 연재 중단 상태다.)

그 밖의 작품

《시끌별 녀석들》 《레벨E》 《개구리 중사 케로로》 〈철완 버디〉 〈울트라맨〉

우주는 아직까지 극소수의 엘리트만 갈 수 있는 곳이지만[1] 아마 그보다 훨씬 많은 사람들이 우주로 진출하는 꿈을 마음속에 품고 있을 것이다. 소행성 탐사선인 하야부사가 임무를 수행한 뒤 무사히 지구로 귀환한 일이

1 지난 2005년, 일본에서도 2시간 동안 우주를 여행하는 상품이 기획되고 판매된 바 있다. 그러나 우주선 발사 시험 도중에 사고가 발생하자 연기에 연기를 거듭했고, 2017년 현재까지도 언제쯤 문제가 완전히 해결될지 전혀 감을 잡을 수 없는 상황이다. 우주 여행 상품의 가격은 25만 달러이고 여행을 떠나기 전에 3일간 훈련을 받은 뒤 2시간 동안 우주를 여행하는 일정이었다. 전 세계적으로 700명 정도가 신청했고 그중에서 일본인은 19명이었다.(2017년 1월 기준)

나 목성 위성 중 하나인 유로파에 바다가 있을 가능성이 높다는 NASA의 2016년 발표는 많은 사람들이 우주에 관심을 갖도록 했다. 그동안 우리 인류가 낭만 넘치는 우주를 소재로 삼아 창작 활동을 펼쳐왔다는 것은 필연이라고 할 수 있다. 우주를 배경으로 한 작품에 거의 한 몸처럼 등장하는 것이 바로 외계인인데, 그들 중 대부분은 우리처럼 두 발로 걷고 두 눈으로 세상을 바라보는 존재로 묘사되곤 했다.

안타깝게도 쥘 베른 같은 뛰어난 작가들 덕분에 SF 장르가 탄생한[2] 이래 150년이나 흘렀는데도 은하계 밖은커녕 태양계 내에서조차 외계 생명체를 발견하지 못했다. 만약 우리 인류처럼 문명을 가진 지적 생명체가 어디엔가 있다면 그들은 픽션에 등장하는 외계인과 닮은 모습일까? 이 같은 궁금증을 자세히 풀어보기로 하자.

생명체는 수렴 진화와 적응 방산을 통해 주변 환경에 적응한다

2009년 제작돼 전 세계에서 최고의 흥행 수입을 올린 영화 〈아바타〉는 지구 밖 행성이 주무대다. 인류를 침략자로 묘사한 몇 안 되는 영화 중 하나였다. 영화에 등장한 외계 생명체는 몸집이 인간보다 훨씬 크지만, 두 발로 걷고 언어를 사용하며 여성은 가슴이 풍만하다는 점에서 인간과 상당히 비슷한 외모였다. 사진 1

2 쥘 베른이 1865년에 발표한 작품인 《지구에서 달까지》는 후대 SF계에 엄청난 영향을 끼쳤다.

사진 1 인류와 비슷한 외모의 판도라 행성인(우)

이처럼 인류와 닮은 생명체가 지구가 아닌 다른 별에도 존재할까? 혹시 문어를 닮지는 않았을까? 아니면 영화 〈스타십 트루퍼스〉에 등장하는 외계인처럼 벌레 모양일 가능성도 있지 않을까?

〈아바타〉의 무대인 판도라 행성은 지구보다 대기 밀도가 높고, 지구에서는 희유금속인 크세논이 공기 중에 무려 5%나 포함되어 있으며 이산화탄소 농도도 높다.

크세논은 지구 대기에는 0.000009%밖에 들어 있지 않고 헬륨처럼 원유에서 추출할 수도 없다. 가격이 매우 비싼 데다 지구에서는 다소 생소한 물질로, 인류는 이 기체에 노출되면 무슨 이유 때문인지 몸이 마비되고 만다. 따라서 〈아바타〉에서는 크세논 가스를 흡입하지 않도록 반드시 마스크를 착용한다. 인류가 판도라 행성에서 마스크를 쓰지 않고 함부로 돌아다녔다가는 크세논의 마취 작용 때문에 졸도하고, 고농도의 이산화탄소 때문에 질식사한다는 설정이다.(그렇다고 곧바로 죽는 것은 아니다.)

또한 크세논에는 전자파를 차단하는 성질이 있는데 영화에서도 이런 특징을 살려서 '크세논의 농도가 짙은 지역에서는 무전기를 사용할 수 없다'고 설정했다. 역시 할리우드 메이저 영화답게 설정 자체도 꽤 설득력을 갖췄다.

그러나 판도라 행성은 크세논과 이산화탄소를 제외한 나머지 대기 물질의 혼합비와 환경 조건이 지구와 상당히 비슷하다. 생물이 살아가는 환경이 비슷하다면 진화 형태나 양상도 꽤 유사할 것이다.

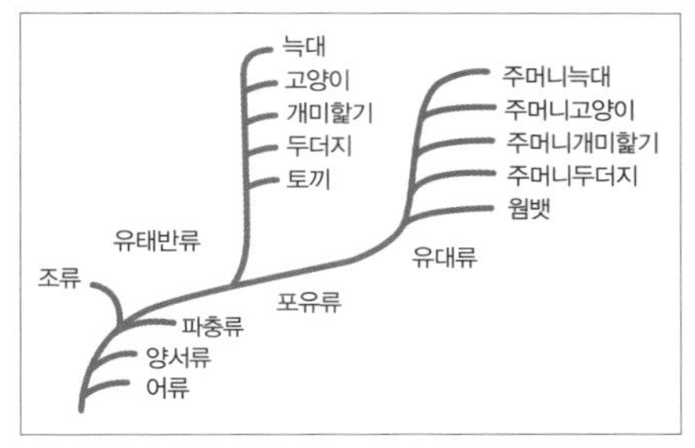

그림 1 간략히 정리한 진화 계통도

지구에서는 유구한 세월 동안 동식물이 진화를 거듭해 왔고, 언제나 주변 환경에 딱 맞는 생명체들이 등장했다. 동일한 환경에 비슷하게 생긴 동식물이 서식하기는 하지만 자세히 들여다보면 완전히 다른 계통에서 비롯된 것들인 경우도 적지 않다. 대표적인 동물이 오스트레일리아 대륙에서만 사는 유대류다. 캥거루가 유대류 동물 중 하나인데 이 녀석들은 우리 인류와는 근본적으로 다른 포유류로, 새끼를 미숙아 상태에서 낳은 뒤 주머니에 넣어 키운다. 포유류는 크게 사람을 포함하는 '유태반류'와 오스트레일리아 대륙에서만 서식하는 '유대류'로 나뉜다.그림 1 여기서 분명히 알아둬야 할 것은 주머니늑대는 늑대와 아무런 관계도 없다는 사실이다. 마찬가지로 주머니쥐나 주머니두더지도 주머니가 붙지 않은 쥐나 두더지와는 계통이 완전히 다르다.

그럼에도 서로 비슷한 모습을 하고 있다는 것은 오스트레일리아 대륙의 생태계가 아프리카나 유라시아 대륙과 상당히 유사하기 때문이다. 즉, 아무리 서로 다른 종류의 생물이라고 할지라도 주변 환경에 맞춰 진화해 나가다 보면 환경에 적응하는 방식이 같아져서 종국에는 서로 닮은 모습으로 변모한다.[3]

이를 전문 용어로 '수렴 진화'라고 한다. 수렴 진화는 식물에서도 관찰된다. 대표적인 사례는 바로 선인장과 유포르비아다. 꽃 가게에는 둘 다 선인장 코너에 진열돼 있을 만큼 외관상으로 구별하기 어렵지만 사실은 전혀 다른 종류다. 선인장의 조상은 패랭이꽃의 일종인 반면 유포르비아의 조상은 등대풀의 일종이며 독을 갖고 있는 종도 있다.사진2

사진 2 선인장을 꼭 빼닮은 유포르비아

수렴 진화와 비슷한 표현으로는 '적응 방산'이라는 말이 있다. 이는 조금 더 좁은 범위의 진화 용어다. 예컨대 동일한 고양이과 자손이라고 해도 스피드에 특화된 치타, 숲속에 사는 표범, 초원에서 강한 힘을 자랑하는 사자 등으로 나뉘는 것처럼 자신이 놓여 있는 환경에서 먹이를 구하는 데 최적화된 형태로 각자 진화해나가는 것을 적응 방산이라고 한다. 자벌레는 초식동물이지만 식물이 적은 지역에서는 육식동물로 살아가기도 한다.

이처럼 생명체는 수렴 진화와 적응 방산을 거듭하면서 서로 비슷한 환경에서는 어느 정도 일정한 패턴에 따라 비슷한 생김새가 된다. 따라서 외계 행성이라고 해도 지구와 환경이 어느 정도 유사하다면, 그곳에서 사는 생물들도 수렴 진화와 적응 방산을 거듭해 어디선가 본 적 있는 것 같은 형태로 진화했을 것이다.

3 가장 주류를 이루는 진화 형태는 '적의 눈에 띄지 않으려고' 주위 환경과 비슷한 모습으로 변하는 것이다. 아무리 육지와 바닷속 환경이 크게 달라도 얼룩말과 제브라피시처럼 비슷한 모양으로 진화하는 경우도 드물지 않다.

외계인이 인간과 비슷한 생김새를 하고 있는 것은 필연일까?

그렇다면 지구와 환경이 비슷한 행성이 어딘가 있고, 그곳에서 토끼, 새, 말, 개와 비슷한 생명체가 살고 있다면 이것들이 먼 훗날에는 결국 인간과 비슷한 형태로 진화할까?

우선, 외계 생물에게도 척추가 있을지 생각해보자. 확신을 갖고 말하기가 상당히 어려운 부분이다. 척추는 진화 과정에서 우연히 생겨난 부분인 만큼 다른 행성에서도 똑같은 우연이 반복될지는 의문이다. 다만 척추와 똑같이 생기지는 않았더라도 어떤 형태로든 몸속에서 자세의 균형을 잡아주는 중심축이 형성될 가능성은 높다고 판단된다. 아니면 척추는 없지만 외골격이 사람과 비슷한 모양으로 진화할 가능성도 있다.

그런 의미에서 화성에 사는 바퀴벌레가 인간과 비슷한 모습으로 진화해나간다는 내용을 다룬 만화《테라포마스》는 사실적이라고 할 수 있다.**사진 3**

사진 3 두 발로 걷는 바퀴벌레는 진화론의 관점에서 보면 전혀 이상할 게 없다? 《테라포마스》 제1권 41페이지(글:사스가 유, 그림:타치바나 켄이치)

한편 눈은 어떤가? 생물이 사물을 입체로 바라보려면 눈이 두 개 필요하다. 이는 진화의 시작과 끝에 있는 곤충과 인간의 눈이 모두 두 개씩이라는 점만 보더라도 분명한 사실이다.[4] 그렇다면 다른 행성에 사는 생명체도 눈이 두 개일 가능성이 높고, 위아래보다는 양옆에 있는 것이 더 자연스럽다.

그다음으로 생각해볼 것은 이족 보행이다. 지구에서는 지능이 뛰어난 동물일수록 '손'을 사용했다. 실제로 1억 년 이상 번영을 이룬 공룡 중에는 벨로키랍토르Velociraptor처럼 지능이 뛰어나고 손을 잘 쓰는 종도 있었다고 한다.

두뇌가 발달할수록 이를 담는 그릇인 머리도 그만큼 커져야 했다. 이는 지능이 발달하면서 자연스레 촉발되는 동물 공통의 적응 진화 사례다. 우리 인류가 한층 더 무거워진 머리를 지탱하려고 두 발로 걸은 것처럼 외계 행성에 사는 원시인들도 결국에는 두 발로 걸을 수밖에 없을 것으로 보인다.

이처럼 지구와 환경이 비슷한 행성이라면 인간과 비슷한 지적 생명체가 탄생할 가능성이 높다. 인간과 비슷한 형태가 되어간다는 것은 일종의 수렴 진화다. 최초 생김새가 공룡에 가깝든 소에 가깝든 척추를 가진 동물이라면 지능 수준이 올라가면서 결국에는 사람을 닮은 생명체로 변모해갈지도 모른다. 실제로도 그런지 확인하고 싶다면 지구를 쏙 빼닮은 행성과 그곳에서 살고 있는 인류와 전혀 다른 생명체부터 발견해야 한다.

4 곤충은 겹눈을 가지고 있어서 조금 다른 것처럼 보이지만 그중에서도 중심이 되는 눈은 두 개다. 암모나이트와 플랑크톤처럼 눈이 하나인 것도 있긴 하다. 그러나 이 녀석들은 사물을 '보는' 용도가 아니라 명암을 파악하는 용도로 눈을 사용한다.

외계인이 실제로 존재할 가능성은 어느 정도나 될까?

앞에서 언급한 것처럼 우리는 아직 지구 밖에서 어떠한 생명체도 발견하지 못했다. 과연 어딘가에 있기는 한 것일까?

앞에서 소개했듯 목성 위성 중 하나인 유로파는 엄청난 두께의 얼음에 둘러싸여 있지만 그 아래에는 지구에 버금가는 바다가 있다고 생각하는 학자들도 있다. 망원경으로 볼 수 있는 유로파 표면의 붉은 무늬는 해조류가 내는 빛깔이라는 말도 있을 정도다.

또한 최근 조사 결과에 따르면 화성에도 물이 있으며 과거에는 바다도 존재했다고 한다. 어쩌면 지하에는 아직도 액체 상태의 물이 흐르고 있을지도 모른다. 물이 있다면 혹시 생명체도?[5]

천문학에서는 생명체가 존재할 수 있는 영역을 해비터블 존habitable zone이라고 부른다.[6] 적당히 떨어진 곳에 빛을 내는 항성이 있고, 물이 액체 상태로 존재하며, 공기를 유지할 수 있을 정도의 적당한 질량을 가져야 하는 등 몇 가지 조건이 필요하다. 태양과 너무 멀지도, 너무 가깝지도 않게 떨어져 있는 덕분에 물과 공기를 유지할 수 있는 지구가 대표적인 해비터블 존이다.그림 2

5 NASA는 2020년에 신형 화성 탐사기를 발사할 예정이다. 2021년경에 화성에 도착해서 고성능 카메라와 마이크로 생명체를 발견하는 것이 주된 목적이라고 한다.

6 해비터블은 '거주할 수 있다'는 의미다. 다른 말로 골디락스 존(Goldilocks zone)이라도 한다. 골디락스는 영국 전래동화 《골디락스와 곰 세 마리》에 등장하는 소녀의 이름이다.(사전적 의미는 '금발의 미녀'다.) 곰이 사는 집을 발견한 골디락스가 적당히 따뜻한 스프를 마시고 적당히 좋은 의자에 앉고 적당히 부드러운 침대에서 잠들어버린다는 이야기다.

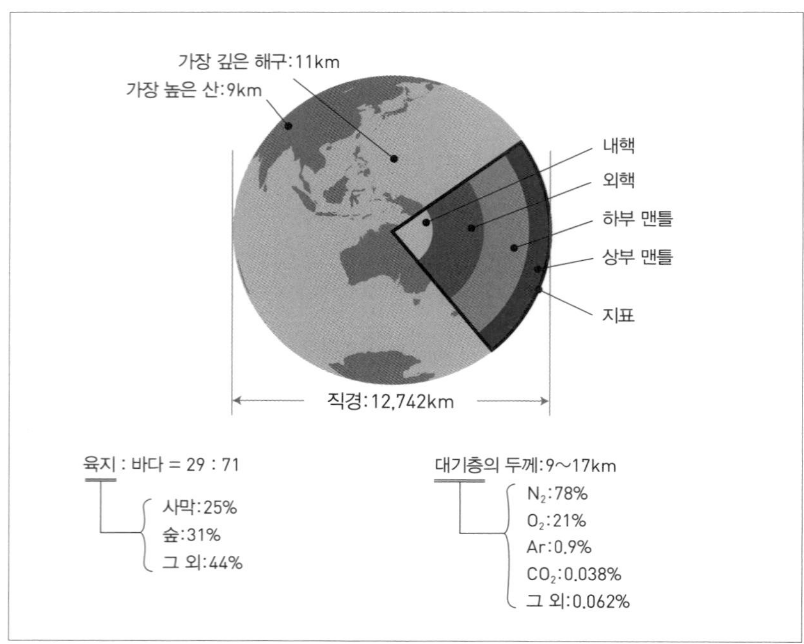

그림 2 우리에게 엄마 같은 별 '지구'의 구성 요소

그렇다고 하더라도 '영역' 또는 '존'이라는 말이 시사하는 것처럼 모든 조건이 지구와 동일할 필요는 없다. 바람이 차고 매서운 곳이라면 우주 공룡 젯톤(〈울트라맨〉에 등장하는 괴수-옮긴이)처럼 두꺼운 피부를 갖고 있을 테고, 태양에 해당하는 항성이 방사선을 맹렬히 방출하는 곳이라면 이를 충분히 견뎌낼 수 있을 만큼 튼튼한 피부 조직을 진화 과정 중에 획득했을 것이다.

지구 말고 해비터블 존 안에 있는 행성으로 유명한 것이 2009년에 발견된 케플러-22b다. 이 밖에도 2013년에는 지구에서 무려 1,200광년이나 떨어진 곳에 태양과 비슷한 항성과 그 주위를 도는 행성 5개를 발견했다

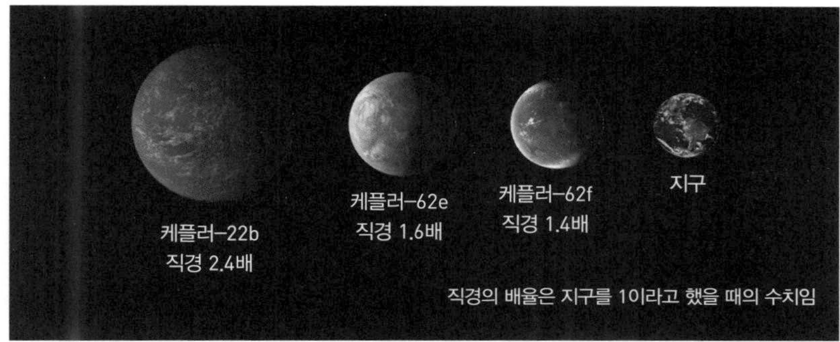

그림 3 지구와 환경이 비슷할 것으로 보이는 행성들의 크기 비교

는 발표가 있었다. 발표에 따르면 행성 중에서 2개가 해비터블 존에 위치한다. 더욱이 이 행성들은 지구보다도 무려 20억 년 일찍 탄생했다고 하니 문명을 가진 지적 생명체가 살고 있을지도 모르겠다.

이 행성들을 발견하는 데 사용한 우주 망원경의 이름을 따서 각 행성을 케플러-62e와 케플러-62f[7]라고 명명했다. 케플러-62f는 직경이 지구의 약 1.4배 정도이며 기후가 온난한 편이고, 케플러-62e는 직경이 지구의 약 1.6배이며 환경이 지구와 비슷하다고 한다.그림 3

동일한 항성계에 생명체가 살 수 있는 행성이 2개나 된다는 것은 태양계에서 외톨이로 살아가고 있는 우리 입장에서는 부럽게 느껴질 수밖에 없다. 물론 행성끼리 치열하게 전쟁을 벌이고 있을지도 모르지만 말이다.

그 후에도 지구에서 약 740광년 떨어진 케플러-296e(2014년 발견)

7 2016년 미국의 한 연구자는 "케플러-62f는 인류가 거주할 수 있는 행성일 가능성이 매우 높다."라고 발표했다.

2,540광년 떨어진 케플러-443b(2015년 발견) 2,800광년 떨어진 케플러-1638b(2016년 발견) 등 해비터블 존에 위치한 행성들이 속속 발견되고 있다. 그만큼 지구 밖에 생명체가 존재할 가능성 또한 점점 높아지고 있는 셈이다.

해비터블 존에 위치한 행성의 거주 환경은 어떠할까?

앞에서 소개한 행성들은 빛의 속도로 달려도 수백 년에서 수천 년이나 걸리는 아득히 먼 곳에 있다. 당연히 현장에 방문해서 생명이 실제로 있는지 조사할 수는 없지만, 환경이 대체적으로 어떠할지는 얼마든지 상상해볼 수 있다. 이제부터는 환경 변수가 바뀔 때마다 세상이 어떻게 달라질는지 한번 살펴보자.

대기

지구 대기 중 대부분(80%)이 대류권이라는 구간에 집중돼 있다. 대류권 위에는 오존층, 성층권, 중간권, 열권(오로라가 나타나는 층)이 있으며 위로 갈수록 공기층이 점점 얇아진다. 대기를 구성하는 성분은 행성에 사는 생물, 기온 등 다양한 인자에 의해 결정된다.

앞에서 영화 〈아바타〉에 등장하는 판도라 행성의 공기 중에 크세논이 많이 함유돼 있다는 설정이 상당히 과학적이라고 이야기했지만, 그렇다고 화학적인 조성만 대기 질을 결정하는 것은 아니다. 대기 밀도 또한 중요하다. 대기 밀도란 기압을 의미한다. 사람은 진공 상태인 공간에 들어가면 몇 분 안에 사망하지만, 기압을 2배 3배 천천히 올릴 때는 견뎌낼 수 있다.[8] 참고로 3기압 이상이 되면 부채로 일으킨 공기가 묵직하게 느껴지고 목소리도 무겁고 굵게 들린다고 한다.그림 4

그림 4 기압이 높은 환경에서 느껴지는 바람의 무게

또한 대기 밀도가 높으면 지상에서 빠른 속도로 이동하기란 너무나도 어려워진다. 총의 위력도 크게 감퇴한다. 기압이 높을 때는 무기가 무용지물이라거나 위력이 크게 줄어든다는 식의 설정을 영화 각본을 쓸 때 가미해보는 것도 재밌을 것 같다.

육지

지구 육지에는 아주 오래전부터 극지, 한랭지, 사막, 삼림, 초원 등 다양한 환경이 있었다. 그러나 여러분도 익히 알고 있다시피 한때는 지구상의 전 지역이 빙하기에 접어든 적도 있다.[9] 그렇다면 아무리 해비터블 존이라고 해도 날씨가 온화한 곳만 있지 않고 극단적으로 추운 곳, 온통 사막뿐인

8 엄청난 수압이 짓누르는 깊은 바닷속에서도 작업할 수 있도록 도와주는 기술이 있다. '포화 잠수'라는 것인데, 챔버(가압실)에서 서서히 기압을 올려 신체 압력을 맞춘 후 물에 들어간다. 이를 이용하면 이론상으로는 수심 700m까지 대응할 수 있고 실제로도 수심 450m 구간에서 1시간 정도 작업을 수행하는 데 성공했다. 다만 이때 서서히 압력을 올리는 데는 총 4일이라는 시간이 필요했다.

9 적도 근처를 포함한 지구상의 모든 지역이 얼음으로 덮인 상태를 의미한다. 약 20억 년 전과 6~7억 년 전, 이렇게 두 번 경험했다는 설이 가장 유력하다.

곳, 사방이 밀림으로 뒤덮인 곳, 바다밖에 없는 곳 등 얼마든지 다양한 환경이 존재할 수 있으며 이러한 몇 가지 특성이 조합된 경우의 수는 사실상 무한대다.

단, 해비터블 존이라고 불리는 지역인 이상 어느 정도 지구 환경의 연장선상에 있어야 한다. 기온이 절대영도인 동토 또는 500℃가 넘는 사막에 생명체가 존재하기란 사실상 불가능하기 때문이다.

바다

바닷물은 육지를 녹여낸 초대형 칵테일이다. 실제로 지구상의 원소 중 80% 정도를 함유하고 있기 때문에 이것들을 잘 모으면 '자원 부족이 뭔가요? 먹는 건가요?'라고 할 수 있을 정도다.[10] 또한 바닷물은 당연히 짭조름한 맛인데 이는 우연히 지구가 나트륨과 칼륨이 풍부한 별이라 그렇다. 다른 행성의 바닷물은 덜 짜거나 더 짤 수도 있다.

만화《바람 계곡의 나우시카》에는 발을 담그는 순간 산酸 때문에 곧바로 화상을 입는 바다가 등장한다.사진 4 이 작품은 문명이 멸망해버린 뒤의 지구를 무대로 하지만, 드넓은 우주 어딘가에는 황산이 대량으로 포함된 바다가 존재할지도 모른다. 실제로 일본 군마현에 위치한 구사쓰시라네산에는 유가마라는 산성 호수가 있다. 황산이 주성분인데 산의 강도는 자동차 배터리에 들어 있는 황보다 더 강하다.사진 5

10 아직은 이온 교환 수지를 이용해 우라늄과 바나듐을 모으는 정도만 가능하다.

사진 4 지구 밖 행성 어딘가에 존재할지도 모르는 산의 바다 《바람 계곡의 나우시카》 제2권 65페이지(미야자키 하야오, 1983년)

사진 5 유가마 호수의 산도는 pH1 정도로 전 세계 호수 중에서 최고 수준이다.

동물

해비터블 존에 위치한 지구에서는 동식물 사이의 역할이 어느 정도 정해져 있다. 어느 지역이든 풀을 뜯어먹는 초식동물이 있으면 초식동물을 잡아먹고 사는 육식동물도 있기 마련인데, 이는 수백만 년 전 화석을 보더라도 마찬가지다. 물론 생태계에서 각각의 동식물들이 담당하는 역할은 어느 정도 일정하더라도 외적인 모습은 다양할 수 있다.

곤충처럼 외골격 생물일 수 있고 몸을 움직일 수 있는 식물일 수도 있다. 어쨌든 생태 환경이 결정되면 생물들의 역할은 저절로 정해지기 때문에, 다른 해비터블 존에 서식하는 생물은 '이 녀석은 지구의 ○○○에 해당하고, 저 녀석은 지구의 △△△에 해당한다.'라고 할 수 있을 만큼 비슷한 패턴으로 진화하고 있을 것이다.

해와 달

다른 행성에도 태양처럼 빛을 뿌려주는 존재가 반드시 필요하다. 다만 세부적인 특성은 태양과 동일하지 않은 경우가 더 많을 것이다. 가령 적색왜성(태양의 7.5~50% 정도의 질량을 가진 어두운 항성-옮긴이)처럼 태양보다 작은 항성 근처에 사는 생명체는 가끔씩 강력한 태양풍이 불 때마다 쏟아져 내려오는 엄청난 양의 방사선으로부터 자신의 몸을 지켜야 한다. 따라서 매우 강한 피부를 갖거나 피부를 보호하는 막이나 누에고치 같은 방어 수단을 갖는 방향으로 지금까지 진화해왔을 것이다. 또한 공전 주기와 자전 주기가 지구와 같지 않은 이상 1년과 하루의 길이가 행성마다 제각각 다를 것이다. 만약 자전하지 않는 행성이라면 1년 내내 한쪽은 계속 낮이고 반대쪽은 계속 밤일 것이다. 밤의 나라와 낮의 나라가 존재한다면 꽤나 환상적일 것 같다.

너무나도 이질적인 극한 생명체가 존재할 가능성

지금까지 글을 읽은 독자 중에 '아니야, 아니야, 우주는 엄청나게 넓은 곳이니 환경이 지구와 완전히 다른 행성에도 생명체들이 살고 있을지도 몰라.' 하고 생각하는 사람도 있을 것이다. 극한 상황에 잘 적응해온 생명체들이 지구에도 있으니 말이다.[11] 표 1

우리 상식으로는 도저히 상상할 수 없는 환경에서 진화해온 불사신 같은 생명체가 갑자기 지구를 습격해 난동을 피운다면 어떻게 될까?

11 극한 환경에서 살아가는 생명체들은 대부분 단세포 생물이다. 그렇다고 해서 향후 다세포 생물로 진화할 가능성이 전혀 없는 것은 아니다. 다만 그렇게 되기까지는 아주 오랜 시간이 필요할 뿐이다.

높은 온도를 좋아하는 세균	120℃의 열수 분출구에서 발견된 박테리아로, 수압이 400기압에 달하는 심해에서도 증식할 수 있다.
산을 좋아하는 세균	원시 세균의 일종이며 무려 pH0.06에 달하는 강한 황산 속에서도 잘 증식한다.
압력을 좋아하는 세균	마리아나 해구에서 가장 깊은 부분인 챌린저 해연(깊이 약 11,000m–옮긴이)의 진흙 속에서 발견된 세균으로, 수압이 1,100기압이나 되는 심해에서도 서식한다. 또한 챌린저 해연에서는 세균뿐만 아니라 해삼과 갯지렁이 같은 다세포 생물도 발견됐다.
방사선을 좋아하는 세균	어떤 생물도 살아남을 수 없는 3만 그레이(Gray. 방사선에 의해 세포에 침적된 에너지양을 측정하는 단위이며 Gy로 표기함–옮긴이)에 달하는 높은 강도의 방사선을 쬐어도 끄떡없는 세균이다. 사람은 5~7 그레이 정도만 쬐어도 즉사하고 만다.

표 1 극한 환경에서 살아가는 지구상의 생물

당장 울트라맨이 나타나 도와주지 않는다면 지구의 미래는 암담할 뿐이다. SF 작품에 등장하는 여러 괴수는 극한 환경에서 오랜 세월 동안 버티고 적응해온 외계인이라고도 생각해볼 수 있다. 그렇다면 각각의 괴수들은 어떤 환경의 행성에서 태어나고 자랐을지 생각해볼 필요가 있다. 이는 창작가들이 자신의 상상력과 설득력을 마음껏 뽐낼 수 있는 대목이기도 한다. 물론 유명한 할리우드 영화에서도 종종 창작자와 시청자들을 실소케 하는 어이없고 형편없는 외계인들이 등장하긴 하지만 말이다.[12]

12 첨단 문명을 자랑하는 육식 외계인들이 지구인을 잡아먹은 뒤 배탈이 나서 결국 멸종하고 마는 〈우주 전쟁〉(스티븐 스필버그 감독 작품)과 물에 약하면서도 온통 물뿐인 지구에 찾아온 멍청한 외계인을 그린 〈싸인〉(나이트 샤말란 감독 작품)이 대표적이다.

제31장 신

하느님은 정말 어딘가에 계실까?

신을 소재로 한 만화 《BASTARD!! -암흑의 파괴신-》

빼곡히 채워진 텍스트와 장대한 세계관 그리고 이야기의 전개 속도가 매우 느린 것으로 잘 알려진 다크 판타지다. 세상에 처음 모습을 드러낸 후 29년이 흐른 2017년 현재까지도 이야기가 끝날 기미는 전혀 보이지 않는다. 인간을 멸망시키려는 신과 천사에 맞서 사투를 벌이는 주인공의 모습을 그렸다.

그 밖의 작품

《세인트 영맨》 《오! 나의 여신님》 《칸나기》 〈카미츄!〉

이번 주제는 인간의 운명을 관장하고 신앙의 대상으로 여겨지는 존재. 그렇다. 바로 '신'이다. 도대체 신이란 무엇일까? 이 문제를 과학적인 견지에서 차근차근 따져보기는 했지만 실체가 없는 대상이다 보니 어려움에 부딪힐 수밖에 없었다.

이제 본격적으로 신이 어떤 존재인지 생각해보자. 유감스럽게도 물리적으로 접할 수 있는 신은 이 세상에 존재하지 않는다. '내가 바로 신이다!' 라고 주장하는 사람은 지난 역사상 차고 넘쳤지만 말이다.

신의 존재 여부를 밝혀내기 위해 태곳적부터 수많은 사상가들이 '신의 존재 증명'이라는 명제에 도전해왔다.[1] 그 결과 '전지전능한 신은 그 어디에도 존재하지 않는다.'라고 많은 수학자와 철학자들이 결론 내린 바 있다.(물론 '신이 우리 마음속에 존재한다.'라는 식의 결론은 제외한 이야기다.)

과학이 지배하는 세계에서 신이 머무를 곳은 없다

전지전능하다는 것의 사전적 의미는 '완전무결한 지혜와 재능을 가졌다'는 뜻이며 간단히 말하자면 '마음먹은 것은 무엇이든지 할 수 있다'는 의미다. 이는 '신조차 풀 수 없는 어려운 문제를 만들어라.'라는 명제 하나만으로 논리적 모순에 처한다. 이것 말고도 논리학이나 수학적 귀납법을 이용해 전지전능한 신이 존재하지 않는다는 것을 증명한 사례는 수없이 많다. 다만 종교 자체에 별로 애착을 갖고 있지 않은 일본에서는 이에 관해 알려져 있는 게 그다지 많지 않다.[2]

과학이 발전을 거듭한 덕분에 생명의 기원이 무엇인지 어느 정도 밝혀졌다. 인류는 신이 진흙을 빚어 만들어낸 고귀한 존재가 아니라 조그만

1 특히 중세 기독교권 국가에서 왕성하게 시도됐다. 우주론적 증명부터 목적론적 증명, 본체론적 증명, 도덕론적 증명에 이르기까지 다양한 접근 방법을 통해 신의 존재 유무를 증명해보이려고 많은 사람들이 애를 썼다.

2 해외에 나가서 무신론자라고 하면 다들 이상하게 여긴다는 이야기를 심심치 않게 듣는다. 일상과 종교가 밀접한 관계인 기독교권 국가에서 무신론자는 곧 반기독교 세력으로 여겨질 가능성이 높다는 것이다. 인터넷상에 이런 내용의 글이 올라오면 '미국에도 무신론자들이 많다.' '무신론자와 무교를 서로 혼동해서는 안 된다.'라는 반론이 올라오고 종국에는 열띤 토론으로 귀결되는 경우가 많다.

포유류에서 진화한 생물 중 하나에 불과하다는 것을 모르는 사람이 없다.[3]

전지전능한 신을 숭상하는 기독교의 성서에는 오늘날 재미로 읽는 라이트 노벨보다도 훨씬 더 많은 모순이 깔려 있다. 신은 본래 '평화와 자유'를 약속하는 존재다. 하지만 현실 세계를 보라. 우크라이나, 이스라엘, 이라크 등 이곳저곳에서 전쟁이 끝을 모르고 계속되고 있다. 신이 정말로 존재한다면 그는 순 돌팔이다.

그림 1 신이 악마보다 훨씬 많은 사람을 살해했다.

성서 내용을 보면 신은 자기 기분 내키는 대로 엄청나게 많은 사람들을 죽여버린다. 그 수는 악마와 비교할 수 없을 정도로 많다. 〈Dwindling in Unbelief〉라는 블로그에서 성서 내용을 기준으로 신과 악마가 죽인 사람 수를 세어봤더니 악마는 고작 10명에 불과했고, 신은 무려 240만 명에 달했다고 한다.[4] 그림 1

3 다만 2015년 조사 결과, 미국 사람 중 진화론을 믿지 않는 사람이 무려 40%에 육박했다.(관점을 달리해서 '미국에는 진화론을 믿는 사람이 과반수다!'라고 말하는 사람들도 있다.) 한편, 아이들을 공립학교에 보내면 무조건 진화론을 배울 게 분명하기 때문에 학교에 보내지 않고 집에서 교육하는 세대도 100만 가구 정도 된다고 한다.

4 이는 수치로 명확히 드러나는 내용을 기준으로 한 것으로, 대홍수라든지 소돔과 고모라를 벌한 신의 분노로 죽은 사람들은 포함하지 않았다. 이러한 사건들까지 모두 고려하면 신이 죽인 사람은 최소한 2,500만 명에 달할 것이라고 한다.

신비 체험은 두뇌의 오작동으로 인한 착각에 불과하다고? 임사 체험의 진실

앞에서 이야기한 것처럼 과거 수많은 사람들이 신이 존재한다는 명제의 논리적 모순성을 지적해왔다. 다만 이것만 너무 내세우면 까칠하기만 중2병 환자에 불과할 테니 이제부터는 '그럼에도 불구하고 왜 그리도 많은 사람들이 신앙심을 가지고 신을 찬양하는가?'라는 물음을 던지고 그 답을 과학적 견지에서 탐색해보자.

신앙생활을 하는 사람들은 대부분 사후 세계가 존재할 것이라고 믿는다. 평생 지혜를 얻으려 애썼고 무엇인가를 끊임없이 생각하고 행동해왔는데 죽는 순간 모든 것이 '무'無로 돌아간다고 생각하면 모든 게 허무하게 느껴질 수밖에 없다. 이런 관점에서 보면 영靈이나 혼魂과 같은 개념에 수많은 사람들이 집착하는 것은 지극히 자연스러운 일이다.

그렇다면 사후 세계는 정말 존재할까? 신의 존재 증명이 불가능한 것처럼 사후 세계가 '없다'고 단정 지을 수는 없다. 존재한다고 단언할 수 없는 것은 마찬가지이지만 그래도 이쪽에는 강력한 근거가 마련돼 있다. 사후 세계를 엿보고 왔다고 이야기하는 임사 체험자들이 있기 때문이다. 이제부터는 임사 체험을 키워드로 신의 존재에 대해 생각해보자.

'몸에서 영혼이 빠져나와 수술 중인 자신의 모습을 바라보았다'는 식의 가벼운 이야기부터 '빛이 반짝이는 길을 통과했다'라든지 '삼도천'(불교에서 말하는 이승과 저승의 경계에 있는 강-옮긴이)의 건너편에 돌아가신 할머니가 서 계셨고, 아직 오면 안 된다고 말씀하셨다'는 이야기가 다양하게 임사 체험자들 입에서 흘러나온다.그림 2 개중에는 '하느님과 만났다'고 주장하는 사람도 더러 있다.

그림 2 흔한 임사 체험 사례

인터넷으로 대표되는 정보 통신망이 정비되기 훨씬 전부터 세계 각지에서 임사 체험 사례가 보고돼 왔다. 아무래도 '내가 직접 경험했다'는 식의 이야기는 꽤 설득력 있게 들리고, 이를 여과 없이 받아들이면 사후 세계는 물론 신도 분명히 존재할 것 같다.

한편 2012년 미국에서 발생한 한 사건이 사후 세계의 존재 여부를 둘러싼 뜨거운 논쟁을 불러 일으켰다. 당시 하버드 대학 의학부 소속 신경외과 의사인 이븐 알렉산더 박사는 세균성 수막염을 앓던 끝에 혼수상태에 빠지고 말았다. 한참 뒤에 깨어난 그는 혼수상태에 빠진 그때 사후 세계를 체험했다고 하면서 자신이 경험한 내용을 바탕으로 《나는 천국을 보았다》라는 책까지 펴냈다. 이 책은 '종교인이 아니라 명망 있는 엘리트 신경외과 의사가 말하는 사후 세계에 대한 이야기라면 더 믿을 수 있지 않을까?'라고 하는 독자들의 관심에 힘입어 무려 200만 권 넘게 팔린 베스트셀러가 됐다.[5] 물론 이 책은 의학계에서 밑도 끝도 없는 이야기를 늘어놓은 종교 서적이라는 취급을 받았고, 알렉산더 박사 본인 또한 'LSD라도 몸에 투여해서 당신이 체험한 내용과 뭐가 다른지 비교해보는 게 어떻겠느냐?'는 식의 손가락질까지 당했다.[6]

5 한국에서는 2013년 우리말로 번역 출간했다.(옮긴이)

6 참고로 스스로 깨달음을 얻었다고 주장하는 사람들이 LSD 같은 환각제를 사용한 경우가 많았다. 한편 옴진리교에서도 신자들을 세뇌하려고 LSD를 사용했다.

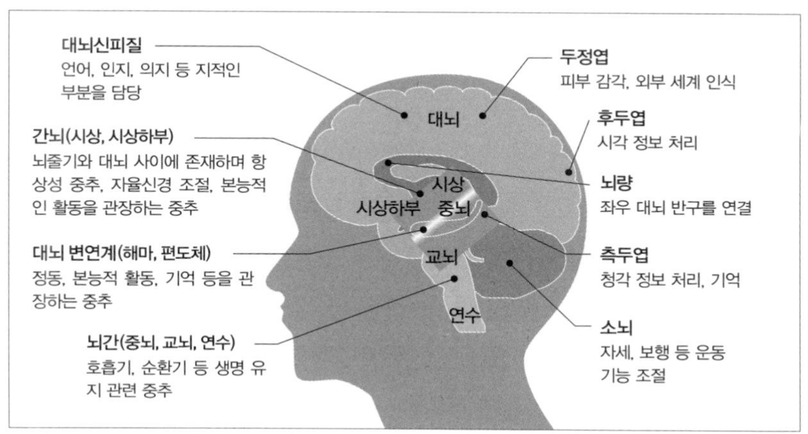

그림 3 현재까지 밝혀진 두뇌의 주요 기능

사실 임사 체험은 뇌와 깊숙이 관련돼 있다. 인간의 뇌는 한때 블랙박스로 여겨졌지만 과학 기술이 발전을 거듭하면서 이제는 그 안에서 어떤 일이 벌어지는지 꽤 상세히 파악할 수 있다.그림 3 뇌 과학과 뇌 의학 분야의 최신 연구 결과에 따르면 아무래도 두뇌 어딘가에 '유체 이탈 체험과 밀접한 관계가 있는 부위'가 존재하는 것으로 보인다.

이 밖에도 우측두엽과 두정엽 사이에 전기를 흘려보내 자극을 줬더니 피험자가 실제로 자신의 몸을 빠져나가는 것처럼 느꼈다는 연구 결과도 있다. 참고로 뭔가 깨달음을 얻은 것 같은 느낌을 주는 부위와 자신이 마치 우주와 연결된 것처럼 느끼게 해주는 부위도 발견된 바 있다.

알렉산더 박사가 이런 내용을 몰랐을 리는 없다. 하지만 학문적 소양이 아무리 높아도 자신이 놀라운 체험을 하고 나면 모든 관점과 태도가 그쪽으로 기울어버리는 것 같다. 뇌의 특정 부위를 자극했을 때 나타나는 신비 체험은 그만큼 강렬한 것이다.

사진 1 뇌가 착각해서 펜이 두 자루 있다고 인식한다.

그렇다면 알렉산더 박사가 오랜 기간 축적한 자신의 의학 지식과 경험조차도 순식간에 갈아치울 만큼 강렬한 효과를 발휘하는 뇌 부위는 도대체 왜 존재하는 것일까? 아직은 추론에 불과하기는 하지만 위기 모면을 위한 메커니즘이라는 설이 가장 유력하다. 요컨대 위기 상황에 처했을 때 고통을 회피하려는 기제가 동물의 몸속 어딘가에 내재되어 있는데 어떤 이유 때문인지는 몰라도 해당 스위치가 오작동해서 임사 체험 같은 신비 체험을 하게 된다는 것이다.

큰 상처를 입었는데도 고통이 그다지 크지 않았던 경험을 해본 사람도 있을 것이다. 필자도 절벽에서 떨어지고 큰 화상을 입는 등 다양한 경험을 해봤는데 사고가 난 직후에 울음은커녕 오히려 웃음이 나올 정도로 통증이 느껴지지 않았다. 무릎의 뼈가 다 드러날 정도로 상처를 입고 목 주위의 피부가 죄다 벗겨졌는데도 전혀 아프지 않았다. 오히려 흥분된 상태라고 해도 좋을 정도로 기분이 들떠 있었다.

통증이란 본래 위기를 피하려는 목적으로 두뇌가 만들어낸 감각이다. 그러나 일정 수준 이상의 충격이 육체에 가해지고 그에 상응하는 극심한 통증이 발생하면, 오히려 그 통증 때문에 생명을 유지하지 못할 수도 있다. 바로 이럴 때 두뇌는 통증을 차단한다.

데카르트가 "나는 생각한다. 고로 나는 존재한다."라고 말했듯이 두뇌는 우리의 사고 과정을 관장하고 존재마저 규정하는 가장 중요한 부분이다. 하지만 의외로 일을 적당히 처리하는 면도 있다. 가령 검지와 중지를 서로 엇갈리게 하고 눈을 감아보자. 그런 다음 엇갈린 손가락으로 펜을 만져보면 마치 펜이 두 자루인 것처럼 느껴질 것이다.[7] 사진 1 교차한 손가락으로 펜이 아닌 코를 만져도 비슷한 경험을 할 수 있다. 이때 마치 코 2개를 만지고 있는 듯한 착각을 한다.

실제로 만진 것조차 감각이 애매모호하기 때문에 시각 정보를 함께 활용해야 한다. 이처럼 불완전한 것이 뇌를 통해 느끼는 감각이다. 그러나 사고나 질병을 계기로 뇌의 특정 부위가 자극을 받으면 순식간에 활성화하기도 한다. 최근 의료 분야에서는 뇌의 위기관리 능력을 활용해 우울증 치료법을 개발하고 있다. 특히 케타민 같은 안전성이 우수한 마취약으로 피험자에게 유사 임사 체험을 시켜보니 세로토닌(양이 부족할 경우 우울증을 일으키는 호르몬) 수용체의 분포가 달라지는 등 그 효과가 상당히 컸다. 빈사 상태에 빠졌던 사람이 이상하리만큼 갑자기 힘이 넘치는 경우가 있는데 어쩌면 이 또한 동일한 방식으로 치료를 받았기 때문일지도 모른다.

당신도 하느님과 만날 수 있습니다!
인공 유체 이탈 기술

따라서 임사 체험을 신의 존재를 뒷받침하는 근거로 삼기는 어렵다. 다만 이공계 출신들의 관심을 불러일으키기에는 충분히 흥미로운 현상이다. 그

7 고대 그리스 철학자 아리스토텔레스가 이 현상을 발견해 '아리스토텔레스의 착각'이라고 부른다.

러나 임사 체험을 해보자고 죽기 일보 직전 상태까지 가기에는 위험성이 너무 크다. 다행히도 누구나 쉽게 체험해볼 수 있는 방법이 있으니, 바로 '고무손 착각' rubber hand illusion 실험이다.

거울을 붙인 상자에 왼손을 집어넣고 고무로 만든 오른손에는 레이저를 비춘다. 그러면 거울에 비친 고무손(오른손)은 왼손처럼 보이고, 상자 안에 있는 왼손에는 아무것도 비추지 않았는데도 레이저를 비춘 것처럼 느껴지게 된다. 시각 정보를 교란하면 뇌가 실제로는 존재하지 않는 감각을 만들어낸다는 것을 보여주는 실험이다. 그림 4

현재는 이를 한층 더 발전시킨 연구가 진행되고 있다. 우선 피험자의 등 뒤에서 촬영한 영상을 앞에서 재생하면서 막대기로 등 쪽에 자극을 준다. 그렇게 하면 피험자는 '자신은 분명히 이곳에 있는데 앞쪽에서도 자신의 모습이 보인다.' '영상 속의 자신은 등이 떠밀리지 않는데도 실제로는 떠밀리는 듯한 느낌이 든다.'라는 식으로 영상과 현실 사이에 괴리가 생겨 결국 장소 인식 능력에 버그(bug. 프로그램 결함-옮긴이)가 발생한다. 그러다가 경우에 따라서는 마치 유체 이탈을 한 것 같은 느낌이 들기도 한다.

이처럼 우리 뇌는 '자신이 지금 어디에 있는지'조차도 정확하게 인식하지 못한다. 어쩌면 영혼, 사후 세계, 신이라는 초현실적인 존재 또한 뇌가 제멋대로 만들어냈을 가능성이 크다.

슬픈 일이지만 종교색이 짙은 시대나 국가일수록 빈곤과 독재가 심하다. 예컨대 이슬람 세계에서는 순교자가 사

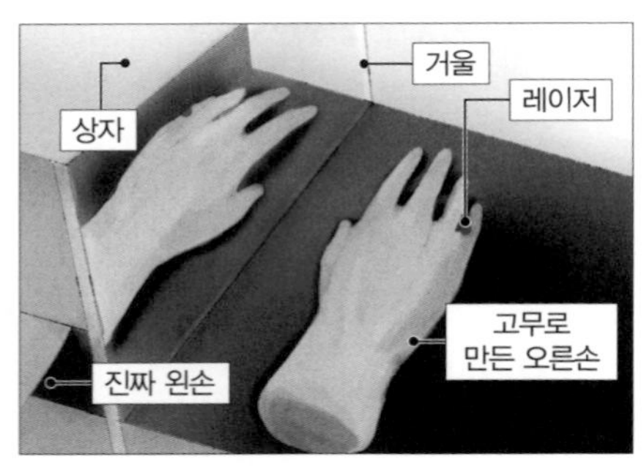

그림 4 고무손 착각 실험

후에 처녀 72명과 야릇한 시간을 보낼 수 있도록 신이 배려한다는 믿음이 전해져 내려온다.[8] 19금 소설이 따로 없다.

어려운 환경에 놓여 있을수록 평화롭고 평등한 사회를 약속하는 신을 강렬히 원하기 마련인데, 통증이 극심한 상황일수록 생존을 위해 뇌가 감각을 차단하듯이 이 역시 우리의 뇌가 자기 방어 기제를 가동한 결과라고 해석할 수 있다.

하지만 그렇다고 해도 '신은 아무 쓸모없는 존재'라고 단언하는 것도 의미 없고 어리석은 행동이다. 신념을 갖고 열심히 그리고 올바르게 생활하다가 결국 구원(소기의 성과) 받는 사람들을 주위에서 어렵지 않게 찾아볼 수 있기 때문이다. 그럼 필자도 그렇게 살아가고 있냐고? 당연히 아니다.

8 이슬람 낙원에 사는 선녀들은 몇 번이고 처녀로 되돌아갈 수 있고 나이가 들어도 다시 젊어지는 놀라운 능력이 있다고 한다. 그 밖에도 이슬람 낙원에는 '아무리 마셔도 취하지 않는 술'이나 '무한정 먹을 수 있는 과일과 고기' 같은 것이 준비돼 있다고 한다.

■

맺음말

SF와 판타지 세계에서 만나는 과학의 재미와 경이로움

지금까지 머나먼 여정을 함께 해줘서 너무나도 기쁘다. 어떠했는가? 이 책에서는 픽션이니까 가능할 법한 다양한 현상과 존재를 과학이라는 렌즈로 바라봤다. '불가능할 것 같지만 그래도 혹시 ○○가 발생한다면'이라든지 '××를 실현할 기술이 아직은 하나도 없다'라든지 '이론상으로만 본다면 △△도 가능하다'는 표현이 이 책에는 적지 않게 등장한다. 게다가 실제로 구현하려면 도대체 얼마나 시간이 흘러야 할지 전혀 감을 잡을 수 없는 너무 먼 미래 이야기도 꽤 많이 수록돼 있다.

꽤 많은 사람들이 픽션에 등장한 설정과 기술들을 그저 상상의 산물이라고 생각한다. 하지만 이 책을 읽은 사람이라면 픽션에 나오는 모든 것들이 결국 우리가 살고 있는 세상의 과학과 아이디어를 바탕으로 하고 있다는 사실을 깨닫게 될 것이다. 점점 더 많은 사람들이 이 사실을 접한다면 저자로서 매우 기쁜 일이다. 이 책을 계기로 과학이 굉장히 재미있고 경이로우며 위대한 학문이라는 사실을 여러분이 알게 되면 좋겠다.

집필 후기를 쓰는 자리이니 이 책에 얽힌 뒷얘기 몇 가지를 좀 할까 한다. 이 책은 〈월간 게임라보〉라는 잡지에 '픽션 연구센터'라는 제목으로 연재한 기사를 다시 편집해서 엮은 것이다. 처음부터 책으로 펴낼 생각을 하고 시작한 연재이기는 했지만, 이렇게 실물을 손에 쥐기까지 정말 많은 우여곡절을 겪었다.

잘 진행되는 듯싶다가도 예상치 못한 상황에 갑자기 담당 편집자가 실종되거나 퇴직을 해버리기 일쑤였고, 출판사가 불미스러운 일 때문에 순식간에 공중분해가 되기도 했으며, 출간하기로 결정한 또 다른 출판사에서 별안간 인사이동이 이뤄지는 바람에 출간 계획 자체가 백지화되기도 했다. 이런 온갖 고초를 모두 겪고도 결국에는 책을 펴내는 데 성공하고 나니 참으로 감개무량하다.

연재 기사를 바탕으로 삼았지만 집필 과정도 결코 순탄치 않았다. 과학이 끊임없이 발전에 발전을 거듭했기 때문이다. '픽션 연구센터'를 연재한 시점은 2011년부터 2014년이었다. 연재가 끝난 뒤에도 새로운 발견과 기술 개발이 거듭됐기 때문에 이를 하나하나 체크해서 최신 내용으로 업데이트했다. 물론 그 과정이 상당히 힘들기는 했지만 이것이야말로 과학이 우리에게 주는 즐거움이라고도 할 수 있을 것이다.

앞에서 "실제로 구현되려면 도대체 얼마나 시간이 흘러야 할지 전혀 감을 잡을 수 없다."라고 말했던 것 중에 몇 가지는 머지않아 '너무 당연한 것'으로 여겨질지도 모른다. 스마트폰의 기능이 날이 갈수록 업그레이드되고 인공지능이 눈부신 발전을 거듭하고 있는 모습을 보니 이런 기대를 하지 않을 수 없다.

여러 관계자 분들의 도움이 없었더라면 이 책은 온갖 우여곡절만 겪다가 결국 빛을 보지 못했을 것이다. 연재할 수 있는 공간을 제공해주고

〈월간 게임라보〉 콘텐츠를 사용할 수 있도록 흔쾌히 허락해주신 주식회사 산사이북스, 표류하고 있던 콘텐츠에 새로운 생명을 불어넣어주신 소심 출판사에 진심으로 감사드린다.

이 책은 총 31개 주제로 구성돼 있으며, 그중에는 하고 싶은 이야기가 너무 많지만 지면 한계 때문에 어쩔 수 없이 눈물을 머금고 덜어낸 내용도 있다. 이번에 독자 여러분이 좋은 평가를 내려준다면 제2탄이 나오지 말라는 법도 없다. 그날이 반드시 오기를 바라면서 여러분께 진심 어린 감사 인사를 올린다.

부록

악마의 과학 용어 사전

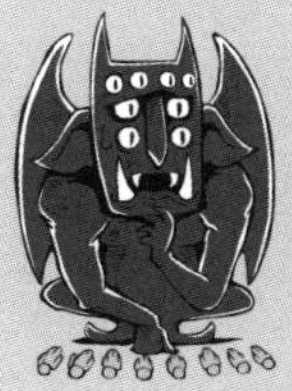

A~Z

EM균

유용 미생물로 불리는 것으로 STAP 세포의 선배에 해당하는 상상 속 세균이다. 개발자가 비과학적인 효능을 주장하고 있는데 한마디로 유사과학.

KT 경계

지질 연대를 구분하는 용어. 약 6,550만 년 전 공룡을 포함한 동식물의 75%가 한꺼번에 사라졌던 시대의 지층을 이르는 말.

LAH

환원제인 수소화알루미늄리튬을 의미한다. 수소화알루미늄리튬은 물과 반응하는 물질이기 때문에 실수로 물에 빠트리면 순식간에 끓는점까지 도달할 수 있고, 수소 기체가 격렬하게 생성되면서 폭발 사고를 일으킬 수도 있으니 조심히 다뤄야 한다.

PCB

열에 안정적이고 절연성이 뛰어나기 때문에 절연제·용제·가소제 등에 널리 활용되었으나 독성이 상당하다는 사실이 뒤늦게 드러났다. 일본에서는 1975년에 PCB를 함유한 제품 개발이 전면 금지됐지만, 법망에 구멍이 숭숭 뚫려 있는 탓에 오늘날에도 일본 각지의 산속에 몰래 버려지고 있으며 폐기 방법도 명확히 정해진 것이 없다. 무능한 정치가가 임기응변으로 만든 법률 때문에 문제가 해결되기는커녕 악화된 아주 전형적인 예다.

STAP 세포

제3의 만능 세포로 주목받았으나, 관련 논문이 조작된 것으로 밝혀져 파문을 일으켰다. 일본 바이오테크놀로지의 미래를 막은 원흉이라고 계속해서 손가락질받고 있다.

UMA Unidentified Mysterious Animal

미확인 생명체. 크립티드cryptid라고도 한다. 실제로 존재하는지 확실하지 않은 생명체의 통칭이다.

YAG 레이저

이트륨yttrium·알루미늄aluminum·가넷garnet으로 이뤄진 단결정을 매질로 하는 고체 레이저다. YAG 레이저는 두꺼운 철판을 자를 수 있을 정도로 효율과 출력이 좋아서 산업용 레이저, 레이저 치료, 레이저 무기 등 다양한 용도로 활용한다.

가

감마선

방사선의 일종. 감마핵종으로서 우수한 세슘137을 도쿄전력이 살포해준 덕분에 일본 내에서는 구하기 어렵지 않다.

게르마늄

건강보조식품으로 판매되고 있으며 독극물로도 만들 수 있는 만능 원소. 참고로 게르마늄은 건강에 도움이 될 이유가 전혀 없다. 진짜로 전혀 없다.

게임뇌 이론

비디오 게임에서 나오는 특유의 전자기파가 뇌에 악영향을 준다고 주장하는 이론. 일본에서 만들어진 대표적인 사이비 과학 단어다. 이런 바보 같은 말을 하는 사람은 혹시 뇌에 이상이 있는 건 아닌지 의심해봐야 한다.

경피독

샴푸나 비누에 들어 있는 계면활성제가 체내에 스며들어 몸에 해롭다고 믿는 종교 단체가 있는데, 이들이 고급 샴푸를 강매할 때 사용하는 표현이 바로 경피독이다. 물론 공식적인 과학 용어는 아니다. 행여나 이 말이 사실이라면, 샴푸 속에 들어 있는 계면활성제가 두피로 스며들어 기름 덩어리인 두뇌부터 녹여버릴 게 분명하다.

고양이 할퀸병

고양이가 할퀴어서 생긴 부위로 박테리아가 감염돼 생기는 병이다. 70% 정도는 바르토넬라 헨셀라에 bartonella henselae 라고 하는 박테리아에 의해 유발된다. 면역력이 약한 노약자나 암·에이즈 환자에게는 매우 심각한 문제를 초래할 수 있다. 피부에 이상 증상이 일어나는 정도로 끝나기도 하지만, 뇌수막염이나 간의 혈액낭종, 심장마비 등으로 이어질 수도 있다.

고에너지 외상

폭발물이나 낙하물에 의해 발생하는 강력한 외상.

광란색이 狂亂索餌

상어가 무리 지어 사냥할 때 주변의 피 냄새를 맡고 극도의 흥분 상태에 빠지는 것을 이르는 말. 영어로는 feeding frenzy라고 한다.

그라탱 gratin

프랑스 도피네 지방에서 유래한 요리. 그라탱이란 원래는 음식을 구웠을 때 표면에 형성되는 피막을 지칭하는 말이다.

그레이엄 수 Graham's number

미국의 수학자 로널드 그레이엄이 이름 붙인 자연수로, 수학적으로 의미를 갖는 숫자 중 가장 크다.

급성 알코올 중독

성년의 날에 환자가 속출하는 특이한 병이다. 치사량은 혈중 알코올 농도 4mg/mL 이상이기 때문에 살인을 위장하려면 음주량을 피해자의 체중에 맞춰 계산해야 한다.

나

나이팅게일증후군

영문으로는 Florence Nightingale Effect이기 때문에 나이팅게일증후군보다는 나이팅게일효과라고 옮기는 게 더 정확할 것 같다. 간호하는 사람이 환자를 사랑하게 되는(또는 반대로 환자가 간호사를 좋아하게 되는) 현상을 뜻한다. 참고로, 나이팅게일은 환자의 청혼을 받은 적이 있지만 평생 독신으로 살았다. 괜한 뜬소문 탓에 상당한 피해만 봤다.

납

탄환의 탄두에 사용되는 소재. 값이 저렴한 대신 다른 소재보다 무겁다.

노벨상

가장 어려운 절세 방법 중 하나이자, 모든 과학자의 질투를 한 몸에 받는 대상. 재원은 노벨 재단의 이자 수익에서 떼어오는 것이기 때문에 사실상 무한하다. 상금은 900만 크로네(약 11억 원)이며 일본의 소득세법 9조 1항 13호에는 '비과세'라고 명기되어 있다.(한국은 소득세법 시행령 18조 2항에 따라 비과세다.)

니콜라 테슬라 Nikola Tesla

만년에 가난에 시달리다가 정신 이상 증세를 보였던 일화 때문에 미치광이 과학자로 묘사되는 일이 많았다. 그러나 실은 현대 전기 과학의 기초를 다진 위대한 과학자다. 단, 생활력은 에디슨보다 약했다.

니트로기

질소 원자 하나와 산소 원자 2개가 결합한 원자단. 대개 폭발물에 들어 있다. 이 때문에 미치광이 과학자가 매우 좋아한다.

니트로 화합물

니트로기를 가진 화합물을 말한다. 폭발성을 띤 경우가 많기 때문에 역시 미치광이 과학자가 좋아한다.

다

다발성 경화증

뇌와 척수의 축삭 주변에 있는 지방성 말이집을 감싸는 부분이 손상을 입어서 탈수 질환과 흉터 형성으로 이어지는 염증 질환이다. 영어로는 Multiple Sclerosis라고 하며 일반적으로는 머리글자만 따서 MS라고 부른다. 인종에 따른 차이가 큰 난치병으로, 아시아계 미국인 또는 아프리카 미국인보다 코카서스 미국인에게서 더 흔히 나타난다.

단독 丹毒

피부와 점막의 헌 곳이나 다친 곳으로 세균이 들어가서 발생하는 전염병. 딱딱한 붉은 반점이 점점 커지고, 높은 열과 마비를 동반한다.

달무리

대기 중에 수분이 많은 날, 보름달 주위에 나타나는 붉은색 고리. 달무리가 나타나면 비가 온다는 말이 있으며 실제로 강수 확률이 높다.

데몬 코어 demon core

로스앨러모스 연구소 과학자들이 다양한 핵물리학 실험을 할 때 사용했던 6.2kg짜리 플루토늄 덩어리. 필자도 갖고 싶다.

돈

돈은 중력과 전자기력처럼 세상만사에 자신의 영향력을 행사한다. 심지어 과학 발전에도 돈이 상당한 힘을 발휘한다.

동종요법

인체에 질병 증상과 비슷한 증상을 유발시켜 치료하는 유사 과학의 일종이다. 거의 대부분 플라세보 효과 placebo effect (아무 효과가 없는 약을 복용하고 있음에도 불구하고 자신이 잘 듣는 약을 먹고 있다는 긍정적인 생각 때문에 병세가 호전되는 현상—옮긴이)에 의존한다. 즉, 사기 그 자체라는 뜻이다.

디랙 바다 Dirac sea
물리학 분야에서 쓰이는 용어 중에서도 유난히 울림이 멋진 표현으로, 영국의 물리학자 폴 디랙 Paul Dirac이 제창한 공간 이론과 관련된 개념이다. 이 개념에 따르면, 진공은 아무것도 없는 곳이 아니다. 음의 에너지를 가진 전자들이 가득 메우고 있다.

디스토니아 dystonia
'근육 긴장 이상'이라고도 하는 신경학적 질환이다. 본인의 의지와 관계없이 지속적으로 비정상적인 자세를 취하거나 비트는 근육 운동을 유발한다.

디메틸 설폭사이드 dimethyl sulfoxide
범용 용매로 DMSO라고 불리기도 한다. 많은 종류의 유기·무기 화합물을 용해하는 비프로톤성 극성용제이며 안전성이 높다.

뜨다
썩거나 취화된 소재를 가리켜 사용하는 말. 취화는 금속 또는 플라스틱이 소성塑性이나 연성延性을 상실하는 것을 말한다. 용례로는 "자외선 때문에 빗물받이가 떴다." "할머니, 이 고무줄 떴어요." 등이 있다.

라

라이덴프로스트 효과 Leidenfrost effect
어떤 액체가 그 액체의 끓는점보다 훨씬 더 뜨거운 부분과 접촉할 경우 빠르게 액체가 끓으면서 증기로 이뤄진 단열층이 만들어지는 현상이다. 끓고 있는 납에 젖은 손을 넣어도 상처를 입지 않는 모습이 TV 프로그램에서 소개된 바 있다. 저온에서는 액체질소에 손을 넣어도 아무렇지 않은데, 이것도 같은 현상이다.

라플라스의 악마
양자역학이 등장하기 전까지 온 세계를 암흑에 빠뜨렸던 악마. 19세기 수학자인 라플라스가 제창한 이론으로, '모든 결과는 인과의 물리적 결과이며 만물은 모두 인과의 물리적 결론이다. 즉, 미래는 우주가 탄생할 때부터 모두 결정된 것이며 우리는 단지 그 속에서 살고 있을 뿐이다.'라는 내용이다. 그러나 오늘날에는 양자역학이 제시한 불확정성 때문에 '미래가 그 정도로 정해지진 않았을 것이다.'라는 의견이 지배적이다.

레지콘
에폭시 수지에 자갈이나 모래 등을 골재로 삼아 만든 콘크리트인 레진 콘크리트resinification concrete의 약어.

로스앨러모스국립연구소
미국의 국립 연구소이며 맨해튼 프로젝트를 수행해 세계 최초로 핵폭탄을 개발했다. 지금은 국가 안보, 우주 탐사, 재생 에너지, 의약, 나노 기술, 슈퍼컴퓨터 등 광범위한 분야를 연구하는 연구소다.

리슈만편모충
말라리아가 화제가 되는 바람에 거의 관심받지 못한 열대성 원충증인 리슈마니아증을 일으키는 기생충의 이름. 매년 100만 명 이상이 감염되고 있다. 한 번 걸리면 피부에서 내장에 이르기까지 이곳저곳이 썩고 치사율이 높다. 살아남더라도 후유증에 시달릴 가능성이 높다.

류코트리엔 leukotriene
아라키돈산 대사 물질의 하나이자 여러 염증 반응에 관여하는 중요한 물질이다. 특히 기관지 천식에 관여한다.

리만 가설
수학 정수론 분야의 최대 난제로, 소수에 규칙성이 있는지 알아내려고 수많은 수학자들이 달려들었지만 지금까지는 모두 실패했다. 클레이 수학연구소에서 100만 달러에 달하는 상금까지 걸었다.

리틀 그레이 Little Gray
키가 작고 손발이 가늘며 머리가 크고 피부가 회색 빛깔인 전형적인 우주인의 모습. 홍차 브랜드를 가리키는 말은 아님.

리히텐베르크 도형
고압 전기가 순식간에 절연을 파괴하면서 발생하는 나무 형태의 도형을 이르는 말. 리히텐베르크 도형은 번개를 맞은 사람의 피부에도 문신처럼 남는다.

마

마술사의 선택
마케팅 기법 또는 화법을 의미한다. 상대방이 자유롭게 선택할 수 있게 해주는 척하다가 결과적으로는 원래 의도했던 방향으로 유도하는 방법이다.

마이오트론 myotron
FBI가 범죄자를 잡으려고 개발한 차세대 전자충격기. 마이오트론 전류라는 인간의 중추신경에 작용하는 주파수의 전류를 흘리는 것이 특징이며, 마약으로 통각이 마비되다시피 한 사람도 한 방에 쓰러뜨릴 수 있다. 그러나 신경계에 심각한 후유증이 남아서 용의자 대다수가 반신불수가 되고 말았다. 이 때문에 제조, 판매, 소지가 전면 금지됐다. 아직 인터넷에서 구할 수는 있지만 케이스만 마이오트론이라고 되어 있고 내용물은 예전 전자 충격기다.

망델브로 집합 Mandelbrot set
프랑스 수학자 브누아 망델브로 Benoît B. Mandelbrot가 고안한 프랙탈의 일종이다. 인권 운동가인 넬슨 만델라와는 아무 상관도 없다.

메탈로티오네인 metallothionein
체내에서 중금속과 결합해 함께 배출되는 디톡스 단백질.

메틸수은
유기수은의 하나로 메틸기CH3와 수은이 결합된 것으로 독성이 강하다. 겨우 0.1mg만으로도 사망한 사례가 있는 매우 위험한 약품이다.

모기
전 세계에서 살인을 가장 많이 저지르고 있는 동물이다. 모기가 옮기는 질병으로는 말라리아, 뎅기열, 일본뇌염, 서나일열, 치쿤구니야열 등이 있다. 바이러스든 원충이든 병원균이든 못 옮기는 게 없다. 약 1억 7천만 년 전에 처음 등장했다.

모호로비치치 불연속면
지구 지각과 맨틀의 경계면이며 지하 20~70km 부근에 위치한다. 1909년 유고슬라비아의 지진학자 안드리아 모호로비치치가 발견했다.

몰레큘러 시브 molecular sieve
분자 여과기라고도 한다. 물 분자가 딱 들어맞는 구멍이 무수하게 뚫려 있어서 용매의 탈수제로 사용된다. 플라스크(목이 긴 실험용 유리병)에 넣고 전자레인지로 가열한 뒤 열이 식기 전에 감암 밸브를 부착해 압력을 낮추면 다시 이용할 수 있다.

바

바세린
무미·무취·무해한 고분자 유지. 상온에서는 반고체로서 크림 형태를 띤다. 석유에서 추출한 페트롤리움 젤리를 주성분으로 하는 화합물이지만 입술이나 상처 부위에 발라도 될 정도로 안전성이 뛰어나다.

방사균
균사를 생성하고 포자도 형성하기 때문에 곰팡이의 진균으로 혼동할 수 있으나 진균보다 훨씬 까다로운 세균 집단이다. 특수한 화합물을 분비하는 경우가 많기 때문에 면역 억제제 연구에 활용할 수 있다. 결핵균은 방사균의 일종이며 여느 병원균과는 종류가 근본적으로 다르기 때문에 특별한 관리를 받고 있다.

번데기
곤충의 변태 과정에서 나타나는 형태 중 하나. 영어로는 코쿤cocoon과 퓨파pupa라는 단어가 있어서 혼동하기 쉽지만 코쿤은 고치를 뜻하고 고치가 없는 것은 퓨파라고 알고 있으면 된다.

베체트병 Behcet's disease
구강 궤양, 음부 궤양, 안구 증상 외에도 피부, 혈관, 위장관, 중추 신경계, 심장, 폐 등 여러 장기를 침범할 수 있는 전신성 염증 질환이다. 만성이며 재발 가능성도 높다. 병에 걸리는 원인은 명확히 밝혀지지 않았기 때문에 질환에 걸리면 그때그때 치료하는 수밖에 없으며 근본적으로 치료하기도 어렵다.

벨루소프 자보틴스키 반응 Belousov–Zhabotinsky
일정 수준의 화학 자극을 일으키면 일정한 패턴의 진동이 발생하는 현상. 줄여서 BZ 반응이라고도 한다.

봉와직염
피부의 진피와 피하 조직에 세균이 침범해 나타나는 급성 세균 감염증이다. 고령자, 면역 억제 환자, 말초혈관 질환자가 걸리기 쉬우며 세균이 침범한 부위에는 홍반, 열감, 부종, 압통 등이 동반된다.

붓다
불교의 창시자이며 보통 '석가모니'라고 부른다. 붓다를 화장한 후 남은 재와 유골을 불사리佛舍利라고 하는데, 전 세계에서 발견됐다고 하는 두개골만 해도 몇 개 이상이고 팔과 다리뼈는 훨씬 더 많다. 이를 미뤄 봤을 때 붓다의 생전 모습은 인간과 상당히 달랐을 것으로 추정된다.

브래디키닌 bradykinin

아미노산 9개로 만들어지는 펩티드이자 사람의 몸속에 있는 오타코이드의 일종이다. 신경 세포에 통증을 유발하며, 뱀독이나 벌침 등 동물이 갖고 있는 독성 물질에 함유돼 있다.

브레이킹 배드 Breaking Bad

2008년부터 미국에서 방영한 서스펜스 드라마. 자신이 암 말기라는 것을 알게 된 화학 교사가 각성제를 제조해 판매한다는 오싹한 내용을 다루고 있다.

브로민화 에티듐 ethidium bromide

전기영동(電氣泳動. 주로 생체 고분자를 분석, 분리, 정제하는 방법 중 하나-옮긴이)한 DNA를 가시화하기 위해 사용하는 형광 시약이며 취화 브로민화 에티듐이라고도 한다. DNA에 결합하려는 성질이 있어서 암을 유발할 가능성이 매우 높다.

브로켄 현상

사물의 뒤에서 비치는 햇빛이 구름이나 안개에 퍼져, 보는 사람의 그림자 주변에 무지개 같은 빛의 띠가 나타는 일종의 대기 광학 현상이다. 독일 브로켄산에서 처음 발견돼 브로켄이라는 이름이 붙었다. 브로켄의 요괴라고도 한다.

빙진 氷震

지하수가 얼어 팽창할 때 암반을 동결 파쇄해서 발생하는 지진을 이르는 말. 다른 말로 크라이오사이즘cryoseism, 프로스트 퀘이크frost quake라고도 함.

사

사건의 지평선

일반상대성이론에서 나온 개념이다. 내부에서 일어난 사건이 외부에 영향을 줄 수 없는 경계면을 뜻한다. 가장 대표적인 예는 블랙홀 주위에 있는 사건의 지평선이다. 빛을 포함한 어떤 것도 사건의 지평선에서 나오지 못하기 때문에 보통 사건의 지평선 안쪽을 블랙홀이라고 생각한다.

사르코이도시스 sarcoidosis

다양한 백혈구가 뭉쳐 형성된 육아종이 폐, 피부, 눈, 림프선 등 신체의 여러 장기를 침범해 기능 부전을 초래하는 염증성 종양이다. 가장 많이 침범하는 장기는 폐이지만 림프, 피부와 눈에서도 사르코이도시스 증상이 자주 나타난다. 간, 골수, 비장, 근 골격, 심장, 침샘, 중추 신경계와 말초 신경계에서 증상이 나타나기도 한다.

사린 가스

나치 독일이 만든 살상용 무기로 중추 신경계를 손상시킨다.

사신박사 死神博士

가면라이더 앞에 최강의 적으로 등장하는 최강 오징어. 취미는 괴인怪人 만들기.

사이토카인 cytokine

면역 세포가 분비하는 단백질의 총칭이며 너무 많이 분비되면 오히려 면역 체계를 붕괴시킬 수도 있다.

샤가스병 Chagas disease

기생충의 일종인 크루스파동편모충trypanosoma

cruzi에 의해 감염되는 열대 질병으로, 1909년 브라질의 의사 카를로스 샤가스가 발견했다. 이 기생충은 침노린재과의 일종인 흡혈곤충 벤추카를 매개체로 인간을 비롯한 포유류로 옮겨간다. 수혈이나 장기 이식, 기생충에 오염된 음식물 섭취를 통해 확산된다.

샤르코 라이덴 결정 Charcot-Leyden crystal
기관지 천식 발작을 일으키는 환자의 가래에서 검출되는 결정. 폐흡충증에서도 발견할 수 있다.

서멀건 thermal gun
EML의 일종이자, 전압에 의한 세선細線暴發을 추진력으로 하는 발사 장치의 일종이다. 기존 총기 제작 기술을 응용할 수 있는 여지가 많아 한때는 총을 서멀건으로 대체하는 것까지도 고려한 적이 있지만 결국 화약이 가진 편의성을 넘어서지는 못했다.

세균 무기
적어도 표면적으로는 어떤 국가도 보유하고 있지 않으며 보유해서도 안 되는 무기. 사람뿐만 아니라 농작물, 가축을 가리지 않고 공격하기 때문에 상대 국가의 국력을 약화시키는 수단으로 활용되기도 한다.

션트 shunt
혈액이 원래 흘러야 할 혈관에서 흐르지 않고 다른 혈관에서 흐르는 상태를 말한다. 선천성 내장 기형 때문에 발생한다.

소립자
현재 알려진 기본 입자 가운데 페르미 입자인 쿼크와 렙톤을 통칭해 부르는 말이다. 한편, 페르미 입자와 다른 소립자의 모임으로는 보손이 있으며 페르미 입자 사이에서 상호 작용을 주관한다. 이뿐만 아니라 그래비톤, 소립자Z0과 같은 미지의 소립자 또한 존재할지도 모른다.

소수 素數
1과 자신을 제외한 다른 수로는 나눌 수 없는 2 이상의 자연수. 마음을 차분히 가라앉히고 싶을 때 세어보면 좋은 수.

솔리리스
혈액 질환의 일종인 '발작성 야간 헤모글로빈뇨증'PNH을 치료하는 특효약. 30mL짜리 한 병에 약 600만 원이나 한다. 연간 약값만으로 6억 원 이상이 들어간다. 참고로 2019년 현재 가장 비싼 약으로는 노바티스의 졸겐스마를 꼽을 수 있다. 1회성 치료제인 이 약의 가격은 약 25억에 달한다.

수소수
물속에 수소를 집어넣은 것. 온갖 미사여구를 동원해 건강에 좋다고 선전하고 있지만 유사 과학일 뿐이다. 건강에 유의미하게 좋은 영향을 주는 수소수가 실제로 존재한다는 것은 당연히 거짓말이다.

시그모이드 커브 sigmoid curve
생물 생장을 시간에 따라 측정해 그래프로 표시한 곡선이다. 생물 생장에 영향을 주는 요인을 분석하거나 여러 생물 사이의 생장을 비교할 때 사용한다.

시버링 shivering
추운 곳에서 몸을 떨면서 열을 만들어내는 것.

시스플라틴 cisplatin

식도암, 위암, 대장암 등 고형암 치료에 널리 사용되는 항암제다. 효과는 탁월하지만 신장 독성, 신경 독성 등의 부작용을 일으키기도 한다. 백금을 포함하고 있어서 가격도 매우 비싸다.

쌍극자 모멘트 dipole moment

분자 내 화학 결합의 극성 수준을 나타내는 척도로, 분자의 이온성과 전기 음성 도차를 측정하는 데 유용하다. 약학대학 1학년 학생들의 사기를 꺾는 악의 축이다.

아

아!

누군가에게 일격을 당해 죽을 때 내는 소리. 사람들은 보통 죽기 전에 그동안 살아온 날들이 눈앞에 주마등처럼 스쳐 간다고 하는데 실제로는 그런 거 없다. 인생의 종말이란 원래 그런 것이다.

아나필락시스 anaphylaxis

특정 항원에 몸이 과도하게 반응해 전신성 증상(모세혈관의 확장, 호흡 곤란, 부정맥)을 불러일으킨다. 대부분 말벌에 두 번 정도 쏘였을 때 발생하는 현상이며 주로 아나필락시스 쇼크라고 표현한다.

아노렉시아 널보사 anorexia nervosa

거식증을 의미하며 신경성 식욕 부진증이라고도 한다. 반대말인 과식증은 뷸리미어bulimia라고 표현한다.

아미그달린 amygdalin

덜 익은 청매실에 함유된 청산배당체青酸配糖体. 문자 그대로 영양분인 당과 맹독인 청산이 서로 연결된 구조를 하고 있으며, 섭취할 경우 장내 세균이 당만 떼어내기 때문에 홀로 남은 청산이 독성을 발휘한다. 어린아이의 경우 청매실 몇 개로 사망에 이르는 경우도 있다.

아세트아미노펜 acetaminophen

시중에서 판매하는 약 중에서 가장 인기가 좋은 해열 진통제. 무색무취이고 매우 안전한 항염증제이지만, 간 기능이 약해져 있는 상태에서 투여하면 독으로 돌변할 수도 있다. 보험금을 노린 살인 사건에서도 사용된 적이 있다.

아세틸콜린에스테라제 acetylcholinesterase

아세틸콜린 분해 효소다. 신경 전달을 마친 아세틸콜린은 이것 때문에 콜린과 초산으로 분해된다. 사린 가스 같은 신경가스는 아세틸콜린을 분해하지 못하도록 방해하며 이 때문에 사람 몸이 계속해서 수축되다가 결국 마비를 일으켜 사망에 이른다. 살충제 또한 신경가스처럼 아세틸콜린의 분해를 저해하지만 사람에게 무해하다. 무척추동물이 갖고 있는 효소의 구조가 포유류가 갖고 있는 것과 크게 다르기 때문이다.

아스베스토스 asbestos

석면이라고도 한다. 백석면크리소타일, 청석면크로시드라이트, 갈석면아모사이트 등의 조성비에 따라 몇 가지 종류로 나뉜다. 유연성이 좋을 뿐만 아니라 내열성, 내약품성, 내구성을 갖추고 있어서 단열 성능이 이보다 좋은 재료는 없다. 그러나 석면에서 뿜어져 나오는 분진이 진폐증을 일으키기 때문에 사용이 전면 금지됐다.

아이언맨

영화 〈아이언맨〉의 주인공. 스스로 뭐든지 만들어내는 DIY의 신. 위험한 상황에 처할수록 안전을 지켜주는 가장 핵심적인 부분인 헬멧의 앞면을 열곤 하는 노출광이다.

아지드화나트륨

그렇게 독하지 않은데도 어떤 한심한 자가 이것을 몰래 탄 차를 먹여 사람을 죽인 이후 독물로 승격됐다. 질소를 빠른 속도로 발생시키기 때문에 에어백 재료로 사용된다.

아코니틴 aconitine

독초인 바꽃투구꽃의 주요 독소다. 치사량이 잘 알려져 있는 맹독 중 하나로, 성인 남성에게 수 밀리그램만 투여해도 죽음에 이르게 할 수 있다. 나트륨 채널을 강제로 열어 흥분 상태가 지속되도록 하기 때문에 처음에는 마비, 혈압 상승, 심박 항진, 구토 유연(구토와 침 흘림), 경련 등의 증상을 보이다가 결국 폐부종, 체온 저하, 운동 억제 등의 현상을 거쳐 몇 시간 후 사망에 이른다.

아트로핀 atropine

흰독말풀이나 만드라고라에 함유되어 있는 알칼로이드(식물 추출물 중에서 질소를 함유한 알칼리성 유기 화합물을 일컫는 말-옮긴이)다. 아세틸콜린 수용체의 매개체인데, 독이 퍼지는 것을 억제하려고 독을 이용하는 것처럼 사린과 유기염계 살충제의 효과를 반감시키는 용도로 이용되기도 한다.

아편

양귀비과 식물에서 얻을 수 있는 성분으로, 종자가 되기 전의 양귀비 머리 부분에 흠집을 낸 뒤 배어나온 유액을 받아서 건조한 것이다. 아편을 정제하면 코데인이나 모르핀 등의 성분을 추출할 수 있고 친유성(기름과 친화력이 높은 성질-옮긴이)을 높여서 헤로인을 제조할 수도 있다.

아플라톡신 aflatoxin

아스퍼질러스 플라버스aspergilus flavus라는 곰팡이가 생산하는 맹독으로 간 조직을 파괴해 급성 간 기능 장애를 일으킨다. 극소량만으로도 간암을 유발하기에 충분하다. 자외선을 쬐었을 때 반사되는 빛의 색깔에 따라 B블루, G그린, M마젠타, 자홍색 등 세 가지로 분류되며 B1, B2와 같은 하위 유형도 존재한다.

악마의 증명

라틴어를 사용하던 머나먼 옛날부터 사용하던 말로, 존재하지 않는 것을 증명하는 것은 매우 어렵다는 것을 의미한다. 예컨대 사이비 과학을 신봉하는 사람들이 주장하는 약효는 악마의 증명과 같아서 실제로 효과가 없음을 보여주려면 너무나도 많은 시간과 학문적인 노력이 필요하다. 그 시간에 차라리 다른 생산적인 일을 하는 게 낫다. 참고로 라틴어로는 Probatio Diabolica라고 쓰고 프로바티오 디아볼리카라고 읽는다.

알렉시티미아 alexithymia

발달 장애 중 하나로 감정 표현 불능증이라고도 한다. 자기 자신과 다른 사람의 감정을 거의 파악하지 못하기 때문에 '무감정증'無感情症 또는 '실감정증'失感情症이라고 표현하는 경우도 있다.

알렐로파시 allelopathy

한 생물이 다른 생물들의 성장, 생존, 생식에 영향을 주는 하나 이상의 생화학물을 만들어내는 생물학적 현상이다. '타감 작용'이라고도 한다.

박하나 기린초를 심으면 주변에 온통 이것들 천지가 되는 이유는 알렐로파시 능력이 그만큼 뛰어나기 때문이다.

앤틀러 Antler **작전**
1999년 영국의 국방과학기술연구소에서 수많은 인체 실험이 자행됐음을 윌트셔 경찰이 낱낱이 파헤쳐 세간에 폭로한 것을 말한다.

에드워드 테일러 Edward Taylor
수소폭탄의 아버지이자 원자폭탄을 개발한 로스앨러모스국립연구소의 과학자. 해당 연구소의 과학자들 중 리더 역할을 했다고 한다.

에멧 브라운 Emmett Brown
영화 〈백 투 더 퓨처〉 시리즈에서 자동차 들로리안DeLorean을 타임머신으로 개조한 박사.

에볼라 출혈열
출혈성 필로 바이러스에 감염되면 걸리는 병. 오지에서 걸리는 불치병으로 인식된 적도 있으나 눈 깜짝할 사이에 전 세계적으로 유행한 병이 되어버렸다.

에이코사노이드 eicosanoid
아라키돈산에서 생성되는 생리 활성 물질의 총칭. 대표적으로 프로스타글란딘prostaglandin, 류코트리엔leukotriene, 트롬복산thromboxane 등이 있다.

에탄올
국가가 혈세를 투입해서 특별히 관리하고 있는 마약. 전 세계적으로 중독자가 가장 많고 매년 수많은 사람들을 죽음으로 내몰고 있는 최고의 약물이다.

엑서지 exergy **효율**
에너지의 변환 효율을 나타내는 수치다. 예컨대 열량이 동일한 음식물이라고 해도 냉동된 것은 상온에 보관되어 있던 것보다 엑서지 효율이 낮다.

영국 국방과학기술연구소
영국 포튼 다운에 위치한 생물화학무기연구소로, 사린 가스보다 훨씬 더 강력한 초맹독 VX 가스를 발명했다. 다양한 형태의 인체 실험을 비밀리에 수행해왔다는 사실이 1999년에 폭로되면서 세간의 관심을 받았다.

오타코이드 autacoid
국소적으로 소량이 생성, 방출되고 주변의 좁은 부위에만 직접 작용해 생리 활성을 나타낸 후 대사되는 물질을 통틀어 이르는 말이다. 특수한 내분비선에서 생성되고 분비된 후에는 넓은 부위에 작용하는 호르몬과는 다르다. 이러한 차이 때문에 국소 호르몬이라고도 한다. 대표적인 오타코이드로는 신경 전달 물질로도 사용되는 세로토닌이나 히스타민, 브래디키닌 등이 있다. 일산화탄소도 무기질이기는 하나 오타코이드라고 볼 수 있다.

오피엄
아편성 마약 성분인 오피오이드 알칼로이드Opioid alkaloids의 줄임말이다. 엔도르핀endorphin, 엔케팔린enkephalin, 다이놀핀dynorphin 등 뇌에서 분비되는 마약도 인체에 영향을 주지만 강도나 중독성 측면에서는 오피엄에 비할 바가 못 된다.

온딘의 저주
잠들면 호흡이 중단되는 선천적 중추성 수면 무호흡증의 다른 이름. 온딘은 물의 정령으로 자신을 배신한 남편에게 잠이 들면 죽어버리는 저주를 내렸다.

올림픽

선진국이 후진국을 괴롭히는 낭비 심한 행사이자 전 세계 곳곳을 돌아다니며 많은 분야에 악영향을 끼치는 시대 착오적인 대리 전쟁이다.

와트

Watt. 일률을 표기하는 데 쓰이는 SI 단위. 증기기관을 발명한 제임스 와트의 이름에서 유래한다.

외래생물법

공식 명칭은 '특정 외래생물에 의한 생태계 피해 방지에 관한 법률'이다. 일본에서 외래종의 확산을 막기 위해 제정됐지만 실제로는 오히려 외래종을 보호하는 역할을 하고 있어 개정이 필요하다. (한국에도 이와 유사한 '생물다양성 보전 및 이용에 관한 법률'이 있다.)

용광로

높은 온도로 철광석을 녹여 쇳물을 만드는 가마로 제철소의 상징이다. 다른 요로(평로 등)에 비해 우뚝 선 형태를 하고 있기 때문에 고로라고도 한다. 어떤 영화에서는 널따란 수영장 같은 곳에서 쇳물이 넘실거리는 모습이 등장했는데, 용도가 뭔지는 몰라도 그런 용광로는 실제로 존재하지 않는다. 일단 대부분의 용광로에는 사람이 들어갈 만한 공간이 없고, 상층부에는 아직 녹이지 않은 쇳덩이들이 가득할 것이기 때문에 그 안으로 가라앉거나 할 일도 없다. 참고로 쇳물은 점도가 물보다 낮기 때문에 쇳물을 뒤집어쓸 경우 온몸 구석구석에 화상을 입어 사망하고 말 것이다.

웜홀 wormhole

우주 공간에서 블랙홀과 화이트홀을 연결하는 통로를 의미한다. 우주의 시공간에 난 구멍에 비유할 수 있다. 웜홀을 통과하면 워프 항해를 할 수 있지만 만드는 방법은 물론이고 실제로 존재하는지도 알려진 바가 없다.

위법 소수 違法素數

자릿수가 큰 소수는 암호를 푸는 열쇠로 비트코인 같은 가상 통화부터 은행 결제에 이르기까지 다양한 분야에서 폭넓게 활용되고 있다. 1999년에 미국에서 진행된 DVD 복제 방지와 관련한 재판에서 암호 해독 프로그램과 해독키에 해당하는 1041자리 소수가 전부 위법이라는 판결이 내려졌다. 즉, 해당 숫자를 소지하는 것만으로도 범법 행위가 된다는 말도 안 되는 결론이 나온 것이다.

위법 약물

탈법 약물 못지않은 말장난의 산물. 소지하거나 투여하는 것 자체가 완전히 불법인 비합법 약물과는 달리, '합법적인 부분도 있는 불법 약물'이라고 하는 도저히 무슨 뜻인지 알 수 없는 표현이었기에 얼마 못 가 위험 약물이라는 표현으로 대체됐다. 이 말을 만든 사람이 누군지는 몰라도 한심하기 짝이 없다.

유고니오 탄성 한계 hugoniot elastic limit

금속은 초고압·고온의 환경에서 액상화메탈제트화하는 성질이 있는데 유고니오 탄성 한계는 액상화하는 기점의 압력을 가리킨다.

유기린제 有機燐劑

아세틸콜린에스테라제 억제제다. 아세틸콜린은 인간과 곤충의 중추 신경계에서 사용되는 물질이기 때문에 유기린제를 곤충에 적용하면 효과가 뛰어나고, 인간의 경우 많은 양을 사용하면 어느 정도 효과가 나타난다. 단, 사용할 때는 주의를 기울여야 한다. 인간에게 사용할 목적으로 개발된 것으로는 사린 가스를 포함한 신경가스가 있다.

유전자 변형 쥐
실험을 위해 특정 유전자를 추가적으로 도입해 제작한 쥐를 유전자 과발현 쥐transgenic mouse라고 하고, 이와 반대로 특정 유전자를 제거한 형질 전환 쥐를 유전자 적중 쥐knock-out mouse라고 한다.

융해염전해 融解鹽電解
산화물, 염화물을 고온에서 용융시키고 전기분해해서 금속을 환원하는 방법. 나트륨, 알루미늄, 플루오린 따위를 만드는 데 이용한다.

이뇨제
수분과 염분을 신장을 통해서 체외로 배설하는 것을 촉진한다. 체중 감량 같은 부적절한 목적으로 이뇨제를 장기간 사용하는 경우 체액이 심하게 감소하고, 이로 인해 알도스테론이 증가해 저칼륨혈증, 대사성 알칼리혈증 등 다양한 형태의 부작용이 나타날 수 있다.

이방성 異方性
방향에 따라 응력과 같은 물성이 달라지는 현상으로 주로 플라스틱이나 종이 등의 고분자로 이뤄진 판이나 막에서 관찰된다.

인섬니아 insomnia
불면증을 뜻한다. 유명 게임인 〈파이널 판타지 15〉에서는 루시스 왕국의 수도로 등장한다.

자

장티푸스 메리 typhoid Mary
메리 맬런Mary Mallon은 세계 최초로 임상 보고된 티푸스균을 계속 보유하고 있었으면서도 보균자로서 절대 해서는 안 되는 가정부 일을 했다. 더구나 요리사로 일하면서 49명을 감염시키고 그중 3명을 죽음에 이르게 했다. 흔히 장티푸스 메리라는 별명으로 부르기도 한다. 그야말로 한 편의 드라마 같은 이야기다.

조지프슨 효과 Josephson effect
초전도체와 초전도체 사이에 전류가 흐르지 않는 부도체를 끼워 넣어도 전류가 흐르는 현상을 말한다. 초전도체 2개는 비전도 장벽으로 되어 있으며, 이 장벽을 넘는 전류를 조지프슨 전류라고 한다.

존 폰 노이만 John von Neumann
헝가리 출신 미국인 수학자로 컴퓨터 과학, 수치해석, 경제학, 통계학, 양자역학, 위상수학 등 여러 학문 분야에 걸쳐 다양한 업적을 남겼다. 특히 연산자 이론을 양자역학에 접목시켰고, 맨해튼 프로젝트에 참여했으며 프린스턴 고등연구소에 적을 뒀다. 역시 천재 중의 천재라고 인정할 수밖에 없게 만드는 다양한 에피소드를 남겼다.

죄수의 딜레마
1950년에 수학자인 앨버트 터커Albert William Tucker가 제창한 게임 이론의 하나. 게임에 참여한 각자가 자신의 이익을 추구하면 모두 큰 손해를 입는 상황을 제시한다. 상세한 내용은 구글에서 검색해볼 것.

중력
질량을 가진 두 물체 사이에 작용하는 힘이다. 고대 그리스에서 현대에 이르기까지 물리학의 주요 과제였지만 아직 실체가 완전히 밝혀지지 않았다.

차

체렌코프 현상 Cherenkov effect
방사선과 하전 입자가 물과 공기 분자에 부딪쳐 잉여 에너지가 빛으로 방출되는 현상. 매우 아름다운 청색 빛깔을 띠지만 가까이에서 보다가는 목숨을 부지하지 못할 것이다.

최루제
인간 눈의 점막에 강력하게 작용해 극심한 통증을 일으키는 물질의 총칭. 비살상무기 중에서 핵심이라고 할 수 있으며 시위 진압용부터 방범용까지 폭넓게 사용되고 있다. 미국에서는 무슨 이유 때문인지 CS 가스(최루 가스의 일종)를 자주 사용한다.

카

카나비노이드 cannabinoid
대마초마리화나의 주요 성분을 총칭하는 말. 몸속에 있는 카나비노이드 수용체에 결합해 환각을 일으키고 통증을 완화하는 등 다양한 방식으로 작용한다.

카페인
커피, 녹차 등에 함유되어 있는 흥분성 알칼로이드다. 커피나무와 차나무 이파리가 시들어 땅에 떨어져도 그 안에 들어 있던 카페인은 분해되지 않기 때문에 알렐로파시적인 측면이 있는 게 아닌가 하는 해석을 낳기도 했다. 그렇게 지표면에 닿은 카페인은 천연 농약으로 작용해 나무를 보호한다.

코끼리 다리
체르노빌 원전 사고로 인해 연료봉이 자기 반응열에 녹아 콘크리트와 한데 합쳐진 것. 중량이 엄청나며, 무엇보다도 뿜어내는 방사선량이 엄청나서(시간당 100Sv) 다가가기만 해도 죽음에 이른다.

코로트코프 소리 Korotkov sounds
청진기로 환자의 혈압을 잴 때 의료진이 듣는 소리를 의미한다.(혈압에 따라 소리가 다름) 이 방법을 최초로 고안한 니콜라이 코로트코프(러시아 군의관이었던 인물)의 이름에서 유래했다.

코발트60
코발트 동위 원소의 하나로 방사성 동위 원소다. 반감기는 5.2714년으로 β−붕괴를 통해 니켈−60으로 붕괴한다. 이 역시 필자가 갖고 싶다.

코카인
마약이다. 도파민의 흡수를 방해해 뇌 속에서 도파민 과잉을 초래한다. 이 때문에 당사자는 형용할 수 없는 쾌감을 느낀다.

콘발라톡신 convallatoxin
은방울꽃의 뿌리에 들어 있는 독물이며 부정맥 호흡 장애나 심부전 등을 일으킨다. 미국 드라마

〈브레이킹 배드〉에서 주요 소재로 등장했다.

콘태미네이션 contamination
오염이라는 뜻이며, 외부에서 잡균이나 쓸데없는 약품이 흘러들어오는 상황 전체를 일컫는 말이다.

쿠라레 curare
남미 원주민이 화살촉 끝에 묻히는 독. 주성분은 d-투보쿠라린 tubocurarine이다.

키시와다 박사
걸작 과학 만화인 《키시와다 박사의 과학적 애정》의 주인공이며 IQ는 무려 375나 된다.

킬러비 killer bee
브라질 꿀벌은 번식력이 좋고 꿀을 잘 만들어내지만 병에 약하다. 반면에 아프리카 꿀벌은 번식력이 좋지 않고 꿀을 많이 만들어내지 못하지만 병에 강하며 흉포하다. 이 둘을 교배해서 장점만 가진 벌을 만들어내려 시도한 적이 있는데, 안타깝게도 번식력이 좋지만 포악하고 꿀 생산량이 적은 최악의 벌이 탄생했다고 한다. 게다가 이 벌은 관리 구역 밖으로 빠져나간 후 미국에서 급격한 속도로 번식했다. 마치 B급 영화 소재로나 쓸 법한 최악의 곤충이다.

타

타나트론 thanatron
죽음을 처방한다는 말로 유명한 윤리파 의학박사 제이콥 잭 케보키언이 고안한 안락사 장치의 이름이다. 처음에는 생리 식염수를 점적하다가 버튼을 누르면 티오펜탈을 점적하며, 이로 인해 환자가 의식을 잃으면 염화포타슘을 점적한다. 환자는 결국 심장 발작으로 죽게 된다. 이후 일산화탄소 중독을 이용한 머시트론 Mercitron, 자비 기계이라는 후속 기종을 개발했다.

토머스 에디슨
미적분도 할 줄 모르지만 자칭 발명왕이자 미국 대기업 GE의 창업자.

토바 재난 가설 Toba catastrophe hypothesis
약 7만 년 전에 슈퍼 화산인 토바가 폭발해 약 1,000년간 추운 시기가 찾아왔고, 이 때문에 인류가 절멸 직전까지 갔다고 하는 내용의 가설. 수마트라섬에 있는 토바 호수가 분화의 진원지였기 때문에 토바 재난이라고 부른다.

투명 골격 표본
작고 가는 뼈가 많은 생선 같은 동물의 뼈를 착색해 조직을 투명하게 만든 표본. 1991년에 발표된 〈개량 이중 염색법을 이용한 어류 투명 골격 표본의 제작〉이라는 논문을 통해 제작 방법이 체계화됐고, 이후 널리 소개됐다. 최근에는 상품화하기도 했다. 만들기 쉽게 구성돼 있기 때문에 누구나 즐길 수 있다.

튜링 테스트 Turing test
인공지능이 얼마나 인간과 비슷하게 대화할 수 있는지 판단하는 시험. 1950년 앨런 튜닝이 제안했다.

트랜스페린 transferrin
혈장 속의 철분을 수송하는 역할을 담당하는 단백질.

티타노보아 titanoboa

약 5,000만 년 전에 살았던 뱀으로 2009년 콜롬비아에서 화석이 발견됐다. 몸길이 12~15m에 체중 1톤 이상이었을 것으로 추정되며, 지금까지 발견된 뱀 중 가장 거대하고 육중하다.

파

파레이돌리아 pareidolia

모호한 현상에서 일정한 패턴이나 연관된 의미를 추출해내려는 심리 현상이다. 벽의 얼룩이나 나무껍질, 구름 등에서 사람이나 동물의 얼굴을 발견하는 심리적 착각이 대표적이다.

파상풍 독소

상처를 통해 몸에 들어온 혐기성균인 파상풍균이 만드는 독소. 지구상에서 가장 강한 독소로, 나노그램이라는 극미량만으로도 죽음에 이를 수 있다. 3종 혼합 백신이 개발되고 보급된 덕분에 40세 미만일 때는 면역력을 갖출 수 있지만, 40대 이후가 되면 면역력을 잃어버린다. 마당에서 놀거나 등산하는 게 취미인 사람은 35세 정도가 됐을 때 백신을 다시 맞는 것이 좋다.

페렝게르 슈타덴 현상

고양이가 아무것도 없는 공간을 마치 그곳에 영혼이라도 있다는 듯이 쳐다보는 현상을 가리킨다. 그럴듯하게 들리지만 알고 보면 아무것도 아닌 용어.

포미코필리아 formicophilia

곤충을 향해 성애性愛를 느끼는 현상.

프랑켄슈타인 박사

메리 셸리가 쓴 소설《프랑켄슈타인》의 주인공. 시체 조각을 모아 인조인간을 만들고 전기 자극을 가해 생명을 불어넣었다. 과학의 힘을 악용하는 미치광이 과학자의 원조다.

피타고라스

기원전 5세기경 그리스에 살았던 철학자이자 수학자.

하

하이젠베르그의 불확정성 원리

이름이 멋지다. 양자역학의 불확정성을 나타내는 개념으로 오랫동안 지위를 확고히 유지해왔으나, 최근 들어 일본인 수학자인 오자와 마사나오가 만든 '오자와 부등식'에 의해 보완됐다.

한자 숫자

一일, 十십, 百백, 千천으로 시작해서 10의 68승에 해당하는 무량대수까지 존재한다. 불가佛家에서 사용하는 숫자(그중 일부는 한자 숫자와 단위가 다름) 중에는 10의 100승보다 큰 것도 있다.

핵무기

많은 나라에서 보유하고 있지만 사용 기한이 도래하고 있는 무기 중 하나. 언제든 필요할 때 즉시 발사할 수 있어야 하기에 평소에 값비싼 소모품을 끊임없이 투입해야 한다.

헌팅턴 무도병 Huntington's chorea

유전성 신경 질환으로, 증상이 진전되면 점차 스

스로 수의운동을 할 수 없게 되고, 인지 장애나 행동 이상의 증상을 보이며, 특히 춤을 추는 것처럼 이상하게 움직이기 때문에 '무도병'舞蹈病이라는 이름이 붙었다. 유전성 질환이지만 30세에서 50세 사이에 발병하기 때문에 자신도 모르는 사이 자녀에게 유전되는 일이 많다.

헴펠의 까마귀

어떠한 명제를 귀납법으로 입증하는 것과 그 명제의 대우를 귀납법으로 입증하는 것이 동일한 것인지를 다루는 역설이다.

혈액 클렌징

거무칙칙한 정맥혈에 산소를 섞어서 산뜻한 적색으로 만드는 의식. 아직까지 이런 바보 같은 일을 하는 데 돈을 쓰는 사람이 있다는 것은 세계 7대 불가사의에 버금하는 놀라운 일이다.

환각

약물이나 스트레스 등으로 인해 헛것을 보거나 느끼는 일. 영어로는 'hallucination'이라고 한다. 참고로 망상은 'delusion', 착각은 'illusion'이라고 하므로 혼동하지 말 것.

회선사상충증 onchocerciasis

인간도 걸릴 수 있는 기생성 감염으로 강변 실명증이라고도 한다. 유속이 빠른 강가에 서식하는 흑파리가 사람을 물었을 때 발생한다. 몸속으로 들어온 기생충은 수천 마리로 번식한 후 피부와 눈으로 이동해 가려움증과 눈 질환을 초래한다. 심한 경우 실명하기도 한다.

효소

몸 안에서 여러 기능을 담당하는 단백질의 총칭. 세포는 물론 신경, 타액, 정액 등 다양한 위치에서 다양한 형태로 존재한다. 따라서 '효소'를 내세우면서 구체적으로 '어떤 효소'인지를 설명하지 않는 제품은 모두 다 가짜다.

옮긴이 박종성

연세대학교와 런던정치경제대학교(LSE) 대학원에서 경영학과 조직심리학을 공부했다. 삼성경제연구소 경영전략실을 거쳐, 현재는 LG그룹 경영 컨설턴트로서 신재생에너지와 스마트시티 분야에서 활동하고 있다. 저서로는《한 눈에 읽는 스마트시티》(공저),《Enterprise IT Governance, Business Value and Performance Measurement》(공저)가 있으며, 국내외 학술지 및 학술대회에 IT거버넌스 및 스마트시티 관련 논문 10여 편을 게재했다.

엔터스코리아 소속 영어·일어 전문번역가로서 세상 곳곳에서 피어나는 좋은 생각을 향기로운 우리말로 옮겨 심는 일도 틈틈이 하고 있다. 주요 역서로는《곤도의 결심》《시간을 멈추는 기술》《있는 사람은 질문법이 다르다》 등이 있다.

기묘한 과학책

거대 괴물·좀비·뱀파이어·유령·외계인에 관한 실제적이고 이론적인 존재 증명

1판 1쇄 펴낸 날 2020년 2월 5일
1판 3쇄 펴낸 날 2021년 9월 15일

지은이 | 쿠라레
옮긴이 | 박종성

펴낸이 | 박윤태
펴낸곳 | 보누스
등　록 | 2001년 8월 17일 제313-2002-179호
주　소 | 서울시 마포구 동교로12안길 31 보누스 4층
전　화 | 02-333-3114
팩　스 | 02-3143-3254
E-mail | bonus@bonusbook.co.kr

ISBN 978-89-6494-423-3 03400

• 책값은 뒤표지에 있습니다.